3

Database

데이터베이스
핵심 정보통신기술 총서

삼성SDS 기술사회 지음

전면 3 개 정 판

한울
아카데미

이 도서의 국립중앙도서관 출판예정도서목록(CIP)은 서지정보유통지원시스템 홈페이지(http://seoji.nl.go.kr)
와 국가자료공동목록시스템(http://www.nl.go.kr/kolisnet)에서 이용하실 수 있습니다.
(CIP제어번호: CIP2019010205)

1999년 처음 출간한 이래 '핵심 정보통신기술 총서'는 이론과 실무를 겸비한 전문 서적으로, 기술사가 되고자 하는 수험생은 물론이고 정보기술에 대한 이해를 높이려는 일반인들에게 폭넓은 사랑을 받아왔습니다. 이처럼 '핵심 정보통신기술 총서'가 기술 전문 서적으로는 보기 드물게 장수할 수 있었던 것은 국내 최고의 기술력을 보유한 삼성SDS 기술사회 회원 150여 명의 열정과 정성이 독자들의 마음을 움직였기 때문이라 생각합니다. 즉, 단순히 이론을 나열하는 데 그치지 않고, 살아 있는 현장의 경험을 담으면서도 급변하는 정보기술과 주변 환경에 맞추어 늘 새로움을 추구한 노력의 결과라 할 수 있습니다.

이번 개정판에서는 이전 판의 7권 구성에, 4차 산업혁명을 선도하는 지능화 기술의 기본 개념인 '알고리즘과 통계'(제8권)를 추가했습니다. 또한 분야별로 다루는 내용을 재구성했습니다. 컴퓨터 구조 분야는 컴퓨터의 구조와 사용자를 위한 운영체제 위주로 재정비했으며, 컴퓨터 구조를 다루는 데 기본인 디지털 논리회로 부분을 추가하여 컴퓨터 구조에 대한 이해를 높이고자 했습니다. 정보통신 분야는 인터넷통신, 유선통신, 무선통신, 멀티미디어통신, 통신 응용 서비스로 재분류하고 기본 지식과 기술을 유사한 영역으로 함께 설명하여 정보통신 분야를 이해하는 데 도움이 되도록 구성했습니다. 데이터베이스 분야는 이전 판의 데이터베이스 개념, 데이터 모델링 등에 데이터베이스 품질 영역을 추가했으며 실무 사례 위주로 재정비했습니다. ICT 융합 기술 분야는 최근 산업 분야의 디지털 트랜스포메이션 패러다임 변화에 따라 사업의 응용 범위가 워낙 방대하여 모든 내용을 포함하는 데 한계가 있습니다. 따라서 이를 효과적으로 그룹핑하기 위해 융합 산업 분야의 패러다임 변화와 빅데이터, 클라우드 컴퓨팅, 모빌리티, 사용자 경험ux, ICT 융합 서비스 등으로 분류했습니다. 기업정보시스템 분야는 엔터

프라이즈급 기업에 적용되는 최신 IT를 더욱 깊이 있게 설명하고자 했고, 실제 프로젝트가 활발히 진행되고 있는 주제를 중심으로 내용을 재편했습니다. 아울러 알고리즘통계 분야는 빅데이터 분석과 인공지능의 핵심 개념인 알고리즘에 대한 개념과 그 응용 분야에 대한 기초 이론부터 실무 내용까지 포함했습니다.

국내 최고의 ICT 기업인 삼성SDS에 걸맞게 '핵심 정보통신기술 총서'를 기술 분야의 명품으로 만들고자 삼성SDS 기술사회의 집필진은 최선을 다했습니다. 현장에서 축적한 각자의 경험과 지식을 최대한 활용했으며, 객관성을 확보하기 위해 관련 서적과 각종 인터넷 사이트를 하나하나 참조하면서 검증했습니다. 아직 부족한 내용이 있을 수 있고 이 때문에 또 다른 개선이 필요할지 모르지만, 이 또한 완벽함을 향해 전진하는 과정이라 생각하며 부족한 부분에 대한 강호제현의 지적을 겸허한 마음으로 받아들이겠습니다. 모쪼록 독자 여러분의 따뜻한 관심과 아낌없는 성원을 부탁드립니다.

현장 업무로 바쁜 와중에도 개정판 출간을 위해 최선을 다해준 삼성SDS 기술사회 집필진께 감사드리며, 번거로울 수도 있는 개정 작업을 마다하지 않고 지금껏 지속적으로 출판을 맡아주신 한울엠플러스(주)에도 감사를 드립니다. 또한 이 자리를 빌려 총서 출간에 많은 관심과 격려를 보내주신 모든 분과 특별히 삼성SDS 기술사회를 언제나 아낌없이 지원해주시는 홍원표 대표님께 진심으로 감사드립니다.

2019년 3월
삼성SDS주식회사 기술사회
회장 이영길

대표이사
격려사

책을 내는 것은 무척 어려운 일입니다. 더욱이 복잡하고 전문적인 기술에 관해 이해하기 쉽게 저술하려면 고도의 전문성과 인내가 필요합니다. 치열한 산업 현장에서 업무를 수행하는 와중에 이렇게 책을 통해 전문지식을 공유하고자 한 필자들의 노력에 박수를 보내며, 1999년 첫 출간 이후 이번 전면3 개정판에 이르기까지 끊임없이 개정을 이어온 꾸준함에 경의를 표합니다.

그동안 정보통신기술ICT은 프로세스 효율화와 시스템화를 통해 기업과 공공기관의 업무 혁신을 이끌어왔습니다. 최근에는 클라우드, 사물인터넷, 인공지능, 블록체인 등의 와해성 기술disruptive technology이 접목되면서 개인의 생활 방식은 물론이고 기업과 공공기관의 운영 방식에도 큰 변화를 가져오고 있습니다. 이런 시점에 컴퓨터의 구조에서부터 디지털 트랜스포메이션에 이르기까지 다양한 ICT 기술의 기본 개념과 적용 사례를 다룬 '핵심 정보통신기술 총서'는 좋은 길잡이가 될 것입니다.

삼성SDS의 사내 기술사들로 이뤄진 필자들과는 프로젝트나 연구개발 사이트에서 자주 만납니다. 그때마다 새로운 기술 변화는 물론이고 그 기술을 일선 현장에 적용하는 방안에 대해 깊이 토론합니다. 이 책에는 그런 필자들의 고민과 경험, 노하우가 배어 있어, 같은 업에 종사하는 분들과 세상의 변화를 알고자 하는 분들에게 도움이 될 것으로 생각합니다.

"세상에서 변하지 않는 단 한 가지는 모든 것은 변한다는 사실"이라고 합니다. 좋은 작품을 만들어 출간하는 필자들과 이 책을 읽는 모든 분에게 끊임없는 도전과 발전의 계기가 되기를 바랍니다. 감사합니다.

2019년 3월
삼성SDS주식회사
대표이사 홍원표

Contents

B
데이터 모델링

C
데이터베이스 실무

D
데이터베이스 성능

E
데이터베이스 품질

F
데이터베이스 응용

G
데이터베이스 유형

A
데이터베이스 개념

—

A-1

데이터베이스 개요

데이터베이스라는 용어의 기원은 1963년 6월에 열린 제1차 미국 SDC(System Development Corporation) 심포지엄에서 "Development and Management of a Computer-centered Data Base"라는 주제 발표에서 처음 사용되었고, 1965년 9월 제2차 SDC 심포지엄 "Computer-centered Data Base System"에서도 사용되었다. 데이터베이스 개념이 나오기 전에 사용되던 파일 시스템은 데이터의 중복과 불일치, 데이터 종속(dependency) 등의 문제로 개발 및 운영상에 많은 문제가 있었다. 이를 개선하기 위해 데이터베이스 개념이 등장했다.

1 데이터 아키텍처 Data architecture

1.1 데이터베이스 Database 정의

- 상이한 목적을 가진 다수의 응용 시스템들이 중복 사용 및 공용 Shared 할 수 있도록 통합 Integrated · 저장 Stored 된 운영 Operational 데이터의 집합
- 조직의 응용 시스템에서 사용자에 의해 유지되고 조직화되는 영속적인 Persistent 데이터들의 집합
- 데이터는 한 조직의 운영 데이터뿐만 아니라, 그 데이터에 대한 설명까지 포함
  - **효율성** Integrated Data: 최소의 중복 및 통제된 중복
  - **저장 데이터** Stored Data: 컴퓨터가 접근 가능한 저장 매체에 저장
  - **운영 데이터** Operational Data: 한 조직의 고유 기능을 수행하기 위해 반드시 유지되어야 하는 데이터
  - **공용 데이터** Shared Data: 한 조직의 여러 응용 프로그램이 공동으로 소유 ·

유지·이용하는 데이터

1.2 데이터베이스 사용 목적

- 데이터 중복Redundancy 최소화 및 데이터 불일치Inconsistency 회피
- 데이터 공유Sharing 및 무결성Integrity 유지
- 보안Security 구현 및 표준Standards 강화

2 데이터베이스의 특성

2.1 실시간 접근성 Real-time Accessibility

- 저장장치에 저장된 데이터베이스는 사용자가 질의Query한 사항에 대한 응답을 실시간으로 처리
- 실시간 처리Real-time Processing는 데이터가 생성되어 저장장치에 저장됨과 동시에 처리 결과를 제공해 다음 의사결정에 반영하도록 하는 방식
- 실시간 처리 요청 후 응답까지 걸리는 시간은 보통 몇 초를 넘지 않아야 하고, 온라인 처리가 바로 실시간 처리를 의미함

2.2 지속적인 변화 Continuous Evolution

- 데이터베이스에 저장된 데이터는 특정 시점에서의 상태State가 있으며, 이 상태는 정적이지 않고 동적임
- 데이터베이스는 신규 데이터의 삽입Insert, 기존 데이터의 변경Update 및 삭제Delete로 데이터의 상태가 계속 변하고 이런 환경 속에서 현재의 정확한 데이터를 저장하고 유지해야 함
- 데이터베이스는 변화무쌍한 현실 세계를 표현해야 하므로 변경 가능성의 관점에서 지속적으로 정확하게 관리되어야 함

2.3 동시 공용 Concurrent Sharing

- 데이터베이스는 여러 응용 시스템에서 공용으로 접근해 사용자가 원하는 데이터를 사용
- 동일 데이터를 서로 다른 사용자가 다른 방법으로 동시에 공용한다는 것은 관리 측면에서도 아주 복잡
- 데이터베이스에서 데이터는 초기부터 동시 공용이 가능하도록 조직되고 통합되어 관리

3 데이터베이스 구현특징

3.1 자료 추상 Data Abstraction

- 데이터가 어떻게 저장되고 유지되는지 사용자에게 상세한 내용을 숨기는 특징
- 프로그램과 데이터 간 독립성을 제공하는 성질
- 데이터베이스가 파일시스템과 자료의 복잡한 내용을 감추어줌

3.2 자료 독립 Data Independency

- 데이터의 저장구조와 접근방법이 변경되더라도 응용 프로그램에 영향을 주지 않는 특성
  - 논리적 데이터 독립성: 응용 프로그램에 영향을 주지 않고, 논리적 데이터구조 변경이 가능한 특성
  - 물리적 데이터 독립성: 응용 프로그램과 논리적 데이터구조에 영향을 주지 않고 물리적 데이터 구조가 변경이 가능한 특성

3.3 자기 정의 Self Definition

- 자료의 구성과 내용을 데이터베이스가 기억하고 관리하는 기능

– 메타데이터를 이용한 데이터베이스 파일 구조 및 구성, 데이터 항목의 타입, 제약조건 등을 기록

4 데이터베이스 구성 요소

4.1 개체 Entity

– 데이터베이스를 표현하려는 유형·무형 정보의 객체Object
– 정보 단위
– 하나의 개체는 하나 이상의 속성 Attribute 으로 구성
– 각 속성은 개체의 특성이나 상태를 기술
– 데이터의 가장 작은 논리적 단위
  • 개체 인스턴스 Entity Instance 또는 개체 어커런스 Entity Occurrence：개체의 한 값(예: 사원 개체의 한 값 → 사번: 12345/ 성명: 홍길동/ 부서: A 부서)
  • 개체 타입Entity Type：속성 이름으로만 기술된 개체 정의(예: '사번', '성명', '부서')

4.2 관계 Relationship

– 속성 관계|Attribute Relationship：개체 내Intra-entity 관계

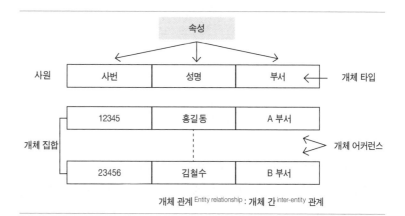

개체 관계 Entity relationship : 개체 간 inter-entity 관계

- 개체 관계 Entity Relationship: 개체 간 Inter-entity 관계

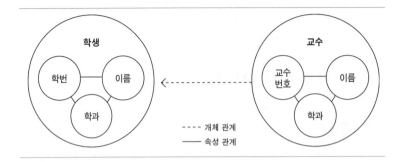

- E-R 다이어그램 Entity-Relationship Diagram: 개체와 관계를 도식으로 표현

5 데이터베이스의 구조

5.1 논리적 구조 Logical Organization

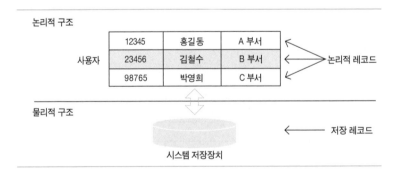

- 사용자 관점에서 본 데이터의 개념적 구조
- 사용자나 응용 프로그래머의 입장에서 데이터의 논리적 배치를 논리적 구조로 표현

A · 데이터베이스 개념

- 논리적 레코드Logical Record

5.2 **물리적 구조** Physical Organization

- 저장장치 관점에서 본 데이터의 물리적 배치
- 디스크나 테이프 같은 저장장치에 저장된 데이터의 실제 구조
- **물리적 구조에 추가되는 정보 포함:** 데이터 블록, 인덱스, 포인터 체인, 오버플로 등
- 물리적 레코드Logical Record

A-2

데이터 독립성 Data Independency

데이터 독립성은 데이터의 논리적 구조나 물리적 구조가 변경되더라도 응용 프로그램은 영향을 받지 않는 것이다. 데이터 독립성은 논리적 데이터 독립성과 물리적 데이터 독립성으로 나누어 생각할 수 있다.

1 ANSI/SPARC 3 Level of Architecture

1.1 ANSI/SPARC 3 Level of Architecture 개요

- 대부분 데이터베이스 관리 시스템 구현 시 적용되는 아키텍처는 미국 국 제표준기구인 ANSI/SPARC American National Standards Institute/System Planning And Requirements Committee에서 제안한 3 Level Architecture를 따르고 있음
- ANSI/SPACRC 아키텍처는 외부 단계 External Level, 개념 단계 Conceptual Level, 내부 단계 Internal Level 등 3단계로 표현

1.2 3 Level Architecture 필요성

- 데이터 독립성을 제공하는 기초
  • 데이터베이스 각 계층 간에 의존성을 제거하여 변경에 따른 영향을 최 소화

- 단계 사이 변환을 위한 사상 제공
  - 데이터베이스 관리 시스템이 외부 스키마에서 지정된 요구 사항을 개념적 스키마 단계로 변환해야 하고, 최종적인 프로세싱을 위해 내부 스키마의 요구 사항으로 변환해야 하는데 이러한 단계 사이의 변환을 제공

1.3 3 Level Architecture 구성

3 Level Architecture

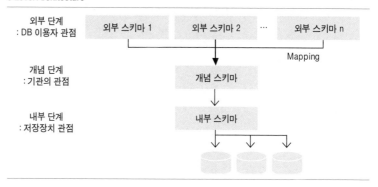

- 외부 단계
  - 사용자나 응용 프로그램이 접근하는 스키마: DB 사용자 관점
  - 사용자별 뷰는 데이터베이스 일부분만을 묘사
  - 동일한 데이터에 대한 서로 다른 외부 스키마 기술
- 개념 단계
  - 한 조직의 데이터베이스를 전체적인 입장에서 기술: 기관의 관점
  - 데이터 모델 사용
  - 개체, 속성, 개체 간의 관계, 제약사항에 대한 정의
  - 보안과 무결성 점검
- 내부 단계
  - 실제로 데이터가 어떻게 저장되는가와 관계: 저장장치 관점
  - 데이터베이스의 물리적 구조를 물리적 데이터 모델Physical Data Model을 사용해 기술
  - 데이터 저장 방법과 데이터베이스 접근 경로Access Path를 기술
  - 물리적 데이터 모델을 사용

2 스키마 Schema

2.1 스키마 정의

- 데이터베이스의 구조와 개체 속성, 객체 간의 관계, 이들에 관한 제약조건
  등 전반적인 명세 Specification 를 의미
- 데이터의 구조적 특성
- 데이터 사전에 저장되며, 변경이 잘 되지 않음

2.2 스키마 종류

- 외부 스키마
  - 사용자나 응용 프로그래머가 개별적으로 직접 필요로 하는 데이터베이
    스의 구조
  - 전체 데이터베이스의 논리적인 부분
  - 서브스키마 또는 뷰
  - 외부·개념 단계 간의 사상 Mapping
  - 외부·개념 스키마 간의 대응관계 정의
  - 응용 인터페이스
  - 논리적 데이터 독립성을 제공
- 개념 스키마
  - 응용 시스템이 필요로 하는 데이터를 종합한 데이터베이스 구조
  - 데이터베이스의 접근 권한, 보안, 무결성 규정
  - 개념·내부 단계 간의 사상
    (1) 개념·내부 스키마 간의 대응관계 정의
    (2) 저장 인터페이스
    (3) 물리적 데이터의 독립성을 제공
- 내부 스키마
  - 물리적 저장장치 면에서 본 전체 데이터베이스 구조
  - 개념 스키마의 물리적 저장구조에 대한 정의
  - 내부 레코드 형식

(1) 인덱스 사용

(2) 저장 데이터 항목의 표현 방법

(3) 내부 레코드의 물리적 순서

ANSI / SPARC 3 Level과 스키마

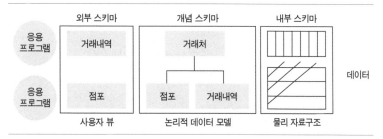

2.3 스키마와 인스턴스 구분

- 스키마: 데이터베이스에 저장되는 데이터의 구조(골격) 및 유형 정의
- 인스턴스: 어느 한 시점의 데이터베이스에 저장되는 값

스키마	인스턴스	
사원 사원번호　　　Char(08) 성명　　　　　Char(50) 주민등록번호　Char(13) 부서　　　　　Char(20)	20112345 홍길동 7X6211104938 **A 부서**	20145678 김철수 7X20411163283 B 부서

3 데이터 독립성

3.1 데이터 독립성 정의

- 추상화 수준에서 상위 수준의 스키마를 수정하지 않고 하위 스키마를 수정할 수 있는 능력
- 데이터베이스 계층 간의 상호 구조에 영향을 주지 않음

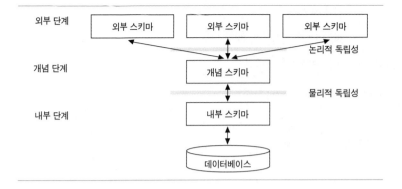

3.2 데이터 독립성 종류

- 논리적 데이터 독립성
  - 개념 스키마를 수정하더라도 외부 스키마 또는 응용 프로그램에 아무 영향을 미치지 않는 특징
  - 데이터베이스의 논리적 구조가 변경될 때 필요
  - 외부 스키마와 개념 스키마 간의 사상에 의해 제공
- 물리적 데이터 독립성
  - 내부 스키마를 수정하더라도 개념 스키마 또는 외부 스키마에 아무 영향을 미치지 않는 특징
  - 시스템 성능Performance 을 향상시키기 위해 필요
  - 개념 스키마와 내부 스키마 간의 사상에 의해 제공

3.3 데이터 독립성 한계

- ANSI/SPARC 3 Level Architecture는 진정한 의미의 데이터 독립성이 가능하게 해줌
- 그러나 두 단계 사이의 사상은 시스템 관점에서 보면 컴파일이나 질의를 실행할 때 오버헤드를 발생시키므로 대개 DBMS가 3 Level 스키마를 완벽하게 제공하지 않음
- 논리적 데이터 독립성은 물리적 데이터 독립성보다 성취하기 어려움. 응용 프로그램은 액세스하려는 데이터의 논리적 구조에 크게 의존하기 때문임

데이터베이스 관리 시스템

DBMS: Database Management System

———

데이터베이스 관리 시스템은 파일 시스템에서 문제가 된 데이터 종속성과 중복성을 해결하기 위해, 데이터베이스의 구성, 접근 방법 및 유지·관리에 대한 모든 것을 종합적으로 통제할 수 있는 프로그램들로 구성되어 있다.

1 데이터베이스 관리 시스템의 정의

- 사용자가 쓰는 응용 프로그램이 데이터베이스를 공용으로 사용할 수 있게 관리해주는 소프트웨어
- 데이터를 저장하고 관리해서 정보를 생성하는 컴퓨터 중심의 시스템으로, 데이터를 기록Record하고 관리체계를 유지하는 종합적인 통제 수단

2 데이터베이스 관리 시스템의 주요 기능 및 장단점

2.1 데이터베이스 관리 시스템의 주요 기능

- 데이터 정의Data Definition 기능
  • 응용 프로그램들이 요구하는 데이터 구조를 지원할 수 있도록 데이터

베이스 관리 시스템이 지원하는 논리적 구조와 특성에 맞게 기술

- 데이터베이스를 물리적인 저장장치에 저장하기 위한 데이터의 물리적 구조의 명세를 상세히 기술
- 데이터의 논리적 구조와 물리적 구조 사이의 변환을 위한 사상Mapping을 명세화
- 데이터 조작Data Manipulation 기능
  - 사용자와 데이터베이스 사이의 인터페이스Interface를 위한 수단을 제공
  - 데이터의 검색, 갱신, 삽입, 삭제 등 데이터베이스 연산을 위해 데이터 언어Data Language로 표현
- 데이터 제어Data Control 기능
  - 데이터베이스에 저장된 데이터의 정확성과 안전성을 위해 데이터의 조작(삽입, 갱신, 삭제) 시 데이터 무결성Integrity을 유지
  - 허가된 사용자만이 데이터에 접근할 수 있도록 권한Authority과 보안 Security을 유지
  - 데이터베이스에 여러 사용자가 동시에 접근해서 데이터를 처리해도 처리 결과는 항상 정확성이 유지되도록 병행제어Concurrency Control 기능 포함

2.2 데이터베이스 관리 시스템의 장단점

장점	단점
- 데이터 일관성 유지(Data Consistency) - 중복성 감소(Reduced Redundancy) - 무결성 강화(Integrity Enforcement) - 데이터 추상화 - 동시성 제어(Concurency Control) - 회복성(Recovery) - 보안성(Security) - 데이터 공유(Data Sharing) - 다양한 관점의 정보 활용 - 효율적인 자료 관리	- 운영비의 오버헤드, 높은 비용 및 고급인력 필요 - 시스템이 복잡하고 복잡한 자료 처리 - 시스템 취약성 - 어려운 백업 및 회복 - 데이터 중복으로 인한 문제(일관성, 보안성, 경제성, 무결성) - 데이터 종속으로 인한 문제(독립성)

3 데이터베이스 시스템의 구성

데이터베이스 시스템은 ① 데이터베이스, ② 데이터베이스 관리 시스템,

A • 데이터베이스 개념

③ 데이터 언어, ④ 사용자User로 구성된다. 이러한 요소들은 상호 효율적으로 데이터베이스 시스템을 구성하기 위해 각자의 역할을 한다.

3.1 데이터베이스

- 한 조직의 다양한 응용 시스템들이 공유해서 사용하려는 목적으로 통합하여 관리되는 데이터 집합체
  - 동일 자료를 중복하여 저장하지 않는 통합된 자료
  - 저장장치에 저장되어 컴퓨터 시스템이 접근할 수 있는 자료
  - 조직이 기능을 수행하는 데 필수로 사용되는 운영 자료
  - 공동 자료로 동일 데이터라도 사용자는 목적에 따라 달리 사용

3.2 데이터베이스 관리 시스템

- 데이터와 응용 프로그램의 중간에서 응용 프로그램이 요구하는 대로 데이터를 정의하고, 조작하고, 관리하는 프로그램의 집합

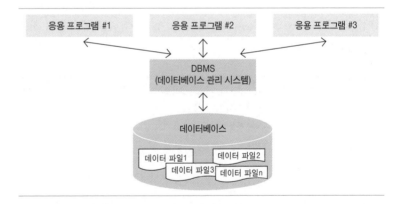

- 데이터베이스 관리 시스템의 특징
  - 자기 정의Self Definition: 자료 내용을 정의
  - 통일된 집합체: 집중 관리
  - 뷰View 제공: 외부 스키마
  - 질의어: 프로그램을 작성하지 않고 리포트 출력

- 도구 지원: 유틸리티Utility 제공
- 데이터베이스에 대한 모든 접근을 처리
  - 사용자의 접근 요구 접수
  - 시스템이 수행할 수 있는 형태로 요구를 변환
  - 외부·개념·내부·저장 데이터베이스 간의 사상 수행
  - 저장 데이터베이스에 대한 연산 수행

3.3 데이터베이스 언어Database Language

- 데이터 언어는 데이터베이스 관리 시스템과 통신을 위해 사용하며 데이터 정의어, 데이터 조작어, 데이터 제어어로 분류
- 데이터 정의어DDL: Data Definition Language : 스키마, 도메인, 테이블, 뷰, 인덱스를 정의할 때 사용하는 언어

객체 명령어	내용
CREATE	Schema, Domain, Table, View, Index를 생성
ALTER	Table에 대한 정의를 변경
DROP	Schema, Domain, Table, View, Index를 삭제

- 데이터 조작어DML: Data Manipulation Language : 사용자가 질의어를 통해 저장된 데이터를 처리하는 언어

객체 명령어	내용
SELECT	Table에서 조건에 맞는 투플 검색
INSERT	Table에서 새로운 투플 삽입
UPDATE	Table에서 조건에 맞는 투플 갱신
DELETE	Table에서 조건에 맞는 투플 삭제

- 데이터 제어어DCL: Data Control Language : 권한 부여, 병행제어, 데이터 회복, 무결성, 데이터 보안, 백업 등을 정의하는 데 사용하는 언어

객체 명령어	내용
COMMIT	데이터베이스의 작업이 정상적으로 완료되었음을 알림
ROLLBACK	데이터베이스의 작업이 비정상적으로 종료되었을 때 원래의 상태로 되돌림
GRANT	사용자에게 데이터베이스 사용에 대한 권한을 부여
REVOKE	사용자의 데이터베이스 사용 권한을 취소

3.4 사용자

- 데이터베이스를 사용하기 위해 접근하는 모든 사람
  - **일반 사용자**End Users : 데이터의 단순 검색, 추가, 갱신, 삭제 작업을 수행하는 현업 사용자(실무자, 관리자, 경영자)
  - **응용 프로그래머**Application Programmer : C, C++, Java, Visual Basic과 같은 프로그래밍 언어를 구사하는 전문가로 데이터 조작어DML 등을 삽입하여 데이터베이스에 접근하는 사람
  - **데이터베이스 관리자** DBA : 데이터 정의어DDL와 데이터 제어어DCL를 사용하여 데이터베이스를 관리하는 사람

4 데이터베이스 시스템 내부적 접근

4.1 데이터베이스의 내부적 접근

데이터베이스 내부 접근 과정

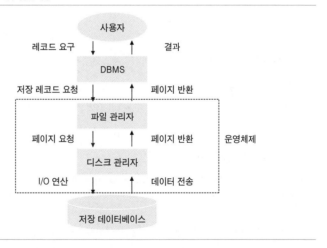

- DBMS는 사용자가 요구하는 레코드가 어떤 저장 레코드인지를 결정해서 파일 관리자File Manager 에게 그 레코드의 검색을 요청
- 파일 관리자는 DBMS가 원하는 레코드가 어떤 페이지Page, 즉 블록에 저장되어 있는지를 결정해서 디스크 관리자Disk Manager 에게 그 페이지의 검

색을 요청

- 마지막으로 디스크 관리자는 파일 관리자가 원하는 페이지의 물리적 위치를 알아내 검색에 필요한 디스크 입출력 명령을 내림. 경우에 따라서는 이 페이지가 먼저 수행된 명령에 의해 이미 주기억장치의 버퍼에 잔류할 수도 있는데, 이때는 다시 검색할 필요가 있음

4.2 데이터베이스 내부적 운영의 관심 사항

- 디스크 접근I/O 횟수 최소화: 데이터를 디스크에 어떻게 배치할 것인가
- 디스크 접근시간Access Time 감소: 디스크 헤더 탐구시간Seek Time과 회전 지연시간Rotational Delay 또는 Latency

5 데이터베이스 시스템 카탈로그

5.1 시스템 카탈로그 개요

- 시스템 카탈로그 정의
  - DBMS의 데이터베이스 개체, 제약조건, 사용자 및 권한 등 각종 정보를 저장
  - 서비스를 제공하며 데이터베이스 모니터링 기능을 수행하는 일종의 메타데이터
- 시스템 카탈로그 중요성
  - 기본정보의 저장 및 제공: DBMS의 개체, 사용자 및 권한 등 기본정보를 포함
  - DBMS의 파수꾼 역할 수행: 검증 오류Validation Error 검출, 장애발생 시 복구 기능을 포함

5.2 시스템 카탈로그 저장 정보 및 종류

- 시스템 카탈로그 저장 정보

저장 정보	주요 내용	비고
데이터베이스 개체	테이블, 인덱스, 프로시저, 뷰 등	기본정보 제공 기능
사용자 및 권한	사용자 정보 및 각 사용자 접근 권한	보안 기능
활성화 정보	현재 사용되는 DBMS 개체	모니터링 기능
백업 및 복구 정보	조건에 맞는 백업 및 처리 현황	복구 기능

- 시스템 카탈로그 종류
  - 마스터 카탈로그: DBMS 시스템 전체에 대한 기본정보 관리 및 모니터링을 수행
  - 유저 카탈로그: 계정이 할당된 사용자의 접속 정보 및 사용 가능한 개체, 데이터 및 프로세스 관리기능 수행, 다수 생성이 가능

5.3 시스템 카탈로그 역할

- 사용자 요구를 접수, 해당 개체 및 권한을 점검
- OS에 파일 형태로 존재, 별도의 시스템 영역에서 DBMS를 모니터링
  - Oracle은 시스템 테이블 스페이스, SQL*Server는 masterDB 형태
- 활성화 트랜잭션 로그 관리 및 자동 복구 기능, 동시성 제어를 수행
  - 대문자를 소문자로 변환
  - 특수기호 제거, 연속된 여러 공백을 한 공백으로 축소
  - 숫자와 날짜를 표준 형태로 변환
  - 소리 나는 대로 적는 방법을 사용하여 바뀐 철자법 변형
  - 접두사와 접미사를 제거하는 단어 스테밍 Stemming
  - 키워드 자동 추출
  - 단어 배치

A-4

데이터 무결성 Data Integrity

데이터 무결성은 데이터를 처리하는 컴퓨팅 분야에서 데이터에 대한 수명 주기를 거치고 데이터의 정확성과 일관성을 유지하는 데 중요한 보증 역할을 한다. 데이터베이스 또는 RDBMS에서 중요한 기능이다.

1 데이터 무결성의 개념

1.1 데이터 무결성의 정의

- 데이터의 일관성Consistency, 정확성Correctness, 신뢰성Reliability 을 유지하고, 데이터베이스에 저장된 데이터 값이 오류 없이 유효하게 유지되는 상태

1.2 데이터 무결성의 중요성

- 만약 데이터 무결성이 지켜지지 않는다면, 데이터베이스 초기 상태에서 일어나는 갱신 또는 삭제 때문에 잘못된 형태로 데이터베이스를 유지하게 되는 치명적인 순간이 발생
- 데이터베이스의 스키마 및 데이터 값에 규칙성을 적용해 최종 데이터의 품질을 유지

1.3 데이터 무결성의 규정 조건

- 데이터베이스의 정확성을 유지하기 위해서는 데이터 무결성 규정Rule과 제약Constraint을 정해놓고 서로 위배되지 않도록 해야 함
- 데이터 무결성을 위한 규정에는 4개의 요소
  - 규정이름: 규정을 참조하는 식별자
  - 검사시기: 트랜잭션의 유형 및 데이터에 대한 검사 시기를 명세
  - 데이터가 만족될 제약조건
  - 위반조치를 통해 위반이 발견되었을 때 취해야 할 조치

2 데이터 무결성의 유형

종 류	주요 내용
개체 무결성	- 릴레이션의 기본키는 Null 값을 가질 수 없다는 성질 - UNIQUE 인덱스, UNIQUE 제약조건 또는 PRIMARY KEY 제약조건을 통해 테이블의 기본키나 식별자 열의 무결성을 강제 적용
참조 무결성	- 행이 입력되거나 삭제될 때 테이블 간에 정의된 관계를 유지 - FOREIGN KEY 및 CHECK 제약조건을 통해 외래키와 기본키 간의 관계 또는 외래키와 고유키 간의 관계를 기초로 함 - 여러 테이블에서 키값을 일관되게 유지, 존재하지 않는 값에 대한 참조가 없어야 함 - 키 값이 변경되면 해당 키 값에 대한 모든 참조가 데이터베이스 전체에서 일관되게 변경되고 유지되어야 함
속성 (도메인) 무결성	- 특정 열에 대한 항목의 유효성으로 각 속성 값은 그 속성의 영역 범위 내에 같은 Data Type의 모든 원자 값의 집합 - 데이터 형식을 통해 유형을 제한하거나 CHECK 제약조건 및 규칙을 통해 형식을 제한
사용자 정의 무결성	- 다른 무결성 범주에 속하지 않는 특정 업무규칙을 정의 가능 - CREATE TABLE, 저장 프로시저 및 트리거의 모든 열 수준 제약조건과 테이블 수준 제약조건이 포함

3 데이터 무결성의 개념도와 참조 무결성의 규칙

3.1 데이터 무결성의 개념도

- 개체 무결성은 고객번호를 PK Primary Key로 하여 개체 무결성을 가지며 성

별을 통해 속성 무결성을 표현
- 고객 엔티티와 주문 엔티티 간의 관계는 외래키Foreign Key로 릴레이션을
  유지하여 참조 무결성을 보장
  - 참조 무결성은 기본키와 참조키 간의 일관성 유지를 위해 주키와 참조
    키 간 데이터 변경 시 동시에 이루어져야 함
  - 참조 무결성이 위배되면 참조키의 갱신은 거부

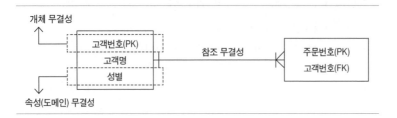

3.2 참조 무결성의 규칙

규칙		내용
입력규칙 (Child)	Default	자식 Entity 타입에 Entity 입력을 항상 허용하고, 대응되는 부모 건이 없는 경우 Default 값으로 처리
	Nullify	자식 Entity 타입에 Entity 입력을 항상 허용하고, 대응되는 부모 건이 없는 경우 자식 Entity 타입의 참조키(FK)를 Null 값으로 처리
	Dependent	대응되는 부모 Entity 타입(Entity/Table)에 Entity(인스턴스/Record)가 있는 경우에만 자식 Entity 타입에 입력을 허용
삭제규칙 (Parent)	Restrict	대응되는 자식 Entity 타입의 Entity가 없는 경우에만 부모 Entity 타입의 Entity 삭제 허용
	Cascade	부모 Entity 타입의 삭제를 항상 허용하고, 대응되는 자식 Entity 타입의 Entity를 자동 삭제
	Nullify	부모 Entity 타입의 삭제를 항상 허용하고, 대응되는 자식 Entity 타입의 Entity를 Null 값으로 처리
	Default	부모 Entity 타입의 삭제를 항상 허용하고, 대응되는 자식 Entity 타입의 Entity를 Default 값으로 처리

- 참조 무결성 규칙과 함께 참조 무결성을 보장하는 방안으로 DBMS 자체에
  서 제공하는 기능을 사용하는 방법과 응용 프로그램에서 보장하는 방법
  DBMS 자체 기능
  - 테이블 생성 시 FKForeign Key를 정의하여 데이터의 입력, 삭제 시 정합
    성을 보장

- 테이블에 대한 Utility 실행 및 대량의 데이터 입력 및 삭제 시 성능 저하를 유발

응용 프로그램에서 참조 무결성을 보장하는 방안

- 테이블 간의 관계는 모델링에서만 정의하고 실제로는 FK를 미생성하는 대신 개발자가 프로그램 내에서 Check하는 로직 구현
- 성능을 저하 미발생
- 응용 프로그램이 복잡해지며 개발자의 역량에 따라 데이터의 정합성에 심각한 문제 발생 가능성 존재

4 데이터 무결성 구현 시 고려 사항

- 응용 프로그램보다는 DBMS에 무결성을 구현하는 것이 데이터베이스 관리, 유지보수, 생산성 측면에서 유리
- 데이터 무결성 구현 시 성능 오버헤드, 데이터 독립성 및 기능성을 고려
- 보안 및 무결성 파괴에 대한 대책 마련 필요
- 무결성 유지를 위한 백업 및 보안 정책 수립 필요

A-5

Key

투플은 특정 투플을 검색하거나 다른 투플들과 연관시킬 수 있도록 각 투플의 속성 값을 이용하여 고유하게 식별할 수 있어야 한다. Key는 각 투플을 고유하게 식별할 수 있는 하나 이상의 애트리뷰트(속성)의 모임이다.

1 Key의 개념

1.1 Key의 정의

- 릴레이션에서 투플을 유일하게 식별할 수 있는 속성의 집합
- 일반적으로 Key는 두 릴레이션을 서로 연관시키는 데 사용되고, 애트리뷰트 값이 중복되지 않도록 Key를 구성하는 애트리뷰트가 적을수록 좋음
  - 릴레이션의 투플을 접근하는 속도를 높이는 데 Key를 생성하고, 생성된 Key에 인덱스를 만들기도 하는데 Key가 적을수록 인덱스의 크기는 줄어들고 인덱스를 검색하는 시간이 단축

1.2 Key의 특징

특징	주요 내용
유일성	- 속성의 집합인 Key의 내용이 릴레이션에서 유일해야 하고, 한 릴레이션 내의 후보 키는 하나의 튜플만을 식별하는 성질이 있어야 함
최소성	- 속성의 집합인 키가 릴레이션의 모든 튜플을 유일하게 식별하기 위해 꼭 필요한 속성들로 구성된다는 특성 - 둘 이상의 애트리뷰트가 불필요한 경우 꼭 필요한 애트리뷰트로만 구성되어야 함

2 데이터 Key의 유형 및 관계

2.1 데이터 Key의 유형

- 릴레이션 키는 다음과 같이 여러 가지 종류로 구분

유형	설명	특성
슈퍼키 (Super Key)	레코드를 유일하게 식별할 수 있는 하나 또는 그 이상의 애트리뷰트 집합	유일성 uniqueness
후보키 (Candidate Key)	레코드를 유일하게 구분할 수 있는 최적화한 필드의 집합	유일성, 최소성 minimal, Not null
기본키(Primary Key)	후보키 중 레코드를 효율적으로 관리하도록 선택한 주키 (Main Key)	유일성, 최소성, Not null
대체키 (Alternate Key)	선정된 기본키를 제외한 나머지 후보키들, 보조키 (Secondary Key)	유일성, 최소성, Not null
외래키 (Foreign Key)	연관 관계가 있는 다른 테이블의 후보키 값을 참조하는 키	

2.2 데이터 Key의 관계

- 키를 도출하는 과정은 스키마 속성에서 시작하여 먼저 슈퍼키를 선정하고 최소성을 만족하는 후보키를 선정하여 NOT NULL로 대표성을 띄는 기본키를 선정

Key 간의 포함 관계

A-6

트랜잭션 Transaction

데이터베이스에 응용프로그램에서 하나의 논리적인 기능을 수행하기 위한 연산작업의 기본단위이다. 갱신에 의해 일시적으로 불일치하는 데이터베이스 내의 데이터가 이용자에게 사용되지 않게 하기 위해 적절한 구분 기호로 일련의 조작을 한데 묶어서 처리한다. 트랜잭션은 원자성, 일관성, 고립성, 지속성 등의 특성에 의해 실행의 정당성이 보증된다.

1 트랜잭션 개요

1.1 트랜잭션 정의

트랜잭션이란?
① 작업의 논리적 단위
② 회복 단위
③ 동시성 제어 단위

- 트랜잭션은 데이터베이스 처리과정에서 발생하는 읽기 및 쓰기 등의 일련의 연산으로 이루어지며, 사용자가 시스템에 서비스를 요구하면 시스템이 한 상태State에서 다른 상태로 변환하는 1회의 프로그램 실행을 의미하는 논리적 단위
- 작업의 논리적인 단위, 회복이나 동시성 제어의 논리적 단위

1.2 트랜잭션 목적

- 데이터베이스의 무결성을 보장하기 위한 개념
- 완전한 작업 실행 또는 완전한 작업 실패를 통해 데이터베이스의 일관

2 트랜잭션의 특징과 상태 변화

2.1 트랜잭션의 네 가지 특징 ACID

특징	설명
원자성 (Atomicity)	모든 트랜잭션은 완전히 처리되거나 데이터베이스에 전혀 영향이 없어야 함(All or Nothing)
일관성 (Consistency)	트랜잭션은 데이터베이스를 하나의 일관된 상태에서 다음의 일관된 상태로 전환함
독립성 (Isolation)	어떤 트랜잭션도 트랜잭션의 부분적 실행결과를 볼 수 없음 - 0등급: 상위 등급의 트랜잭션이 Dirty-Read한 결과를 Rewrite하지 않음 - 1등급: Lost Update가 없음 - 2등급: Lost Update와 Dirty-Read가 없음 - 3등급: 2등급을 만족하면서 Repeatable Read가 가능함
지속성 (Durability)	트랜잭션이 일단 성공 완료되면 트랜잭션의 결과는 영구적으로 결과를 보장해야 함

트랜잭션의 ACID 네 가지 조건을 유지하지 못하는 경우 발생할 수 있는 현상
① lost update
② dirty read
③ inconsistency
④ cascading rollback

2.2 트랜잭션의 특성과 DBMS의 기능

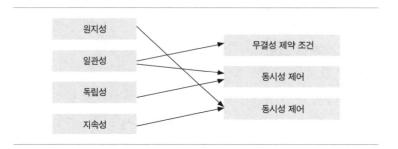

2.3 트랜잭션의 상태 변화

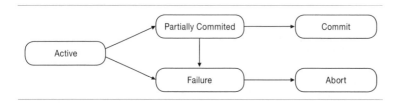

- Active: 초기 활성화 상태
- Partially Committed: 마지막 명령문 실행 후 상태
- Failure: 정상적 실행이 더는 진행될 수 없음을 발견한 후의 상태
- Abort: 트랜잭션이 복귀되어 시작 전과 같은 상태
- Commit: 성공적인 실행 후의 상태

기출문제

81회 정보관리 데이터베이스 트랜잭션을 정의하고 특징을 설명하시오. (10점)

90회 정보관리 데이터베이스에 2개의 필드 A와 B가 있고, A와 B는 모두 정수이며 A와 B를 합한 값은 반드시 100이어야 할 때, 다음 사항을 설명하시오. (25점)

1) 트랜잭션을 갖추어야 할 ACID 조건 네 가지에 대해 설명하시오.

2) 상기 데이터베이스를 고려하여, ACID 네 가지 조건 각각에 대해 실패(Failure)가 발생할 수 있는 상황을 제시하고, 이를 데이터베이스관리 시스템(DBMS) 차원에서 해결하는 방법을 설명하시오.

A-7

동시성 제어

동시성 제어는 데이터베이스를 일관성 있게 유지하기 위하여 동시에 수행되는 트랜잭션들 사이의 상호작용을 제어한다. 즉, 여러 사용자로부터 동시다발적으로 실행되는 트랜잭션들이 성공적으로 종료되도록 지원하는 기능이다.

1 동시성 제어 개요

1.1 동시성 제어 정의

- 다수의 트랜잭션이 동일한 데이터에 동시에 접근하려고 할 때, 각 트랜잭션이 독립적으로 수행된 결과를 보장하는 기술

1.2 동시성 제어 필요성

- 여러 사용자가 데이터베이스에 동시 접근하여 작업을 실행하더라도 마치 한 명의 사용자가 사용하는 것처럼 결과의 직렬성 보장
- 동시에 접근하여 이루어지는 병행 작업들 때문에 발생할 수 있는 데이터베이스의 비일관성을 방지
- 동시에 실행되는 트랜잭션 수를 최대화하면서도 사용자가 요구하는 입력/

2 동시성 제어 실패 시 문제점

2.1 갱신 손실 Lost Update

인터리빙
다수의 프로그램을 수행하기 위해 Time별로 중앙처리장치를 할당받아 처리하는 방식. A, B 작업 수행 시 A 작업 일부 수행 후 Time-sharing에 따라 B 작업으로 전환하여 일부 수행 후 다시 A 작업을 수행한다.

- 2개 이상의 트랜잭션이 데이터베이스에 동시 접근하여 작업을 요청할 때 작업이 인터리빙 형태로 실행되면서 나타나는 갱신 내용 손실 오류

```
예) T1 : Read A
    T2 : Read A
    T1 : Update A · ←  Lost Update
    T2 : Update A
```

2.2 일관성이 깨짐 Inconsistency

- 동시 요청된 트랜잭션의 작업이 상호 데이터를 변경하면서 발생

```
예) T1 : Read A
    T2 : Read A/Update A
    T2 : Read A/Update B
    T1 : Read B    ←  T1이 읽고자 했던 값이 아님
```

2.3 회복불능 Unrecoverability

```
예) T1 : Read A
    T1 : Update A
    T2 : Read A ← T2가 T1이 갱신한 값 사용
    T2 : Update A ← T2 Commit
    T1 : Rollback ← Rollback 불가능
```

- 다수의 트랜잭션들이 인터리빙에 의해 병행 수행되던 중 하나의 트랜잭션이 Commit되면서 다른 트랜잭션의 결과도 함께 Commit시키는 현상

3 동시성 제어 기법: Timestamp

동시성 제어 기법
① Timestamp
② Locking
③ 다중 버전 제어기법
④ 낙관적 검증 기법 등이 있다.

3.1 Timestamp 개요

- Timestamp 정의
  - 직렬순서를 결정하는 방법으로 모든 트랜잭션 사이의 순서를 미리 선정하는 시스템 전체에서 유일한 값

- Timestamp 구현 방법

구현 방법	설명	비고
시스템 시계	• 트랜잭션이 시스템에 요청될 때 시스템 시간을 Timestamp로 이용	system clock
논리적 계수기	• 트랜잭션이 요청될 때마다 증가하는 시스템 내 계수기를 활용 • 새로운 트랜잭션이 요청될 때 계수기의 값을 Timestamp로 활용하고 계수기는 count를 증가	logical count

- Timestamp 특징
  - Locking이 필요 없으므로 Dead Lock이 미발생
  - Locking과 Dead Lock 탐지에 소요되는 전송 오버헤드 감소
  - 분산 데이터베이스 시스템에서는 여러 지역 노드들이 존재하고 서로 병렬 처리되므로 다른 노드들에서 두 트랜잭션이 동시에 시작 가능
  - Timestamp는 동시성 제어 및 직렬성을 보장하며, Dead Lock 문제를 보장하지만 연쇄복귀Cascading Rollback는 보장하지 못함

3.2 Timestamp 기본동작

- 기본 트랜잭션은 분산 시스템 전체에서 유일한 Timestamp가 정해짐
- Write 연산의 물리적인 동작은 트랜잭션이 완전히 성공적으로 끝난 후에 행해짐
- 데이터베이스에 있는 모든 데이터 항목은 그 항목을 가장 마지막으로 Read한 트랜잭션과 마지막으로 Write한 트랜잭션의 Timestamp를 보유
  - W-Timestamp: Write를 성공적으로 실행한 트랜잭션 중 가장 큰

Timestamp

- • R-Timestamp: Read를 성공적으로 실행한 트랜잭션 중 가장 큰 Timestamp
- 트랜잭션 T1이 이보다 늦은 트랜잭션 T2와 충돌이 생기면 트랜잭션 T2 는 다시 시작
- 트랜잭션 T1이 이보다 늦은 트랜잭션 T2와 충돌이 생기는 경우는 다음과 같음
- • T2가 갱신한 항목을 Read하려고 할 때
- • T2가 Read 또는 Write한 항목을 갱신하려고 할 때
- 트랜잭션이 새로 시작되면 새로운 Timestamp가 결정

3.3 Timestamp 구성 및 조건

- 구성
  - • Timestamp=(시간, 노드)
  - • 시간은 각 노드에서 트랜잭션이 발생한 시간
- 조건
  - • 같은 노드에서 트랜잭션 T1이 트랜잭션 T2보다 먼저 발생했다면 T1의 시간은 T2의 시간보다 반드시 작아야 함
  - • 노드 A에서 트랜잭션 T1이 서로 다른 노드 B에게 메시지 m을 보내고 노드 B의 트랜잭션 T2가 메시지 m을 받는다면 노드 A에서 T1의 시간 은 노드 B에서 T2의 시간보다 반드시 작아야 함

4 동시성 제어 기법: Locking

4.1 Locking 개요

- Locking의 정의
  - • 트랜잭션이 작업을 수행하기 위해 접근한 데이터에 대하여 다른 트랜잭션은 사용할 수 없도록 차단하는 독점적 제어Exclusive Control 권한을 의미

- Locking의 원칙
  - 특정 데이터에 Lock을 설정하면 Lock을 설정한 트랜잭션만 독점적으로 사용 가능
  - Locking된 데이터는 Lock을 설정한 트랜잭션에 의해서만 해제unlock가 가능

4.2 Locking 연산의 유형

- 공유 락Shared Lock
  - 트랜잭션 작업 내 write가 없는 단순 조회성 작업인 경우 shared lock을 설정
  - shared lock을 설정한 트랜잭션은 read만 가능하고 write는 불가능
  - 다른 트랜잭션 중 동일한 데이터를 조회만 할 경우 동시에 shared lock을 설정 가능. 상호 조회만 하고 데이터를 변경하지 않으므로 일관성을 유지 가능
  - 동일한 데이터를 조회 및 수정하는 작업이 포함된 트랜잭션이라면 해당 데이터에 대하여 어떠한 lock도 설정할 수 없음. lock이 해제될 때까지 대기
- 독점 락Exclusive Lock
  - 트랜잭션 작업 내 read 및 write가 있거나, 어떠한 의도에 의하여 다른 트랜잭션의 접근을 거부하려고 할 때 설정되는 lock
  - exclusive lock이 설정되면, 설정한 트랜잭션에 대하여 read와 write 권한이 독점적으로 부여
  - 다른 트랜잭션은 데이터에 접근할 수 없음. 당연히 shared lock도 설정할 수 없음

명시적 락(explicit lock)
개발자 의도에 의해 명시적으로 설정된 lock

묵시적 락(implicit lock)
개발자가 의도하지는 않았으나 필요에 따라 시스템에서 자동으로 설정하는 lock

4.3 2 Phase Locking

- 트랜잭션이 Lock의 규칙을 따랐다고 해서 모두 직렬성을 보장받지는 못함
  cf) 만일 트랜잭션 T1이 A 데이터를 읽고 변경하기 위해 exclusive lock을 설정했다가 작업 이후 unlock을 하고, 다시 B 데이터를 수정하기

위해 B에 대해 exclusive lock을 설정한 후 값을 변경했다고 하자. 이때 다른 트랜잭션 T2가 lock이 해제된 A 데이터에 shared lock을 설정하고, 이후 T1이 다시 A 데이터를 읽어 B 데이터와 연산을 했다면 결과는 의도와 다르게 나타남

- 나의 트랜잭션 내에서 lock과 unlock이 섞여서 발생하면 직렬성을 보장할 수 없음
- 직렬성 보장을 위해 순차적으로 lock-lock- … -unlock-unlock의 두 단계 형태로 Locking을 수행
  - **확장단계**Growing Phase : 트랜잭션은 lock만 수행할 수 있고 unlock은 수행할 수 없는 단계
  - **축소단계**Shrinking Phase : 트랜잭션은 unlock만 수행할 수 있고 lock은 수행할 수 없는 단계

```
예) T1: Lock A
    T1: Update A        ┐
    T2: Lock B          ┘  확장단계
    T2: Unlock A        ┐
    T1: Rollback        ┘  축소단계
    T2: Unlock B
```

- Locking의 단위와 시스템 성능System Performance
  - Locking 단위가 작을수록 오버헤드가 증가하나, 공유성이 높음
  - Locking 단위가 클수록 오버헤드가 감소하나, 공유성이 낮음

DB ·→ Table → Rocord → Column

A-8

2 Phase Commit

하나의 트랜잭션이 다수의 데이터베이스에 접근하는 경우가 발생할 수 있다. 이러한 경우 데이터베이스의 무결성을 보장하기 위해 2단계 완료규약을 사용하게 된다. 조정자와 참여자가 상태정보 교환을 통해 데이터베이스의 무결성, 특히 원자성을 확보할 수 있다.

1 2 Phase Commit 2PC 개요

- 2PC는 직렬성을 보장하는 통신규약의 하나로, 각 트랜잭션 Lock과 Lock 해제 요청을 2단계로 발신함
- 분산 데이터베이스 환경에서 트랜잭션의 원자성으로 보장하기 위하여 모든 노드에서 commit하거나 rollback하기 위한 수행절차
- 2PC 또는 3PC 등 단계가 많아질수록 신뢰성은 증가하나 트랜잭션의 복잡성과 오버헤드도 증가
- Locking Mechanism, Dead Lock Detection, Recovery, Time-out Mechanism 등과 밀접한 관계

2PC
① commit 준비 확인
② commit 수행

3PC
① commit 가능 상태 확인
② commit 준비 확인
③ commit 수행

2 2 Phase Commit 구성 요소와 동작 원리

2.1 2 Phase Commit 구성 요소

- 회복 관리자 Global Revery Manager 또는 조정자Coordinator: 분산 트랜잭션 참여 목록을 보유하고 있으며 분산 트랜잭션 및 global commit을 처음 시작하는 노드
- 지역 회복 관리자Local Recovery Manager 또는 참여자Participant: local coordinator라고도 하며, 실제로 지역 트랜잭션을 수행
- 조정자의 통제를 받아 commit 또는 rollback을 수행
- 준비Prepare: 조정자가 준비를 요청하는 단계
- 실행Commit: 분산 노드 응답에 따라 실행 여부 통보

2.2 2 Phase Commit 동작 원리

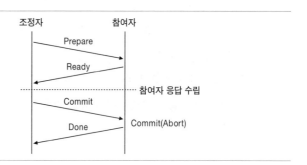

- 1단계: 준비단계Prepare Phase
- 트랜잭션에 관계하고 있는 관련 DBMSParticipants들이 실행 준비가 되어 있는지를 파악
- 조정자가 참여하는 데이터베이스 트랜잭션에 'prepare for commit' 메시지 송신
- 메시지를 받은 모든 참여자는 모든 정보를 디스크에 강제 출력시킨 후 'ready to commit' 신호 송신
- 만일 commit을 위한 준비에 실패해 디스크에 강제 출력을 시키지 못했다면 'cannot commit' 메시지를 조정자에게 송신

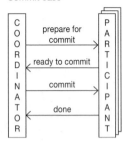

Commit case

- 2단계: 실행단계Commit Phase
- 결정을 내리는 일을 주관하는 조정자라고 하는 하나의 참여자가 다른 참여자에게 에러 보고를 받았다면 Rollback하라는 것을 각 참여자에게 알리고, 참여자 모두가 실행 준비가 되었을 때는 실행할 것을 명령
- 결국 조정자는 모든 참여자에게 'commit' 또는 'rollback' 메시지를 송신
- 이로써 분산 데이터베이스 트랜잭션에 대한 원자성all or nothing을 보장함
- 그러나 이러한 2 Phase Commit도 조정자가 고장 나면 참여자들이 모두 대기해야 하는 상태가 발생 가능하므로, 3 Phase Commit이 사용되기도 하지만 2 Phase Commit보다 많은 메시지 교환과 복잡성, 오버헤드가 증가하므로 적용 시 주의가 필요

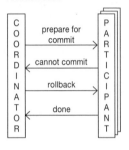

rollback case

2.3 분산 트랜잭션 지원

- 데이터베이스 트랜잭션의 중요한 특성인 원자성을 보장하기 위하여 2PC 프로토콜을 이용
- 각 노드 데이터베이스의 데이터 일치성을 유지하기 위하여 각 노드마다 서로 협력하여 수행
- 현재 사용자의 위치에서 볼 때, 투명성Transparency을 완벽하게 보장해 주는 DBMS는 거의 없고, TP 모니터 등을 활용하여 분산 Transaction 을 지원 가능

A • 데이터베이스 개념

A-9

회복 기법

회복 기법은 데이터베이스의 무결성과 일관성 보장을 위해 장애발생 시 트랜잭션의 성공적인 회복을 지원한다. 로그 기반, 검사점 기반, 그림자 페이지 이용 기법이 주요 회복 기법이다.

1 회복 개념

1.1 회복의 정의

- 트랜잭션이 실행되는 동안 발생한 재해나 실수에 의한 장애에서 가장 가까운 정상상태로 복원하는 기법

1.2 회복의 목적

- 작업손실 최소화: 트랜잭션을 재수행할 필요 없음
- 트랜잭션 중심의 복구: 트랜잭션의 철회나 재수생으로 복구
- 신속한 복구: 데이터 복구의 안전성을 보장
- 수동식 복구 최소화: 수작업에서 발생하는 지연요소나, 작업실수를 최소화

2 회복 기법

2.1 주요 회복 기법

- 로그 기반 회복
  - 지연갱신: 트랜잭션이 성공할 때까지 실제 데이터베이스에 갱신을 지연하고 완료 시점에 갱신된 값을 반영하는 방법
  - 즉시갱신: 트랜잭션이 갱신명령을 내리면 즉시 데이터베이스를 갱신하는 방법으로 데이터베이스와 로그파일에 정보를 동시에 갱신
- 검사점 기반 회복
  - 검사점Checkpoint을 주기적으로 발생시켜 갱신된 내용을 데이터베이스에 기록
  - 복구 시 검사점 이후의 변경 데이터만 복구
- 그림자 페이지 이용 기법
  - 그림자 페이지를 데이터베이스에 유지하여 이전 값과 이후 값을 모두 보관한 후 장애발생 시 그림자 페이지를 이용해 회복 처리
- 2 Phase Commit
  - 다중 데이터베이스에서의 회복 기법

3 로그 기반 회복 기법

3.1 지연갱신 기법

- 트랜잭션이 성공하기 전까지 발생한 모든 변경 내용을 로그파일에만 기록
- 트랜잭션이 부분 완료 상태에 도달한 경우 로그파일을 참조하여 변경 내

A · 데이터베이스 개념

용을 데이터베이스에 반영

- 트랜잭션 수행 도중 실패한 경우 로그파일의 내용만 폐기하므로 Undo 과정이 불필요

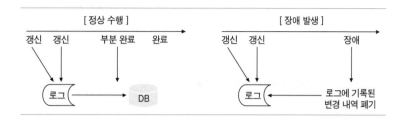

3.2 즉시갱신 기법

로그 기반의 지연갱신 및 즉시갱신의 경우 redo나 undo 수행 시 검토해야 할 로그파일의 내용이 많아 낭비가 발생할 수 있다. 때로는 불필요한 redo 연산을 수행하는 경우가 있어 이러한 문제를 해결하기 위해 검사점 회복 기법을 사용하는 경우도 있다.

- 트랜잭션의 변경 내용을 즉시 데이터베이스에 반영하는 방법으로, 로그에도 동일하게 갱신 내용이 반영
- 트랜잭션 수행 도중 실패한 경우 로그파일의 내용을 참조하여 변경 이전의 값으로 갱신하는 Undo 과정 수행

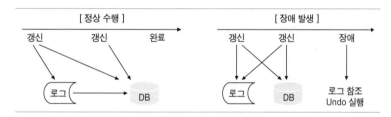

4 검사점 기반 기법

- 정해진 주기마다 검사점을 발생시켜 변경 내용을 데이터베이스에 저장하고 로그파일에 검사점을 기록
- 장애발생 시에 검사점 이전에 처리된 트랜잭션들은 회복 작업에서 제외하고 검사점 이후의 트랜잭션에 대해서만 회복 작업을 수행
- 다음 그림에서 t1, t2, t3는 회복 대상에서 제외되며, t4, t5, t6은 일단 Undo 과정을 수행하고, t4는 검사점 c2 이후 변경 부분과 t5를 Redo하는 과정을 수행

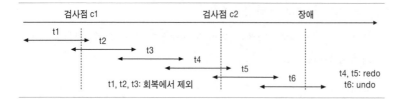

검사점 c1   검사점 c2   장애

t1
t2
t3
t4
t5
t6

t1, t2, t3: 회복에서 제외

t4, t5: redo
t6: undo

5 그림자 페이지 이용 기법

- 데이터베이스 회복 시 현재 페이지 테이블과 그림자 페이지 테이블을 이용
- 현재 페이지 테이블은 주기억장치에 저장하고, 그림자 페이지 테이블은 디스크에 저장
- 트랜잭션 시작 시 현재 페이지 테이블의 내용과 동일한 내용을 그림자 페이지 테이블에 저장
- 트랜잭션이 수행되는 동안 발생하는 갱신 내용은 현재 페이지 테이블에만 반영되고, 그림자 페이지 테이블에는 반영되지 않고, 트랜잭션이 성공적으로 종료된 경우 현재 페이지 테이블의 내용을 그림자 페이지 테이블에 반영하여 일치화
- 트랜잭션이 실패할 경우 트랜잭션 시작 직전의 그림자 페이지 테이블 내용으로 복구(이때 Undo 과정은 불필요)

그림자 페이지 기법은 즉시갱신, 지연갱신, 검사점 기반 기법과 달리 로그 기반이 아니므로 로그파일을 유지할 필요가 없고, 장애 시 회복속도도 상대적으로 빠르다. 하지만 페이지 테이블이 큰 경우 비효율이 발생할 수 있으므로 목적에 맞는 회복 기법을 선택해야 한다.

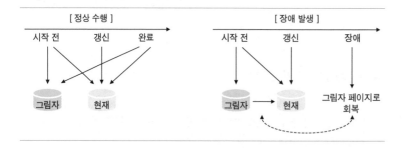

[정상 수행]   [장애 발생]

시작 전   갱신   완료   시작 전   갱신   장애

그림자   현재   그림자 → 현재   그림자 페이지로 회복

6 회복기법의 구현 특징 비교

기법	로그기반	점사점 기반	그림자 페이지
개념	• 로그에 의한 회복	• 점사점에 의한 복구	• 그림자 페이지 이용
특징	• 로그를 모두 검사해 Undo 및 Redo 수행 • 장시간 소요 • Redo 연산이 불필요한 트랜잭션에서도 처리가 발생	• 일정 시간 간격으로 Check Point 발생 비용 소요 • 로그 기반 보다 상대적으로 빠른 처리 속도	• 로그를 이용하지 않음 • 처리속도 빠름 • DB 페이지 변경 시 Data 단편화 가능 • 로그 기반, Check Point 연계 필요

DATABASE

B

데이터 모델링

—

B-1

데이터 모델링 Data Modeling

업무처리에서 발생하는 데이터를 효율적으로 저장 및 관리하기 위해 현실 세계의 데이터를 컴퓨터 세계의 데이터로 전환하는 데이터베이스 설계 과정이다.

1 데이터 모델

1.1 데이터 모델링 개념의 등장

정보 시스템의 구축 시 데이터베이스 설계보다 프로그램 작성에 거의 대부분의 노력을 기울인 프로그램 중시 시스템을 구축한 결과, 고객의 새로운 요구에 즉각적인 대응을 하기가 어려워졌다. 또 프로그램 해독에 따른 개발 생산성 저하 및 시스템 유지·보수가 어려워졌으며, 멀티미디어 데이터 표현의 한계에 도달하는 등 많은 문제점이 나타났다.

이에 따라 전산화의 본질을 '프로그램을 짠다'라는 사고에서 '데이터를 짠다'라는 데이터 모델링 개념으로 바꾸어 문제를 해결했다. 여기서 데이터 모델링이란 비즈니스에 대한 이해를 바탕으로 추상화·일반화 기법을 통해 데이터를 분류하고 데이터 간의 관계를 구체화하여 비즈니스 데이터를 체계적으로 표현하는 과정을 말한다.

데이터 모델링
비즈니스에 대한 이해를 바탕으로 추상화·일반화 기법을 통해 데이터를 분류하고, 데이터 간의 관계를 구체화하여 비즈니스 데이터를 체계적으로 표현하는 과정

1.2 데이터 모델 개념

데이터 모델
현실 세계의 데이터 구조를 기술하
는 개념적 도구

데이터 모델이란 현실 세계의 데이터 구조를 기술하는 개념적인 도구이다. 현실 세계의 데이터를 컴퓨터 세계의 데이터인 데이터베이스로 표현하기 위해서는 개념적인 단계와 논리적인 단계를 거쳐 실제 데이터를 저장할 수 있는 물리적 구조로 변환해야 한다. 이 과정을 데이터베이스 설계라고 하는데, 데이터베이스 설계의 핵심이 데이터 모델이다. 데이터 모델은 그 구성 요소를 추상적 개념으로 하느냐 또는 논리적 개념으로 하느냐에 따라 개념적 데이터 모델과 논리적 데이터 모델로 구분한다.

1.3 데이터 모델 구성 요소

데이터 모델 구성 요소

일반적으로 데이터 모델이라 하면 데이터의 논리적 구조만 뜻하지만, 엄밀한 의미에서 데이터 모델은 이 구조 외에 또 다른 요소도 포함한다. 데이터 모델이란 다음의 내용을 모두 기술한 것으로 생각할 수 있다.

- 추상적으로 표현된 구조Structure
- 이 구조에서 허용될 수 있는 연산Operation
- 이 구조와 연산에서의 제약조건Constraint 을 기술한 것

구분	설명
구조	• 구조: 데이터베이스에 표현할 대상으로의 개체(entity) 집합과 이들 간의 관계(relationship)를 명시하는 것으로 데이터베이스의 정적 성질(static property)을 나타냄 • 개체: 어떤 의미를 나타내면서 단독으로 존재할 수 있고 서로 구분할 수 있는 객체 • 개체 집합: 같은 유형에 속하는 개체의 모임(예: 프로젝트, 사원, 부서 등) • 관계: 단독으로 존재하지 못하고 개체 간의 연결(association)을 표현하는 개체의 특수형태 (예: 사원과 프로젝트 개체 간의 '수행', 사원과 부서 개체 간의 '소속')
연산	• 데이터베이스에 표현된 객체 투플(레코드)을 처리하는 작업에 대한 명세로 데이터베이스의 동적 성질(dynamic property) • 연산을 통해서 데이터베이스는 한 상태에서 다른 상태로 변함 • 데이터베이스를 조작하는 기본 도구가 됨
제약 조건	• 데이터베이스에 허용될 수 있는 객체 투플에 대한 논리적 제한을 명시한 것 • 구조에서 유래하는 제한과 실제 값에서 오는 의미상 제한이 모두 포함 • 데이터 조작에 대한 규칙이 됨

2 데이터 모델의 분류

데이터 모델은 객체 기반 논리 모델Object-based Logical Model, 레코드 기반 논리 모델Record-based Logical Model, 물리적 데이터 모델Physical Data Model로 분류한다.

2.1 객체 기반 논리 모델

객체 기반 논리 모델은 데이터를 개념 레벨Conceptual Level과 외부 레벨External Level에서 기술하는 데 쓰인다. 이러한 모델의 특징은 데이터를 구조화하는 데 융통성이 뛰어나며, 데이터의 제약조건을 분명히 지정할 수 있다는 것이다. 대표적인 것으로 개체 관계도ERD: Entity Relationship Diagram는 데이터베이스 설계에 가장 적합한 모델로 인정받으며 널리 사용된다.

개체 관계도는 실세계를 인식하는 면에 중점을 둔 것으로 실세계의 기본적인 객체를 나타내는 개체와 개체들 간의 연관성을 나타내는 관계, 그리고 개체를 기술해주는 속성Attribute이 기본요소이다.

개체 관계도에서 개체는 직사각형Rectangle, 속성은 타원형Ellipse, 개체 집합 간 관계는 마름모꼴Diamond로 표현하며, 선Line은 속성과 개체 집합을 연결하거나 개체 집합과 관계를 연결한다.

2.2 레코드 기반 논리 모델

레코드 기반 논리 모델은 데이터를 개념 레벨과 외부 레벨에서 기술하는 데 쓰이지만 객체 기반 데이터 모델과는 달리 데이터베이스의 전체적인 논리적 구조를 지정하는 데 사용된다.

이 논리적 데이터 모델로 제안된 것은 많지만 관계 데이터 모델Relational Data Model, 계층 데이터 모델Hierarchical Data Model, 네트워크 데이터 모델Network Data Model이 대표적이다.

실제로 데이터베이스 관리 시스템DBMS은 어느 한 데이터 모델만을 선정하여 사용하는데, 이는 어떤 DBMS도 둘 이상의 데이터 모델을 동시에 구현할 수 없기 때문이다. 다시 말해서 하나의 DBMS는 하나의 논리적 데이터 모델에만 의존한다. 데이터 모델 간의 주요 차이점은 데이터 요소 간 관

레코드 기반 논리 모델
① 관계 데이터 모델
② 계층 데이터 모델
③ 네트워크 데이터 모델

계Relationship를 표현하는 방식에 있다.

특징	설명
단순화	• 복잡한 현실세계를 약속된 규약에 의한 표기법으로 표현하여 이해도를 높임
추상화	• 현실세계를 일정한 양식인 표기법에 의해 표현
명확화	• 누구나 이해하기 쉽게 하기 위해 대상에 대한 애매모호함을 제거하고 정확하게 현상을 기술

2.3 물리적 데이터 모델

물리적 데이터 모델
① 연합 모델
② 프레임 기억 장치

물리적 데이터 모델은 데이터를 최하위 레벨인 내부 레벨Internal Level에서 기술하는 데 쓰인다. 논리적 데이터 모델과 달리 물리적 데이터 모델로 사용되는 것은 극소수인데 그중 널리 알려진 것은 연합 모델Unifying Model, 프레임기억 장치Frame Memory 등으로 이들은 DBMS 구현을 위한 것이다.

3 데이터 모델링의 정의, 원칙 및 절차

3.1 데이터 모델링의 정의

데이터 모델링의 특징
① 단순화
② 추상화
③ 명확화

데이터 모델링은 현실세계의 업무를 단순화, 추상화, 명확화하여 데이터베이스의 데이터로 표현하기 위한 설계 과정이다. 정보시스템을 구축하기 위해, 해당 업무에 어떤 데이터가 존재하는지 또는 업무가 필요로 하는 정보는 무엇인지를 분석하는 방법이다.

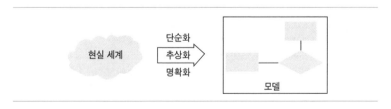

3.2 모델링의 기본 원칙

데이터 모델을 이용하여 설계를 진행하는 과정에서 커뮤니케이션 원칙 Communication Principle, 모델링 상세화 원칙 Granularity Principle, 논리적 표현 원칙 Logical Representation Principle 의 기본 원칙을 고려해야 한다.

기본 원칙	설명
커뮤니케이션 원칙	• 요구 사항은 모든 사람들이 이해할 수 있도록 명확하게 정의 • 최종 사용자 지향적으로 명확하게 파악되는 수준으로 작성
모델링 상세화 원칙	• 데이터의 상세화 정도 제시 • 조직이 사용하는 정보구조의 '최소 공통분모' 제시
논리적 표현 원칙	• 물리적 제약조건 없이 비즈니스를 그대로 반영 • 특정 아키텍처, 기술, 제품 등에 독립적으로 구성되어야 함

3.3 데이터 모델링 4단계

데이터 모델링은 요구 형성 및 분석 Requirements Formulation and Analysis, 개념 데이터모델링(개념적 설계 Conceptual Design), 논리 데이터 모델링(논리적 설계 또는 구현 설계 Logical or Implementation Design), 물리 데이터 모델링(물리적 설계 Physical Design)의 4단계로 구분한다.

데이터 모델링 4단계

요구 사항 분석서	전사적 데이터 모델링	정규화	DBMS 종속성
요구 형성 및 분석 ⇨	**개념 데이터 모델링** ⇨	**논리 데이터 모델링** ⇨	**물리 데이터 모델링**
비즈니스의 이해	핵심 엔티티 식별	정제된 데이터 모델	물리적 저장 구조

단계	설명
요구형성 및 분석	• 기업 비즈니스를 이해하고 구조화하기 위한 정보를 정의 → 요구 사항 정의서 • 인터뷰 및 장표분석을 통하여 요구 사항을 도출, 정의, 명세, 검증을 수행
개념 데이터 모델링	• 실세계의 정보 구조의 모형을 변환하여 일반화 시키는 단계 • 핵심엔티티와 그들 간의 관계를 표현하기 위해 ERD를 작성 • 사용자와 시스템 개발자 간의 의사소통기반, 시스템 변경방향의 분석 및 제시
논리 데이터 모델링	• 개념적 설계에서 추출된 실체와 속성들의 관계를 구조적으로 설계 • 정확한 업무분석을 통한 자료의 흐름을 분석하여 개념 모델을 정제 • 식별자 확정, 정규화, M:M 관계해소, 참조무결성 규칙정의 등을 수행
물리 데이터 모델링	• 정규화된 논리 모델을 특정 DBMS에 적합하도록 데이터베이스 스키마를 구축하는 단계 • 성능을 고려한 반정규화 실시 → 테이블 정의서 • Data의 DISK상의 위치, 인덱스, 파티션테이블, 분산설계 등을 수행

4 요구 형성 및 분석

4.1 데이터베이스 설계상 함정

데이터베이스 설계상 함정
① 요구 사항 형성 과정 미흡
② 함수종속성 분석 간과

비즈니스를 시스템화하는 과정에서 겪는 어려움 중 하나는 요구 사항을 파악하는 요구 사항 형성 과정이 미흡하다는 것이다. 시스템 구축을 위한 초기 단계에서 실무 부서의 요구가 정리되지 않은 경우가 많거나 정리가 되었더라도 데이터 모델링의 다음 단계인 개념 데이터 모델링에서 바로 활용할 수 있는 형식을 갖추지 못한 경우가 대부분이다. 요구 사항이 형성된 모양은 어떠한 경우에도 '업무처리규정'으로 정형화되어 나타나야 하며, 업무처리규정을 완벽히 준비하고 정비하는 일은 데이터 모델링에서 가장 먼저 진행되어야 한다.

두 번째 어려운 점은 함수종속성 분석을 간과하는 것이다. 중심 역할을 하는 데이터들 간의 연관성(또는 관계)에 대한 집중 분석이 미흡한 경우 문제가 발생한다.

개체 관계도ERD는 개체와 개체 간의 관계를 파악하고 어느 개체가 더 중요하게 작용하는지를 알기 쉽게 도형으로 표현한 것으로 속성들 간에도 어느 것이 더 결정력이 있는지 알기 쉽게 표현되어야 한다. 이는 관계형 데이터베이스의 설계 시에 속성들 간의 함수적 종속성을 대단히 중요하게 다뤄야 하기 때문이다.

이러한 속성들 간 관계에서 부분종속성이나 이행종속성이 발생했을 때 이를 제거하지 않으면 데이터베이스 설계상의 큰 잘못인 데이터 조작 이상Data Anomaly 현상이 나타난다. 따라서 이를 방지하기 위해 함수종속도표 FDD: Functional Dependency Diagram를 작성하고 속성 간의 관계를 심층 분석해야 한다.

4.2 업무설계 시 애매성 제거 규칙

개념 데이터 모델링을 위해서는 시스템 구축을 의뢰하는 실무부서의 요구 사항이 다음과 같은 규칙에 따라 정리되어야 한다.

- 육하원칙에 입각(적어도 주어, 동사, 목적어)하여 기술

- 용어에 대하여 적절한 추상화 레벨을 선택
- 일반적인 개념 대신 필요 이상의 구체적인 용어 사용을 제한
- 두루뭉술한 표현을 피함
- 표준 문장 형태를 사용
- 동음이의어와 이음동의어를 검사
- 용어 간 참조 내용을 명확히 함
- 용어사전을 사용

우선 육하원칙에 입각해(적어도 주어, 동사, 목적어) 요구 사항을 기술하도록 한다. 개념적 설계 단계에서는 정리되어 있는 '업무처리규정'을 근거로 개체와 개체 간의 관계를 기술할 뿐만 아니라 개체를 구성하는 속성들을 찾아내는, 말 그대로 '데이터를 짠다'는 작업을 수행하게 된다. 이를 위해 '업무처리규정'에서 업무방침을 설명하는 중요한 명사나 목적어 부분을 개체로 발췌해야 하고, 개체 간의 의미 있는 관계로서 업무 방침을 설명하는 중요한 동사 부분을 '관계'로 추출해야 한다. 그러기 위해서는 육하원칙에 입각하여 '업무처리규정'을 기술하는 것이 중요하다.

두 번째로 용어에 대하여 적절한 추상화 레벨을 선택해야 한다. 현실 세계를 나타내는 문장에서는 구체적 용어가 사용되어야 할 곳에 종종 추상화 용어가 사용된다. 이러한 추상화 용어는 통상 그 문맥에 따라 의미가 이해되고 경우에 따라서는 더 빠르고 효과적일 수도 있다. 그러나 개념적 설계에서는 추상화 레벨에 맞는 정확한 용어를 사용해야 하며, 특히 설계자가 그 응용분야에 익숙하지 않을 때에는 한층 더 정확한 용어를 써야 한다. 만약 종로에서 강남구 신사동에 사는 사람에게 어디 사느냐고 묻는다면 '신사동'에 산다고 답하겠지만, 뉴욕의 맨해튼에서 똑같은 질문을 한다면 '대한민국'이라고 답할 것이다.

세 번째, 개념적 설계에서는 일반적인 개념 대신에 필요 이상의 구체적인 용어 사용을 제한한다. 예를 들어 전자제품을 기술할 때 '실리콘 조각'보다는 '부품'이라는 용어를 사용하는 것이 낫고, 물 한 컵을 마시고 '물 참 맛있다'라고 해야지 'H_2O 참 맛있다'라고 하는 것은 적절하지 않다.

네 번째, 두루뭉술한 표현을 피해야 한다. 자연어에서는 우회적인 반복과 두루뭉술한 표현이 자주 쓰이는데 은행 창구에서 일하는 행원을 가리킬 때 '은행 창구' 대신 '은행 창구에서 일하는 행원'이라고 표현하는 것이 좋다. 또

'인사정보', '가격정보', '월 판매실적 보고서', '월 생산실적 마감 파일', '사번/성명/직급/부서 코드 …… 등'으로 표현한 것도 데이터를 짜기 위해서 개체와 속성을 찾아낼 수 없는 표현 방법이다. '인사정보'라는 표현 대신 사번, 이름, 전공, 나이 등의 필요한 속성을 정확하게 나열해야 데이터 모델링을 할 수 있다. '사번/성명/직급/부서 코드 …… 등'의 표현도 ' …… 등' 대신 정확한 속성들을 기술해야 한다.

다섯 번째, 표준 문장 형태를 사용하도록 한다. 자연어에서 자주 쓰는 다양한 스타일은 요구 사항을 기술하는 데 적합하지 않다. 오히려 단순한 문체가 요구 사항을 모델링하는 데 훨씬 더 용이하다. 이론적으로 말하면 표준 문장 형태로 기술된 내용이 데이터 모델링 시 오류를 가장 많이 줄일 수 있다.

여섯 번째, 동음이의어와 이음동의어를 검사한다. 요구 사항은 통상 여러 사용자로부터 수집되므로 동일한 용어로 표현해도 다른 개체를 의미할 수 있으며, 다른 용어로 표현되었더라도 실상은 같은 개체를 가리킬 수 있다. 대학원생이 지도교수를 지칭할 때 선생님, 지도교수님, 교수님이라고 하는 것이 이음동의어의 대표적인 예다.

일곱 번째, 용어 간 참조 내용을 명확히 한다. 어떤 경우에는 용어 간 참조가 불명확해서 모호성이 유발될 수 있다. 예를 들어 고객의 '전화번호'가 '집 전화번호'인지 '회사 전화번호'인지 '휴대폰 전화번호'인지 명확하지 않으면 오류를 범할 수 있다.

마지막으로, 용어사전을 사용하도록 한다. 데이터 모델링 대상이 되는 집단에서 은어에 가깝게 사용되는 용어는 명확한 용어사전 작성이 필수이다. 용어는 대부분 집단에서 발생하는 특이하고도 중요한 현상을 나타내기 때문에 데이터 모델링 과정에서 대상 집단의 주요한 개체와 속성, 관계를 추출하는 데 무엇보다 중요하다. 예를 들어 TV 방송국에서 사용되는 용어 중 '불방'은 불교방송이 아니라 이미 편성된 방송 스케줄이 예기치 못한 사정으로 바뀌는 것(비가 오는 관계로 스포츠 중계방송이 연기되거나 국가 비상사태 발생으로 모든 정규방송이 취소되는 경우 등)을 의미한다. 이때 방송국에서는 숨막힐 정도로 바빠 일정을 수정해야 하는 상황이 발생한다. 즉, '불방'이라는 용어를 잘 정의하고 이해하면 TV 방송국의 가장 중요한 업무의 흐름과 여기에 연관된 개체와 속성 관계 사항을 확인할 수 있다.

5 관계형 데이터베이스에서 요구조건 분석

5.1 요구조건 분석

구분	상세구분	내용
요구조건 내용	정적 정보구조	개체, 속성, 관계성, 제약조건
	동적 요구조건	트랜잭션 유형, 실행 빈도
	조직 내 제약조건	경영 목표, 정책, 규정
요구조건 분석	요구조건의 수집	서면 조사, 인터뷰(업무, 데이터, 처리형태)
	제약조건 식별	기업의 장래 전략
	요구조건 명세 작성	데이터, 트랜잭션, 작업(데이터 관계, 제약조건)
요구명세 작성	검토 및 확인	잠정적 확정
	다이어그램 방식	HIPO, SADT, DFDS
	컴퓨터 이용기법	PSL(Problem Statement Language) PSA(Problem Statement Analyzer)

데이터 모델링을 위한 요구조건 분석은 잠정적인 사용자를 식별하는 것부터 시작한다. 사용자가 의도하는 데이터베이스의 용도를 파악하고 공식적인 요구조건에 대한 명세를 작성한다. 명확한 요구조건의 분석을 위해 실무부서의 업무분장표, 입출력 활용 장표, 현행 업무 흐름도 등의 서면 조사나 인터뷰를 실시한다.

기출문제

114회 정보 NoSQL 특징, 데이터 모델링 패턴 및 데이터 모델링 절차에 대하여 설명하시오. (25점)

107회 정보 데이터 모델링의 4단계에 대하여 설명하시오. (10점)

86회 정보 데이터 추상화를 정의하고, 데이터베이스에서 이 추상화를 어떻게 실현하는지 설명하시오. (10점)

81회 정보 업무설계(데이터 모델링)를 위한 요구 사항 정의 시에 애매모호성을 제거하기 위한 규칙에 대하여 '예'를 들어서 설명하시오. (10점)

B-2

개념 데이터 모델링

Conceptual Data Modeling

———

개념 데이터 모델링에서는 무엇보다도 개체와 개체 간의 연관성이 얼마나 깊은지를 나타내는 데 초점을 두며, 연관성을 보통 '관계'라고 일컫는다. 개체 간 관계의 깊이를 정확히 확인하는 것이 개념적 차원의 데이터 설계의 주안점이다.

1 개념 데이터 모델링

개념 데이터 모델의 특성
① 표현성: 개체타입, 관계성, 제약
조건
② 단순성: 이해와 사용이 단순
③ 최소성: 적은 수의 기본 개념만
사용
④ 다이어그램식 표현: 시각적이고
종합적
⑤ 공식성: 공식적 명세를 위해 모
호하지 않고 정확

개념 데이터 모델링은 구축 범위에 있는 전사 데이터를 대상으로, 데이터의 본질을 분석하고 추상화 기법으로 데이터를 분류하는 과정이다. 주제별로 분류 가능한 업무를 분석한 후 핵심 엔티티Entity를 추출하고 그것들 간의 관계를 정의하여 전체 데이터 모델의 골격을 생성하고 설계 방향을 정의하는 단계라고 할 수 있다.

이렇게 도출된 엔티티 간의 관계를 표현하기 위한 도구로는 개체 관계도 ERD가 대표적이며 개념 데이터 모델링의 결과물이 타당한지를 확인하기 위해서는 최초 요구 분석에 사용된 업무처리규정과의 부합성을 점검해야 한다. 상응하지 않는 부분이 한 군데라도 있을 경우에는 반복 검토하여 반드시 부합하도록 만들어야 한다.

개념 데이터 모델링은 DBMS에 독립적으로 수행되어야 하며 추상화 Abstraction, 집단화Aggregation, 일반화Generalization를 통해 이루어진다.

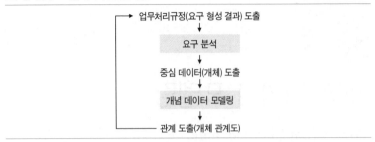

2 개념 데이터 모델링의 절차

개념 데이터 모델링은 주제영역 정의, 핵심 엔티티 정의, 관계 정의의 순서로 진행된다.

개념 데이터 모델링 절차

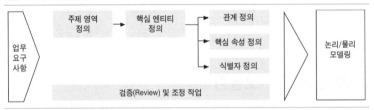

2.1 주제영역 정의

주제영역 정의는 데이터 분류의 최상위 집합을 정의하는 활동으로 업무 기능 분석에 활용될 수 있는 단위를 식별하는 작업이다. 주제영역을 정의할 때 주제영역 내 데이터 간의 관계는 밀접하고 다른 주제영역 데이터와의 관계는 최소화되도록(주제영역 간의 결합도는 낮고 주제영역 내 응집도는 높도록) 정의한다. 주제영역은 계층적으로 표현될 수 있으며 주제영역을 분해하면 하위 수준의 주제영역이나 엔티티로 세분화된다. 또 주제영역은 데이터 권한 관리의 단위가 될 수 있다.

대개 주제영역은 업무 기능의 최상위 단위와 1 대 1 관계를 이루는 것이 일반적이며 주제영역명은 업무 기능의 이름에서 도출하거나 엔티티의 그룹을 의미하는 명사형으로 도출한다(예: 인사, 생산, 자재, 판매 등).

주제영역
기업이 사용하는 데이터 분류의 최상위 집합

2.2 핵심 엔티티 Entity 정의

엔티티(Entity)
업무 활동상 지속적인 관심을 가져
야 하는 대상으로 그 대상에 대한
데이터를 저장할 수 있고 대상 간
의 동질성이 있는 개체 또는 행위
의 집합

속성
엔티티 내에서 관리해야 할 정보

엔티티 명명규칙
① 현업에서 사용하는 용어 사용
② 약어나 비속어 사용 금지
③ 단수 명사 사용
④ 시스템 내 유일한 이름을 부여

핵심 엔티티 정의는 수집된 데이터를 분석하여 후보 엔티티를 추출하고, 데이터를 유형별로 분류한 후 핵심 엔티티를 도출하는 과정이다. 엔티티란 실제 업무에서 의미 있는 객체나 사건을 말한다.

후보 엔티티 수집을 위해 현행 시스템 분석서, 현업 장표 및 보고서, 인터뷰, 전문 서적 등을 활용할 수 있으며 엔티티가 될 가능성이 있는 모든 대상을 추출한다. 주의할 부분은 상상력을 동원하여 엔티티를 창조해서는 안 되며, 반드시 존재 여부를 확인한 후에 추출해야 한다.

엔티티 내에서 관리해야 할 정보를 속성 Attribute 이라 하며, 하나의 엔티티는 하나 이상의 속성으로 구성된다.

엔티티를 정의할 때 엔티티명은 가능하면 현업에서 사용하는 용어로 하며 약어나 비속어를 쓰지 않도록 한다. 또 단수 명사를 사용하고 시스템 내에서 유일한 이름으로 부여한다. 엔티티를 설명하는 데이터 값이나 엔티티에 작용하는 프로세스, 추출된 계산 값 등은 엔티티로 부적절하다.

관점	유형	설명
우선적용 관점의 분류	키 엔티티	개체로 분류될 수 있는 최상위 레벨의 엔티티로 다른 엔티티와의 관계에 의해 생성되는 엔티티가 아닌 독립적으로 존재하는 엔티티(예: 사원, 부서, 고객, 상품, 자재 등)
	메인 엔티티	키 엔티티 간의 업무적인 관계에서 발생. 해당 업무에서 중심 역할을 하는 엔티티로 주요한 행위를 정의하는 엔티티 또는 주요한 관계 엔티티로 데이터 발생량이 많음(예: 보험계약, 사고, 예금원장, 청구, 구매의뢰, 출하지시, 공사, 주문, 매출)
	액션 엔티티	행위를 정의하는 엔티티 중 메인 엔티티를 제외한 엔티티 또는 하위 레벨의 엔티티(예: 상태이력, 차량수리내역, 상세주문내역 등)
개체/행위 관점의 분류	개체 엔티티	행위의 주체 또는 자원이 되는 엔티티
	행위 엔티티	주체가 수행하는 활동 또는 자원을 활용하는 활동에 해당하는 엔티티
	관계 엔티티	엔티티 간의 릴레이션에 해당하는 엔티티

추출한 후보 엔티티들을 우선적용 관점 및 개체/행위 관점으로 데이터의 본질을 파악하여 유사 데이터를 분류한다.

엔티티 분류 내용을 바탕으로 추상화·일반화 기법을 이용해 핵심 엔티티를 도출하고 엔티티 통합, 분리 과정을 수행해 핵심 엔티티를 정제한다.

이후 주제영역별로 해당하는 핵심 엔티티를 매칭한다. 이때 하나의 핵심 엔티티를 여러 주제영역에서 활용하는 경우에는 우선순위를 고려해 하나의 주제영역에 위치시키고 오너십Ownership을 갖도록 하는 것이 중요하다. 핵심 엔티티의 속성은 핵심 속성을 위주로 정의하여 엔티티 정의의 이해를 돕는 수준에서 작성하며 표준 용어를 참조하여 작성하도록 한다.

2.3 관계 정의

관계 정의는 두 엔티티 간에 존재하는 업무적인 연관성을 정의하는 과정으로, 특정한 2개의 엔티티 사이에 존재하는 많은 관계 중에서 관리하려는 직접적인 관계를 정의한다. 개념 데이터 모델 단계에서는 모든 관계를 정의할 필요는 없으며 데이터 모델의 기본 틀을 도출하는 수준에서 관계를 정의한다. 관계를 정의할 때는 관계 수Cardinality, 선택 사양Optionality, 관계명을 함께 기술한다.

여기서 관계 수는 관계된 엔티티 간 인스턴스의 최대 개수로 1:1, 1:M, M:M의 세 가지로 표현할 수 있다. 선택 사양은 관계된 엔티티 간 어느 하나의 인스턴스가 없는 경우로 Optional과 Mandatory의 두 가지로 표현될 수 있다. 관계명은 관계된 엔티티의 입장에서 기술해야 한다.

관계의 형태에는 1:1, 1:M, M:M 관계 이외에 두 엔티티 사이에 하나 이상의 관계가 있는 상태에 대한 병렬관계가 있을 수 있다. 재귀Recursive 관계, BOMBill Of Material 관계, 아크Arc 관계가 대표적이다.

재귀 관계는 엔티티 자신의 인스턴스 간에 관계가 있는 경우로, 조직 구조 같은 계층구조를 정의하는 데 유용하다. BOM 관계는 네트워크 구조의 관계로 제조업에서 부품 구조를 정의하는 데 활용되며, 상세 모델링 과정에서 새로운 관계 엔티티를 추가하여 2개의 1:M 관계로 구성된 모델로 구체화한다. 아크 관계는 2개 이상의 엔티티의 합집합과 릴레이션을 가지는 관계로 배타적Exclusive 관계라고도 한다.

관계의 형태
① 1:1 관계
② 1:M 관계
③ M:M 관계
④ 병렬관계

관계의 표현
① 관계 수(Cardinality)
② 선택 사양(Optionality)
③ 관계명

3 개념 데이터 모델링 수행 방법

개념 데이터 모델링 방법
① 엔티티 분석(EA) 방법
② 속성 합성(AS) 방법
③ 개념 확장(Inside-Out) 방법
④ 혼합(Mixed) 방법

개념 데이터 모델링은 엔티티 분석 방법, 속성 합성 방법, 개념 확장 방법 및 혼합 방법으로 수행할 수 있다.

3.1 엔티티 분석 방법 EA: Entity Analysis

엔티티 분석 방법은 데이터 간의 의미 발굴 작업을 하향식Top-Down으로 진행하는 것으로 뷰 통합 방법View Integration 이라고도 한다. 엔티티부터 찾아낸 후 데이터 항목을 찾는 방식으로 전체 요구 사항을 개념적인 엔티티들과의 관계로 표현하고, 각 엔티티들과의 관계를 세분화한다. 이때는 원래 개념의 엔티티나 관계의 개념적 정의를 상세화할 뿐이고 개념을 추가하는 것은 아니다. 엔티티 분석 방법을 통한 개념 데이터 모델링 절차는 다음과 같다.

- 요구조건 명세로부터 몇 개의 부문별 뷰를 식별하고 모델링
  : 개체, 키, 관계성, 속성
- 부문별 뷰를 통합해서 하나의 전체 개념 스키마 구성
  (1) 동일성 통합Identity Integration : 동일 요소나 동의어들을 통합
  (2) 집단화Aggregation : 개체 원소들을 묶음
  (3) 일반화Generalization : 개체들의 공통 성질을 기초로 대분류
  (4) 상호 모순 해결: 이름, 타입, 도메인, 제약조건, 키

3.2 속성 합성 방법 AS: ttribute Synthesis

속성 합성 방법은 어느 데이터 항목이 개체 자격이 있는지 아니면 속성으로 분류되어야 하는지 일련의 체계적인 통계 분석에 따라 분류하는 방식이다. 속성 리스트를 나열하고 나열된 항목들을 대상으로 의미 있는 항목끼리 묶어서 엔티티들을 도출한 후, 관련된 엔티티들을 조사하여 관계로 연결해나가는 상향식Bottom-Up 방법이다.

   최하위 단위의 구체적인 개념들을 묶어나가는 과정을 통해 표현하려는 모든 요구 사항을 수용한 모델이 나올 때까지 반복한다. 이러한 반복적인 과정에서 새로운 개념이나 성질들이 추가되기도 한다.

- 속성 식별 및 분류: 유일성 여부에 따라 구분
- 개체 정의: 키 속성, 설명 속성
- 관계성 정의
   (1) 개체 간, 개체 대 속성, 속성 간 관계
   (2) 그래프 표기법으로 표현
- 정보구조ERD를 분석, 확인
   (1) 기수Cardinality, 종속 정보, 누락 정보 등

3.3 개념 확장 방법 Inside-Out

개념 확장 방법은 가장 중요하거나 확실한 개념부터 시작하여 그것과 가장
연관된 개념을 발견해서 확장하는 방법으로, 계속적인 확장을 통해 마지막에
가서야 전체적인 뷰가 생성된다. 중심이 되는 개념으로부터 주변으로 확장
해나가기 때문에 상향식 방식인 속성 합성 방법의 특별한 경우로 볼 수 있다.

3.4 혼합 방법 Mixed

요구 사항을 몇 개의 구별 가능한 단위로 분할한 후, 분할된 각 단위의 요구
사항을 분석하여 통합하는 방법이다. 응용 도메인이 매우 복잡할 때 요구
사항을 더 작은 도메인으로 분할해서 분석하기 위하여 사용된다. 엔티티 분
석 방법과 속성 합성 방법의 장점을 살린 것이 특징이다.

3.5 개념 데이터 모델링 수행 방법 비교

방법	장점	단점
엔티티 분석	예상외의 부작용 발생을 최소화	설계자가 초기에 모든 개념을 알아야 하고 높은 수준의 추상화 능력이 요구됨
속성 합성	모델링 작업이 신속하게 이루어질 수 있어 초기 설계자의 부담이 적음	모델링에 대한 재구성 작업 필요
개념 확장	이미 파악한 개념을 통해 새로운 개념 발견이 용이	전체적인 모델이 최종 단계에서 완성됨
혼합	분할과 정복(divide & conquer) 기법 사용 가능	설계 초기에 골격 모델을 도출해야 함

프로젝트에서 '업무처리규정 → ERD → FDD' 형태로 데이터 모델링에 접근하면 엔티티 분석 방법으로 볼 수 있으며, '업무처리규정 → FDD → ERD' 형태로 접근하면 속성 합성 방법으로 볼 수 있다.

엔티티 분석 방법은 응용 도메인에 관한 완전한 뷰가 있고, 잘 조직된 환경에서 전반적인 설계 과정에 대한 지식이 있을 때 편리하다. 속성 합성 방법은 비공식적이고 덜 조직화된 환경에서 적용하면 편리하다.

속성 합성 방법은 처음 단계에서는 DB 요소 하나하나를 모두 속성으로만 보다가 어떤 속성을 특별 기준에 근거하여 개체로 격상시키게 되므로 상대적으로 공평하다고 볼 수 있다. 그러나 처음부터 복잡하게 늘어놓으며 개체 격상의 판단 기준이 모호해 객관성에 문제가 제기된다는 한계가 있다.

동일한 요구 사항이 주어졌을 때 네 가지 방식이 항상 같은 최종 스키마를 산출하지는 않는데, 이는 각 방식별로 나름대로 설계 철학이 있기 때문이다. 따라서 요구 사항과 향후 확장성 등을 고려하여 안정된 모델을 선택해야 한다.

◀◀ 기출문제

75회 관리 데이터베이스에 있어 관계(relation)의 정의와 종류를 설명하시오. (10점)

B-3

논리 데이터 모델링

Logical Data Modeling

논리적 설계(Logical Design)는 개념적 설계에서 한 걸음 더 나아가 데이터베이스 구축 완료 시 데이터베이스를 향해 던질 질의에 대한 알고리즘 수준의 코딩을 위한 논리 (Logic)를 추구하는 데 주안점을 둔다.

1 논리 데이터 모델링

논리 데이터 모델링에서는 개념 데이터 모델링 단계에서 정의한 핵심 엔티티와의 관계를 바탕으로 상세 속성을 정의하고, 식별자를 확정하며, 정규화와 같은 상세화 과정을 수행한다. 논리 데이터 모델링은 비즈니스를 데이터 모델로 표현하는 작업이 최종적으로 완료되는 단계로, 논리 데이터 모델은 데이터 모델링이 최종적으로 완료된 결과라고 할 수 있다. 논리 데이터 모델링은 데이터베이스 설계 프로세스의 입력으로 비즈니스 담당자와 시스템

논리 데이터 모델링 주요 과정
① 엔티티 상세 속성 정의
② 식별자 확정
③ 정규화

개념 데이터 모델링 단계 → 논리 데이터 모델링 단계 이행

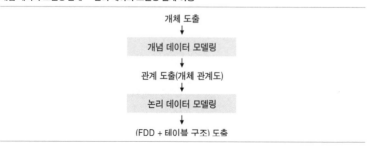

개체 도출
↓
개념 데이터 모델링
↓
관계 도출(개체 관계도)
↓
논리 데이터 모델링
↓
(FDD + 테이블 구조) 도출

B · 데이터 모델링

설계자 간에 의사소통 수단으로 사용된다.

2 ERD와 논리 데이터 모델

ERD로 표현한 E-R 모델은 어떤 특정 DBMS를 고려한 것은 아니며, 현실 세계를 더 잘 이해할 수 있도록 표현한 개념적 구조이다. 이러한 개념적 구조를 목표 데이터베이스에 구현하기 위한 중간 단계로 사용자 입장에서 표현한 논리적 구조가 필요한데 이 구조의 기초가 바로 논리 데이터 모델이다.

대표적인 논리 데이터 모델
① 관계 데이터 모델
② 네트워크 데이터 모델
③ 계층 데이터 모델

　　논리 데이터 모델 중 현재까지 실제 시스템으로 구현되어 많이 사용된 것은 관계 데이터 모델, 네트워크 데이터 모델, 계층 데이터 모델이다. 논리 데이터 모델은 현실 세계가 데이터베이스에 표현될 수 있는 논리적 구조를 기술하는 것이므로 논리적 구조는 실제로 컴퓨터 내에서 구현되는 물리적 구조와 일치할 필요도 없고 또 일치하지도 않는다.

ERD

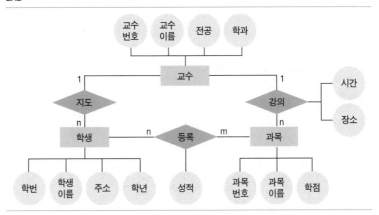

2.1 관계 데이터 모델 Relational Data Model

관계 데이터 모델

학생	학번	학생이름	주소	학년
교수	교수번호	교수이름	전공	학과
과목	과목번호	과목이름	학점	
지도	교수번호	학번		
등록	학번	과목번호	성적	
강의	교수번호	과목번호	시간	장소

관계 데이터 모델은 일반 사용자에게 데이터베이스가 릴레이션Relation, 즉 테이블의 집합으로 되어 있다고 생각하게 한다.

데이터베이스를 구성하는 엔티티와 관계가 모두 테이블로 표현되며 〈ERD〉 그림에 기술된 개체 – 관계를 데이터 모델로 표현하면 〈관계 데이터 모델〉 그림과 같이 6개의 테이블로 표현할 수 있다.

여기서 학생, 교수, 과목 테이블은 엔티티 집합을 나타내는 엔티티 릴레이션Entity Relation이라 하고, 지도, 등록, 강의와 같이 엔티티 간 관계를 나타내는 테이블은 관계 릴레이션Relationship Relation이라 한다.

개체와 관계가 모두 일관되게 릴레이션(테이블)으로 표현되나 모든 관계가 독립적인 릴레이션으로 표현되지 않을 수도 있다.

2.2 네트워크 데이터 모델 Network Data Model

네트워크 데이터 모델

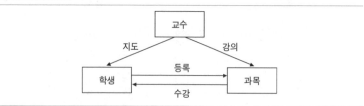

네트워크 데이터 모델은 데이터베이스의 논리적 구조를 표현한 데이터 구조도가 네트워크, 즉 그래프 형태인 데이터 모델로 〈네트워크 데이터 모델〉 그림은 〈ERD〉 그림에서 명세된 개체와 이것들 간의 관계를 네트워크 데이터 모델

로 표현한 것이다.

여기서는 교수, 학생, 과목 등 3개의 레코드 타입과 지도, 강의, 등록, 수강이라는 4개의 관계를 명세하고 있다. 이 네트워크 데이터 모델에서는 두 레코드 타입 간에 하나 이상의 관계가 설정될 수 있으므로 각 관계는 이름을 붙여 식별한다.

네트워크 데이터 모델에서는 1 : M 관계에 연관된 2개의 레코드 타입들을 각각 오너Owner, 멤버Member라고 하고 이들의 관계를 오너 - 멤버 관계라고 한다. 하나의 레코드 타입은 멤버로 여러 개의 상이한 오너 - 멤버 관계를 가질 수 있고, 오너 레코드 타입으로서 여러 개의 상이한 오너 - 멤버 관계를 가질 수도 있다.

2.3 계층 데이터 모델 Hierarchical Data Model

계층 데이터 모델은 데이터베이스의 논리적 구조를 표현한 데이터 구조도가 트리Tree 형태인 데이터 모델이다. 〈계층 데이터 모델〉 그림은 〈ERD〉 그림에서 명세된 개체 타입과 관계 타입들을 계층 데이터 모델로 표현한 데이터 구조도이다.

계층 데이터 모델

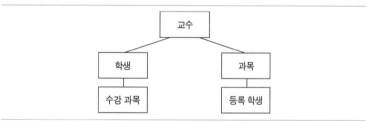

이 구조도의 특징은 전체적인 구조의 트리 형태이기 때문에 루트 레코드 타입이 있다. 두 레코드 타입 간에는 하나의 관계만 허용되므로 이름을 붙이지 않고 단순히 간선으로만 표현해도 유일하게 식별될 수 있다. 또 이 구조도는 사이클Cycle이 허용되지 않으며 레코드 타입들 간에는 상하위의 레벨 관계가 성립한다.

1 : M 관계를 맺고 있는 두 레코드 타입들을 각각 부모 레코드 타입, 자식 레코드 타입이라 하고, 이들 간의 관계를 특별히 부모 - 자식Parent-Child 관계

라 부른다. 계층 데이터 모델에서 각 레코드 타입은 하나의 부모 레코드 타입만 가질 수 있다. 그러나 부모 레코드 타입은 여러 개의 자식 레코드 타입과 각각 별개의 부모 – 자식 관계를 가질 수 있다.

3 관계 데이터 모델에서의 논리 데이터 모델링

관계 데이터 모델에서 사용되는 주요 개념을 살펴보면 다음과 같다.

구분	설명
속성 (Attribute)	• 관계 데이터 모델에서 데이터의 가장 작은 논리적 단위 • 더는 분해할 수 없는 원자 값
도메인 (Domain)	• 속성이 취할 수 있는 같은 타입의 모든 원자 값들의 집합 • 각 속성은 어느 한 도메인 위에서 정의되어야 함 • 단순 도메인: 연, 월, 일 • 복합 도메인: 일자(연 + 월 + 일)
릴레이션 (Relation)	• 릴레이션 스키마: R(A1, A2, … An) R: 릴레이션, A: 속성(논리적 구조정의, 정적 성질) • 릴레이션 인스턴스: 어느 한 시점의 릴레이션 R에 포함된 투플의 집합(삽입, 삭제, 갱신 등 동적 성질)
투플 (Tuple)	• 릴레이션의 각 행(레코드)에 해당하는 값 • 릴레이션의 특정 인스턴스에 관한 속성 값의 모임
차수 (Degree)	• 한 릴레이션에 들어 있는 속성들의 수 • 릴레이션의 유효 차수는 최소 1
기수 (Cardinality)	• 릴레이션에 존재하는 투플의 수 • 기수 0을 갖는 릴레이션도 유효

관계 데이터 모델에서 릴레이션은 다음과 같은 특성이 있다.

구분	설명
투플의 유일성	2개의 똑같은 투플은 한 릴레이션에 포함될 수 없음
투플의 무순서성	릴레이션 내의 투플들 사이에 순서가 없음
속성의 무순서성	릴레이션을 구성하는 속성 간에는 순서가 없음
속성의 원자성	모든 속성의 값은 원자 값

반복 그룹(값의 집합)을 속성 값으로 허용하지 않는 릴레이션을 정규화 릴레이션이라 하는데 관계 데이터 모델에서는 기본적으로 정규화 릴레이션을 다

룬다. 반복 그룹을 허용하는 비정규화 릴레이션은 분해 과정을 통해 정규화 릴레이션으로 변환할 수 있다.

구성 요소	설명	고려 사항
속성명 (Name)	속성의 내용 또는 관리 목적이 무엇인지 알려주는 명사 또는 명사구	가능하면 복합명사로 써서 의미를 명확히 하고, 내용을 함축성 있게 표현한 명칭으로 정의하며, 반드시 표준 용어를 적용
도메인 (Domain)	속성이 가질 수 있는 같은 타입의 모든 원자 값들의 집합	속성이 가질 수 있는 값에 대한 업무적 제약조건이 됨
선택성 (Nullable)	반드시 값을 가져야 하는지에 대한 정의	DBMS에 따라 null과 빈 문자열('')을 구분해야 할 수 있음

논리 데이터 모델링은 속성 정의, 엔티티 상세화, 이력관리 설계의 순서로 진행된다.

3.1 속성 정의

속성
더 이상 분리할 수 없는 최소 정보 단위

속성은 엔티티에 대한 정보로 더 이상 분리할 수 없는 최소 정보 단위를 말하며 기초 속성, 설계 속성, 추출 속성으로 구분할 수 있다.

속성의 유형	설명	사례
기초 속성	현업으로 제공되어야 유지되는 가장 기본적인 속성	주문일자, 납기일자, 수량, 단가
설계 속성	원래는 존재하지 않지만 필요에 따라 설계자가 생성한 속성	주문번호, 고객번호, 주문상태, 일련번호, 품목 코드
추출 속성	다른 속성으로부터 계산 등의 가공 처리를 통해 만들어진 중복성이 있는 속성. 원칙적으로는 논리 데이터 모델에 포함시키지 않고 물리 데이터 모델에 추가 여부를 검토하는 것이 바람직함	주문총액, 금액

속성을 정의할 때는 속성의 내용 또는 관리 목적이 무엇인지를 알려주는 속성명, 속성이 가질 수 있는 값에 대한 업무적인 제약조건인 도메인, 해당 속성이 반드시 값을 가져야 하는지에 대한 선택성이 정의되어야 한다.

속성은 가능한 최소 단위까지 분할한 후 필요에 따라 통합하도록 하며 업무적으로 속성을 통합한 단위의 활용도가 높은 일자, 시간, 성명 등은 일반적으로 분할하지 않는다.

여러 가지의 값을 가지거나 반복되는 값을 갖는 속성은 잘못된 속성이며, 반복되는 속성은 새로운 엔티티로 분할하여 정의한다. 또 속성들은 상호 독립적이어야 하며 식별자 칼럼 전체에 직접적이고 완전하게 종속되어야 한다.

3.2 엔티티 상세화

엔티티 상세화는 개념 데이터 모델에서 도출한 엔티티의 식별자를 확정하고, 정규화 검증을 수행하며, 참조 무결성 규칙을 정의하는 등 엔티티 정의의 완성을 이루는 작업이다.

식별자란 하나의 엔티티를 구성하는 여러 속성 중에서 엔티티를 대표할 수 있는 속성 또는 속성의 조합을 의미하며 키Key라고도 부른다. 하나의 엔티티는 반드시 하나의 식별자가 존재한다.

식별자
엔티티를 구성하는 속성 중 엔티티를 대표할 수 있는 속성이나 속성의 조합

식별자의 유형	내용
후보 식별자	각 인스턴스를 유일하게 구별할 수 있는 속성 또는 속성들의 조합. 여러 속성이 조합된 경우에도 유일한 값을 가져야 함(예: 사번, 주민등록번호)
본질 식별자	속성 중에서 집합의 본질을 명확하게 설명할 수 있는 의미상의 주어
인조 식별자 (대리 식별자)	식별자 확정 시 기존의 본질 식별자를 주 식별자로 지정할 수 없는 경우 전체 또는 일부를 임의의 값을 가진 속성들로 대체하여 새롭게 구성한 식별자
주 식별자 (실질 식별자)	인스턴스를 식별하기 위하여 공식적으로 선택된 식별자로 본질 식별자나 인조 식별자 모두 주 식별자가 될 수 있으며 한 엔티티에 주 식별자는 하나만 존재(예: 사번, 주민등록번호 중 대표로 선정된 식별자)
대체 식별자 (보조 식별자)	주 식별자를 대신할 수 있는 속성이나 속성의 조합(예: 사번을 주 식별자로 선정했을 경우 주민등록번호)
외부 식별자	엔티티 간의 관계에 의해 다른 엔티티의 주 식별자의 속성이 전이되어 자신의 속성에 포함된 식별자로 자신의 엔티티에서 다른 엔티티를 찾아가는 연결자 역할을 함[예: 사원 엔티티의 부서 코드(부서 엔티티의 주 식별자)]
복합 식별자	여러 속성으로 조합된 식별자

엔티티 내의 모든 인스턴스들은 식별자로 구분할 수 있어야 하며, 엔티티의 식별자로 정의된 속성의 값은 개체가 존재하는 동안 값의 변화가 없어야 한다. 또 주 식별자로 정의된 속성들은 반드시 값을 가져야 한다.

식별자를 확정할 때는 다음을 고려한다.

- 검색 조건에서 자주 검색되는 순서대로 정의
- equal 조건으로 검색되는 속성을 먼저 정의

• 분포도가 좋은 속성순으로 배열

식별자의 특징	요건
유일성 (Uniqueness)	식별자는 엔티티의 각 인스턴스를 유일하게 식별할 수 있어야 함
안정성 (Unchangeable)	식별자는 전 생애에 걸쳐 변경되지 않아야 함(참조 무결성을 유지하고 데이터 이상현상을 방지)
최소성 (Minimal Set)	복합 식별자로 구성하는 경우 인스턴스의 유일성에 기여하지 않는 속성은 제거(저장 공간을 줄이고 조인 성능 및 검색 측면에서 유리)
필수성 (Mandatory)	식별자는 Null 값을 허용하지 않음
보안성 (Security)	데이터 보안을 요구하는 속성은 식별자로 사용하지 않음(예: 주민등록번호)

인조 식별자 도입 검토
① 본질 식별자를 주 식별자로 지정할 수 없는 경우
② 복잡도가 높은 복합 식별자
③ 행위 엔티티의 활동 인스턴스

인조 식별자는 본질 식별자를 주 식별자로 지정할 수 없는 경우에 사용된다. 하지만 본질 식별자가 주 식별자의 요건에 부합하더라도 복잡도가 높은 복합 식별자로 구성이 될 때에는 하위 엔티티의 식별자 속성 개수를 증가시킬 수 있으므로 인조 식별자의 도입을 검토하도록 한다. 또 행위 엔티티의 경우 한 건의 활동 인스턴스에 대한 유일한 식별자가 요구될 때에는 인조 식별자를 도입할 수 있다.

엔티티의 식별자를 확정했으면 엔티티에 정의된 중복 속성 및 속성 간의 종속 관계를 분석하고 문제점을 제거하여 일관성 있는 데이터 모델을 정의하기 위한 정규화를 수행한다. 정규화를 수행하지 않은 경우 데이터의 중복 발생 및 입력, 수정, 삭제에 대한 이상현상이 발생해 데이터의 일관성 및 무결성이 훼손될 수 있다.

3.3 이력관리 설계

대부분의 개체 엔티티는 이력관리의 대상이 된다. 엔티티의 속성이 변화하는지, 과거 데이터를 조회할 필요가 있는지 등의 요구 사항을 검토하여 이력관리 대상을 선정한다.

이력 데이터에는 여러 사유로 속성이 변경될 때마다 데이터를 생성하는 변경이력과 업무의 진행 상황이 변경될 때에만 데이터를 생성하는 진행이력이 있다.

이력 데이터를 관리하는 형태에는 데이터 변경이 발생한 시점만 관리하는 시점이력과 데이터 변경 시작 시점부터 해당 데이터가 유효한 종료 시점까지 관리하는 선분이력이 있다.

관리 형태	시점이력	선분이력
내용	데이터 변경이 발생한 시점만 관리	데이터 변경 시작 시점부터 종료 시점까지 관리
사례	 환율 변경이력 통화 ID 변경일자 환율 특정 시점의 환율 조회 SELECT 환율 FROM 환율변경이력 WHERE 변경일자 = (SELECT MAX (변경일자) FROM 환율변경이력 WHERE 변경일자 <= '**특정 시점**' AND 통화ID = 'USD') AND 통화ID = 'USD'	 환율 변경이력 통화 ID 변경시작일자 변경종료일자 환율 특정 시점의 환율 조회 SELECT 환율 FROM 환율변경이력 WHERE '**특정 시점**' BETWEEN 변경시작일자 AND 변경종료일자 AND 통화ID = 'USD' SELECT 환율 FROM 환율변경이력 WHERE 변경시작일자 <= '**특정 시점**' AND '**특정 시점**' < 변경종료일자 AND 통화ID = 'USD'

참고자료
이석호. 2009. 『데이터베이스 시스템』. 정익사.

기출문제

95회 응용 다음과 같은 자료항목과 요구 사항 처리를 위한 개념적(또는 논리적)
ERD를 작성하시오. (25점)
가. 애트리뷰트(칼럼): 총 5개 - 사용자ID, 연(yyyy), 월(mm), 일(dd), 조회 수
나. 요구 사항: 사용자 ID별 조회 수 통계작성, ID 기준으로 연, 월, 일자별 조회 수
통계 작성

B-4

물리 데이터 모델링

Physical Data Modeling

———

물리적 설계(Physical Design)는 데이터베이스 성능과 운영비용 간의 최적 균형을 유지하기 위하여 DBMS 및 OS 특성에 따른 레코드 속성별 데이터 타입과 크기 등을 정의하는 과정이다.

1 물리 데이터 모델링

물리 데이터 모델이란 논리적 모델을 특정 데이터베이스로 설계하여 생성된, 데이터를 저장할 수 있는 물리적인 스키마이다. 물리 데이터 모델링에서는 논리 데이터 모델을 기반으로 목표하는 DBMS의 특성 및 구현 환경 등을 감안하여 스키마(데이터 구조)를 일정한 기준과 규칙에 따라 도출하고, 칼럼Column의 데이터 타입과 크기를 정의한다.

데이터 모델의 엔티티와 서브타입은 논리적인 집합이며, 만약 관계형 데이터베이스로 설계한다면 이 단계에 와서 물리적인 테이블로 확정된다. 하나의 논리적 집합(엔티티 또는 서브타입)은 하나 이상의 테이블이 될 수 있으며, 경우에 따라서는 속성의 일부만으로 생성될 수 있다.

물리 데이터 모델링은 단순히 설계된 논리 데이터 모델의 개체 명칭이나 속성 명칭, 데이터 형태, 길이, 영역 값 등을 변환하는 것이 아니다. 이 과정에서 결정되는 많은 부분이 데이터베이스 운용 성능Performance으로 나타나므로 논리 데이터 모델에서 도출된 내용 변환을 포함하여 데이터의 저장 공간·분산·저장 방법 등을 함께 고려해야 한다. 또 데이터의 사용량을 분석, 예측하는 과정을 통해 효율적인 데이터베이스가 될 수 있도록 인덱스를 정의하고 반정규화 작업을 수행한다.

논리 데이터 모델링 단계 → 물리 데이터 모델링 단계 이행

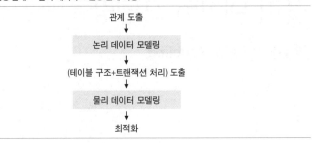

관계 도출
↓
논리 데이터 모델링
↓
(테이블 구조+트랜잭션 처리) 도출
↓
물리 데이터 모델링
↓
최적화

1.1 물리적 데이터 설계 대상

물리 데이터 설계 시에는 저장 레코드의 양식, 접근 경로, 저장 공간의 할당 등을 설계한다.

구분	설명
저장 레코드 양식 설계	• 데이터 타입, 데이터 값의 분포, 사용될 응용에서의 접근 빈도 등을 고려 • 데이터 표현, 압축 방법을 포함
레코드 집중화의 분석 및 설계	• 물리적 순차성 설계(레코드를 연속된 저장 공간에 할당) • 효율적 검색을 위한 블록 크기의 선정(예: 순차 처리 데이터는 큰 블록, 임의 처리 데이터는 작은 블록으로 설계)
접근 경로 설계	• 물리적 저장장치의 데이터베이스 파일에 대한 저장 구조와 접근 경로 • 인덱싱 기법, 포인터, 해싱 • 기본 접근 경로: 기본키에 의한 검색으로 초기 레코드 적재, 레코드의 물리적 위치 등과 연관되며 주로 응용의 효율적 처리를 위해 설계 • 보조 접근 경로: 보조 키를 활용하며 인덱스 저장을 위한 추가 저장 공간과 인덱스 관리를 위한 오버헤드 문제가 발생될 수 있음

1.2 업무규칙 정의

업무규칙이란 데이터베이스에서 속성이 가질 수 있는 값을 통제하여 논리 데이터 모델의 무결성을 유지하기 위한 명세이다. 따라서 업무규칙은 데이터베이스의 처리 능력 향상을 위하여 프로그램 논리 차원의 처리가 아닌 DBMS 측면에서 종합적으로 관리해야 한다. 또 물리 데이터 모델링에서는 키, 속성, 연쇄반응과 관련된 업무규칙을 고려해야 한다.

종류	설명
키(Key) 업무규칙	• 개체의 기본키와 외부키의 값을 정확하게 유지하기 위한 업무규칙으로 주 엔티티의 삭제규칙과 종 개체의 입력규칙을 정의함 　(1) Cascaded Option: master 삭제 시 레코드가 함께 삭제됨 　(2) Nullified Option: master 삭제 시 해당 값 null로 세팅함 　(3) Restricted Option: 외부키가 존재하면 Master 레코드를 삭제 할 수 없음
속성(Domain) 업무규칙	• 개체 속성이 갖는 값의 유형, 범위, 특성 등을 정의
연쇄반응 (Triggering Operation)	• 입력·수정·삭제·조회 처리의 정당성과 이러한 처리가 다른 개체 또는 동일 개체의 속성 값에 미치는 영향을 규정

2 물리 데이터 모델링 방법

논리 데이터 모델을 선정된 DBMS의 특성을 고려하여 물리적 저장 구조로 변환하는 작업이다.

변환 대상에 따른 논리 모델과 물리 모델의 용어는 다음과 같다.

구분	논리 데이터 모델	물리 데이터 모델
엔티티-테이블 변환	Entity	Table
속성-칼럼 변환	Attribute	Column
	Primary UID	Primary Key
	Secondary (Alternate) UID	Unique Key
관계 변환	Relationship	Foreign Key
제약조건 변환	Business Constratint	Check Constratint

2.1 엔티티-테이블 변환

일반적으로 하나의 엔티티는 하나의 물리적인 테이블로 변환이 이루어진다. 관계형 데이터베이스에는 상속의 개념이 없으므로 슈퍼타입 – 서브타입으로 정의한 논리 모델(엔티티)을 관계형 데이터베이스의 물리적인 테이블로 변환하는 경우에는 슈퍼타입으로 통합, 서브타입으로 분할, 슈퍼타입과 서브타입을 별도 테이블로 설계하는 세 가지의 방법이 있다.

슈퍼타입으로 통합하는 방법은 서브타입을 슈퍼타입으로 통합해 하나의 테이블로 만드는 것으로 통합된 테이블은 모든 서브타입의 데이터를 포함해야 한다.

서브타입으로 분할하는 방법은 서브타입별로 별도의 테이블을 만드는 것이다. 분할된 테이블들은 해당 서브타입의 데이터를 포함하며 슈퍼타입의 데이터는 모든 서브타입에서 중복되어 관리된다.

구분	슈퍼타입으로 통합	서브타입으로 분리	별도 테이블 설계
적용 대상	• 서브타입에 소수의 속성이나 관계를 가진 경우 • 서브타입 간에 공통되는 속성이 많아 슈퍼타입으로 통합이 가능한 경우	• 서브타입이 다수의 속성이나 관계를 가진 경우 • 서브타입 간에 많은 속성이 상이한 경우	• 슈퍼타입에 속한 공통 속성들만 액세스하는 빈도가 높은 경우 • 슈퍼타입과 서브타입이 각각 다른 엔티티들과 개별 관계가 많은 경우
특징	• 서브타입 구분 칼럼 추가 • 슈퍼타입과 서브타입의 관계를 FK로 정의	• 슈퍼타입의 속성을 각 서브타입 테이블의 칼럼으로 정의 • 슈퍼타입, 서브타입 관계를 각 서브타입 테이블의 FK로 정의	• 유연성 확보에 적절함
장점	• 다양한 서브타입 데이터를 일관된 기준으로 정의 가능 • 다수의 서브타입 데이터를 액세스할 경우 조인 감소 효과 • 복잡한 처리를 하나의 SQL로 통합 용이	• 각 서브타입별로 속성 정의를 명확히 할 수 있음 • 서브타입 유형 구분 불필요 • 테이블 크기 감소	• 통합 관점의 데이터 관리 가능 • 다양한 서브타입 데이터를 일관된 기준으로 액세스 가능 • 슈퍼타입에는 공통 속성을 관리, 서브타입에는 개별 속성 정의
단점	• 일부 서브타입만의 칼럼에 대해 Not Null 제약 조건 설정 불가 • 처리 시 서브타입의 구분이 필요한 경우가 많음 • 테이블 칼럼 개수 증가 • 비즈니스 규칙 확인 어려움	• 서브타입 관점에서 전체 데이터 액세스 시 Union으로 인한 성능 저하 • 식별자의 통일화된 관리가 어려움	• 슈퍼타입, 서브타입 구분 필요 • 슈퍼타입과 서브타입을 조인해 처리하는 경우가 빈번히 발생할 수 있음

2.2 관계 변환

논리 모델의 관계Relationship를 물리 모델의 외래키Foreign Key로 변환하는 작업이다.

1 : 1 관계 변환 시 한쪽이 Optional이고 다른 한쪽이 Mandatory라면 Optional 쪽 테이블에 외래키가 생성된다. 양쪽 다 Mandatory인 경우에는 어느 테이블에 외래키를 생성할 것인지 결정해야 한다.

1 : 1 관계의 변환

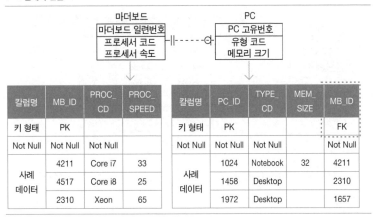

칼럼명	MB_ID	PROC_CD	PROC_SPEED
키 형태	PK		
Not Null	Not Null	Not Null	
사례 데이터	4211	Core i7	33
	4517	Core i8	25
	2310	Xeon	65

칼럼명	PC_ID	TYPE_CD	MEM_SIZE	MB_ID
키 형태	PK			FK
Not Null	Not Null	Not Null		Not Null
사례 데이터	1024	Notebook	32	4211
	1458	Desktop		2310
	1972	Desktop		1657

1 : M 관계의 변환

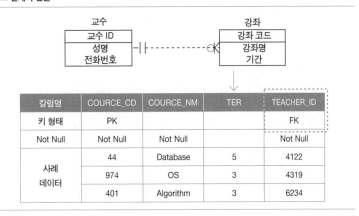

칼럼명	COURCE_CD	COURCE_NM	TER	TEACHER_ID
키 형태	PK			FK
Not Null	Not Null	Not Null		Not Null
사례 데이터	44	Database	5	4122
	974	OS	3	4319
	401	Algorithm	3	6234

    1 : M 관계를 변환하는 경우 1 쪽이 Mandatory이고 M 쪽이 Optional인 경우가 대부분이므로 1 쪽에 있는 기본키를 M 쪽의 외래키로 변환한다. 필수 관계가 아닌 경우에는 외래키를 Not Null로 설정하지 않는다.

    순환 관계의 경우 해당 테이블 내에 외래키 칼럼을 추가한다. 외래키는 같은 테이블 내 다른 레코드의 기본키 칼럼을 참조하게 된다. 이때 외래키 값은 Optional이지만 최상위 레벨에 특정 값을 지정하여 Mandatory로 만들 수도 있다.

칼럼명	ORG_CD	ORG_NM	UP_ORG_CD	ORG_LVL
키 형태	PK		FK	
Not Null	Not Null	Not Null		Not Null
사례 데이터	00001	A 회사		1
	00011	B 본부	00001	2
	00111	C 센터	00011	3
	01111	D 팀	00111	4
	11111	E 그룹	01111	5

조직
조직 코드
조직명
조직 레벨

Arc 관계의 경우 외래키를 분리하여 변환하거나 결합하여 변환하는 방법이 있다.

외래키를 분리하는 방법은 관계Relationship 별 외래키 칼럼을 생성하는 방법으로 외래키 제약조건을 사용할 수 있는 장점이 있지만, 관계가 증가하면 외래키 칼럼을 추가해야 하며 인덱스의 개수가 증가한다.

Arc 관계의 변환 - 외래키 분리

은행계좌
계좌번호
○ 개설일자

개인
주민번호

단체
단체 코드

법인
법인번호

칼럼명	ACC_NO	CRE_DT	J_NO (주민등록번호)	B_CD (단체 코드)	B_NO (법인번호)
키 형태	PK		FK	FK	FK
Not Null	Not Null	Not Null			
사례 데이터	7540	19940614	581101-2020202		
	5579	19931201		298-02-11	
	6714	19940516	711111-1234567		
	9451	19930718			12-123-1234
	3040	19921009		211-05-29	

외래키를 결합하는 방법은 1개의 관계 칼럼에 각각의 관계 값을 사용하는 방법으로 외래키 제약조건을 사용할 수 없다는 단점이 있으며 관계를 구분하는 구분 칼럼이 추가로 필요하다. 반면 인덱스 개수를 줄일 수 있다는 장점이 있다.

2.3 관리용 칼럼 추가

물리 데이터 모델링 시 비즈니스 요구로 정의된 속성이 아닌 관리상의 용도를 위해 칼럼을 추가할 수 있다. 데이터 등록자나 변경자, 등록 시점이나 변경 시점을 관리하는 시스템 칼럼이나 데이터 전환에 활용되는 속성 등이 이에 해당한다.

Arc 관계의 변환 - 외래키 결합

칼럼명	ACC_NO	CRE_DT	ACC_OWN_TP (계좌 소유 유형)	ACC_OWN_ID (소유자 식별번호)
키 형태	PK			
Not Null	Not Null	Not Null	Not Null	
	7540	19940614	J	581101-2020202
	5579	19931201	D	298-02-11
사례 데이터	6714	19940516	J	711111-1234567
	9451	19930718	B	12-123-1234
	3040	19921009	D	211-05-29

* ACC_OWN_TP→ J:개인, D:단체, B: 법인

2.4 제약조건 변환

업무규칙에 대한 제약조건 구현
① DBMS Constraint 이용
② 애플리케이션 로직으로 구현
③ 데이터 품질 사후 점검

데이터의 무결성 유지를 위해 업무규칙을 바탕으로 제약조건을 구현하게 된다. 제약조건을 구현하는 방법에는 DBMS의 Constraint를 이용하는 방법, 애플리케이션 로직으로 구현하는 방법, 데이터 품질 점검을 통해 사후에 체크하는 방법이 있다.

DBMS의 Constraint로 구현하는 방법은 DBMS에서 제공하는 기능을 활용하게 되므로 적용 방법이 상대적으로 간단하고 신뢰도가 높은 반면, 복잡한 업무규칙의 구현이 어렵다는 단점이 있다.

애플리케이션의 로직으로 제약조건을 구현하는 경우에는 DBMS의 Constraint로 복잡한 업무규칙을 구현할 수 있지만 적용 방법이 상대적으로 어렵고 신뢰도가 낮다. DBMS의 Constraint 종류는 다음과 같다.

종류	설명
Primary Key	• 지정된 칼럼 값의 유일성을 보장 • 지정된 칼럼 값이 Null이 될 수 없음
Unique	• 지정된 칼럼 값의 유일성을 보장 • Unique Index로 유일성을 보장(Null을 허용함)
Foreign Key	• 테이블 간의 논리적 관계가 있음을 보장 • Foreign Key 값은 Null이거나 참조하는 테이블의 Primary Key로 정의됨
Data Type	• 데이터 입력 시 데이터 타입을 검사하여 데이터 무결성 유지
Check	• 데이터 입력 시 해당 칼럼에 지정된 Check 제약 검사
Default	• 데이터 입력 시 해당 칼럼의 입력 값이 없는 경우 지정된 값을 삽입
Not Null	• 업무적으로 필수적인 칼럼에 Null 값이 입력되는 것을 방지

2.5 반정규화

데이터베이스 운용 성능Performance 향상, 데이터 관리의 편의성 등을 위해 정규화된 논리 모델을 비정규화된 모델로 변경할 수 있다. 이 경우 데이터 중복 등으로 데이터의 일관성 및 무결성이 훼손될 수 있으므로 애플리케이션 로직 등으로 데이터의 품질을 유지하는 것이 중요하다.

2.6 기본 오브젝트 설계

논리 - 물리 모델 변환 단계를 통해 테이블, 칼럼, 외래키, 제약조건 등이 정의되고 성능을 고려한 반정규화 단계를 수행하고 나면 인덱스, 시퀀스, 파티션 등 데이터 구조와 밀접한 기본 오브젝트 설계를 수행하게 된다.

3 데이터베이스 설계

데이터베이스는 물리 데이터 모델을 구현한 결과물로 구축된 실제 데이터가 저장되는 데이터 저장소를 의미한다. 따라서 데이터베이스 설계란 물리 데이터 모델이 구현된 데이터베이스 저장소인 테이블과 검색 속도 향상을 위한 인덱스, 업무규칙이 반영된 제약사항 및 데이터베이스를 효과적으로 운영하기 위한 객체들을 정의하는 과정이다.

3.1 테이블 설계

테이블은 로우Row와 칼럼Column으로 구성되는 가장 기본적인 데이터베이스 오브젝트이다.

　데이터베이스 내에서 모든 데이터는 테이블을 통해서 저장된다. 상용 DBMS는 데이터를 저장하는 방식이 상이한 여러 종류의 테이블을 제공하며 테이블 설계는 성능, 확장성, 가용성 등을 고려해 수행한다.

　데이터의 접근 방법이나 저장 형태에 따라 대표적인 몇 가지로 테이블을 분류하면 다음과 같다.

분류	설명
Heap-Organized Table	• 데이터 값의 순서에 관계없이 데이터를 저장하는 일반 테이블
Index Organized Table (Clustered Index Table)	• 기본키(PK) 값이나 인덱스 값의 순서로 데이터가 저장 • B-Tree 구조의 Leaf Node에 데이터 페이지가 존재 • 인덱스를 이용한 일반적인 테이블 액세스보다 접근 경로가 단축됨 • 소량의 데이터에 대한 랜덤 액세스에서 성능이 탁월
Partitioned Table	• 테이블을 파티션으로 나누어 데이터 저장 • 데이터 처리 대상은 테이블이나 파티션별로 데이터가 저장되고 관리됨 • 대용량 데이터베이스 환경에서 반드시 고려해야 함
External Table	• 파일 데이터를 일반 테이블 형태로 이용할 수 있는 테이블 • 데이터 웨어하우스에서 ETL 작업 등에 유용한 테이블
Temporary Table	• 트랜잭션이나 세션별로 데이터를 저장하고 처리할 수 있는 테이블 • 저장된 데이터는 트랜잭션 종료 시 사라짐 • 다른 세션에서 처리되는 데이터 공유 불가 • 절차적 처리를 위해 임시로 사용할 수 있는 테이블

3.2 인덱스 설계

인덱스는 테이블 또는 클러스터와 관련해 선택적으로 생성 가능한 구조로 데이터의 접근 경로를 단축시켜 조회 성능을 향상시키는 기능을 한다.

테이블에 수백만 개의 데이터가 저장되고 데이터를 검색할 때 인덱스가 없다면 테이블 전체를 읽어야 한다. 하지만 조회 조건에 사용되는 칼럼 값으로 정렬된 인덱스를 사용하면 테이블 내 값들의 위치를 갖고 있어서 전체 테이블을 읽지 않고도 찾으려는 데이터를 빠르게 찾을 수 있다. 즉, 인덱스는 적절히 활용되었을 때 디스크 I/O를 줄이는 가장 효율적인 방안 중 하나이다.

3.3 뷰 View 설계

View의 장점
① 논리적 독립성
② 보안성
③ 편의성
④ 유연성

뷰는 하나 또는 둘 이상의 기본 테이블에서 유도해 만든 고유의 이름을 가진 가상 테이블 Virtual Table 이다. 데이터에 대한 추상적인 관점을 제공하며 ANSI /SPARC 3 Level에서 외부 단계에 해당하는 오브젝트이다.

뷰는 물리적 표현이 없고, 뷰 정의만 시스템 카탈로그에 저장되어 있다가 실행시간에 테이블을 구축한다.

뷰는 독자적인 인덱스를 가질 수 없으며 정의를 변경할 수 없다. 데이터의 입력Insert , 삭제Delete, 갱신Update문을 사용하는 데 제한이 있지만 다음과 같은 장점이 있어 많이 사용된다.

장점	설명
논리적 독립성	뷰가 정의된 기본 테이블이 확장되거나 뷰가 속한 데이터베이스에 테이블이 더 늘어나도 기존의 뷰를 사용하는 프로그램이나 사용자는 아무런 영향을 받지 않음
보안성	뷰를 통해서만 데이터에 접근하게 하여 뷰에 나타나지 않은 데이터를 안전하게 보호하는 효율적인 기법으로 데이터 접근을 제어할 수 있음
편의성	사용자의 데이터 관리를 간단하게 해줌. 필요한 데이터만 뷰로 정의해서 처리할 수 있기 때문에 관리가 쉽고 명령문이 간단해짐
유연성	여러 사용자의 상이한 응용이나 요구를 지원해줌

3.4 파티션 설계

파티션은 대용량이거나 지속적으로 증가하는 테이블을 대상으로 데이터를 작은 단위로 나누어 성능 저하를 방지하고 관리를 수월하게 하기 위해 사용하는 기법이다. 데이터를 작은 단위로 나눔으로써 디스크 경합을 최소화하고 데이터 부하를 분산하는 효과가 있다.

파티션 사용 시 장점
① 대량 데이터에서의 경합 최소화
② 데이터 부하 분산
③ 병렬처리로 인한 성능 향상
④ 데이터 관리 용이

파티션을 설정하면 파티션별로 데이터 핸들링이 가능하여 데이터 관리가 수월해지고, 병렬처리를 할 수 있어 배치 작업 등의 성능이 향상된다.

거래내역, 이력, 로그 성격의 데이터 등 일자를 기준으로 데이터가 지속적으로 대량 증가하는 경우, 초기 적재 건수가 수천만 건 이상인 경우, 월별로 수천만 건 이상 레코드가 추가되는 경우, 일정한 보관 주기가 있는 경우, 대량의 배치 작업이 있는 경우에는 파티션 생성을 고려한다.

데이터의 양이 적은 테이블, 기준 정보나 원장(거래원장, 계좌원장 등)과 같이 영구 보관이 필요하고 데이터양이 완만히 증가하는 테이블, 대용량이긴 하나 보관 주기가 없고 대량 배치 작업도 없는 경우는 파티션 설계 시 제외한다.

파티션의 종류는 다음과 같다.

종류	설명
Range 파티션	• 특정 칼럼의 정렬값의 범위를 기준으로 분할 • 관리가 용이하며 Historical Data에 적합함(예: 월, 분기 등 Logical한 범위의 분산에 효율적)

종류	설명
List 파티션	• 어떤 Row가 어떤 파티션에 매핑될 것인지 명시적인 제어가 가능함 • 코드성 칼럼에 사용(예: 지점별, 국가별, 시도별, 부서별 등 List 단위로 대량 배치 작업이 있는 경우)
Hash 파티션	• 파티션 키의 Hash 값에 의한 데이터 균등 분배 • 온라인 데이터를 striping하려고 할 때 적합 • Range에 따른 분포도를 알 수 없어 Historical 데이터를 다루는 데는 부적합
Composite 파티션	• Range + Hash 파티션 또는 Range + List 파티션 • Historical 데이터와 Online 데이터의 복합적 성격이 있는 데이터 분할에 유리 • 병렬 DML 작업에서 수행 성능 보장 • 파티션 및 서브 파티션 단위 관리 작업 수행 가능(예: '월별 + 영업점별'과 같이 '기간 + List별' 배치 작업이 많이 발생하는 경우)

3.5 클러스터

클러스터링이란 지정된 칼럼 값의 순서대로 실제 메모리에 테이블의 데이터를 저장하는 물리적인 저장 기법이다. 무작위 접근Random Access을 최소화하여 데이터 접근의 효율성을 높이기 위하여 사용된다.

클러스터는 Pre-Joined 및 Pre-Sort된 개념이다. 클러스터 내부에 있는 테이블들은 같은 클러스터 키를 가지며, 같은 클러스터 키를 가지는 행은 같은 데이터 블록Datablock에 저장된다. 따라서 클러스터 키는 특정 순서로 자주 스캔되거나 분포가 높은 칼럼이 빈번하게 범위검색Range Scan 되는 경우 스캔의 효율성을 높일 수 있다. 관련 있는 몇 개의 테이블이 항상 join 하여 사용하는 경우에 join 키가 되는 칼럼을 클러스터 키로 하면 join 속도를 몇 배 이상 증가시킬 수 있다. 또 클러스터 키가 되는 칼럼은 한 번만 지정되므로 메모리가 절약된다.

클러스터를 생성할 경우 기존의 인덱스는 재구성해야 하며 조회의 효율성은 높여주지만 입력, 삭제, 갱신 처리 시에 오버헤드가 발생한다. 클러스터 키의 최대 칼럼 수는 16개이며 수정이 자주 발생하지 않고 키별 행 수의 편차가 크지 않아야 한다. 또 클러스터링된 테이블이라도 모든 경우의 액세스를 클러스터 키가 담당할 수 없으므로 예상되는 모든 액세스 경로Path를 만족할 수 있도록 인덱스와 클러스터 간의 액세스 역할 분담이 명확하게 이루어져야 한다.

3.6 저장 영역 매개변수

저장 영역 매개변수란 Create Table/Cluster/Index/TableSpace 등을 정의할 때 저장 영역에 대한 선언에 사용되는 변수이다. 주요 변수들을 살펴보면 다음과 같다.

변수	설명

INITIAL	• Segment 생성 시 할당될 첫 번째 확장영역의 바이트 크기
	• 기본: 5 datablock, 최소: 2 datablock, 최대: OS마다 다름
	• 2 DataBlock보다 작은 값은 DB_Block_Size 매개변수에 따라 datablock 크기의 다음 배수로 반올림
	예) datablock 크기가 2,048바이트일 경우
	   initial 저장 영역 기본값 = 10,240바이트
	   initial을 20,000바이트로 정의하면 자동으로 20,480(10 datablock)

Next	• Segment에 할당된 다음 영역의 증가량 바이트 크기 • 두 번째 확장영역은 NEXT의 원래 크기와 동일하며 다음부터의 NEXT는 (1+PCTINCREASE/100)과 Next의 이전 크기를 곱한 크기로 설정됨
MAXEXTENTS	• 첫 번째 확장영역을 포함한 전체 확장영역 개수의 최댓값 • 기본: OS에 따라 다름, 최소: 1, 최대: 무제한
MINEXTENTS	• Segment가 생성될 때 할당되는 전체 확장영역의 개수 • 기본: 1, 최소: 1, 최대: OS마다 다름 • 값이 1보다 크면 INITIAL, NEXT, PCTINCREASE를 사용하여 생성할 때 지정한 수만큼의 증가된 확장영역이 할당됨 • RollBack Segment에 대한 MINEXTENTS 값은 2
PCTINCREASE	• Segment에 할당된 마지막 증가량의 확장영역에 대해 각 증가량의 확장영역이 늘어날 비율 • 기본: 50(%), 최소: 0(%), 최대: OS마다 다름 • 0이면 모든 확장영역의 크기는 동일 • 0보다 크면 NEXT가 계산 시 PCTINCREASE만큼 증가(음수는 불가) • RollBack Segment에 대한 PCTINCRESE는 0
INITRANS	• 동시에 DataBlock의 행을 액세스하는 초기 트랜잭션 입력항목에 대해 미리 할당된 영역을 예약 • 테이블에 대한 기본값은 1, 클러스터와 인덱스는 2
MAXTRANS	• 다중 트랜잭션이 동시에 동일한 블록에 있는 행을 액세스할 때 블록의 각 트랜잭션 입력항목에 대한 영역이 할당됨 • INITRANS에 의해 예약된 영역이 고갈되면 추가 트랜잭션 입력항목에 대한 영역은 사용가능한 블록의 빈 영역에 할당됨. 일단 할당되면 이 영역은 블록헤더의 영구적인 부분이 됨. 따라서 MAXTRANS를 사용해 데이터 블록의 트랜잭션 입력항목에 대해 할당할 수 있는 빈 영역을 제한할 수 있음 • MAXTRANS 값이 너무 작으면 이 한계값에 의해 중단된 트랜잭션은 다른 트랜잭션이 완전히 수행하고 빈 트랜잭션 입력항목 영역이 생길 때까지 기다려야 함. 즉, MAXTRANS가 3이고 4번째 트랜잭션이 3개의 트랜잭션에 의해 이미 액세스되고 있는 블록을 액세스하려면, 3개 중 하나가 Commit되거나 RollBack될 때까지 기다려야 함 • 기본값은 블록 크기에 대한 운영체제에 따른 함수이며, 최대 255를 초과하지 않음

4 물리 데이터 모델링 고려 사항

물리 데이터 모델링 및 데이터베이스 설계 시 응답시간, 저장 공간의 효율화, Throughput 등을 고려해야 한다.

고려 사항	설명
응답시간	• DB 트랜잭션을 실행하기 위한 입력으로부터 결과를 받기까지의 시간을 최소화
저장 공간 효율화	• DB의 파일이나 접근 경로 구조의 저장 공간을 최소화
Throughput	• 단위시간당 DB 시스템의 처리 트랜잭션 수의 적정 수준을 유지
감시 도구	• 추후 분석을 위해 시스템 카탈로그나 데이터 사전에 성능 통계를 수집 및 저장할 수 있는 감시도구 사용(특정 트랜잭션 발생 수, 인덱스 사용 빈도 등) • 변화된 상황에 대한 재설계를 통한 튜닝 활동 필요

기출문제

95회 응용 관계 DBMS의 외래키(foreign key)에 관한 다음 사항을 설명하시오. (25점)

가. 외래키의 목적과 장단점

나. 외래키의 정의 방법

다. 다음과 같은 구조를 갖는 두 개의 테이블 CUSTOMER(부모 테이블)와 ORDER(자식 테이블)가 있다. ORDER 테이블의 Customer_SID 칼럼은 CUSTOMER 테이블에 있는 SID 칼럼을 가리키는 외래키다. 이 외래키를 ORDER 테이블의 CREATE TABLE... 구문을 활용해서 정의하는 SQL DDL을 작성하시오. [작성 기준이 된 DBMS 이름(예: SQL Server 또는 ORACLE)을 반드시 표시하기 바람)]

Table CUSTOMER	
Column name	Characteristics
SID	Primary Key
Last_name	
First_name	

Table ORDER	
Column name	Characteristics
Order_ID	Primary Key
Order_date	
Customer_SID	Foreign Key

B-5

E-R Diagram ERD

E-R Diagram은 데이터베이스를 추상적인 방법으로 설명하기 위한 데이터 모델인 E-R 모델을 도식화한 것으로 E-R 모델링의 결과물이다.

1 E-R Diagram의 개요

E-R 모델은 1976년 피터 첸Peter Chen이 발표한 것으로 엔티티와 관계로 구성되어 있으며, 엔티티에는 속성이 포함되어 있다.

ERD는 전 세계 표준으로 특정 DBMS에 국한되지 않으며 엔티티와 이들 간의 관계를 알기 쉽게 미리 약속한 도형을 사용하여 일목요연하게 그림으로 표현한다. 문장 형식의 업무처리 규정을 약속된 도형으로 표현하므로 IT 전문가가 아니어도 업무 및 데이터의 구조를 쉽게 파악할 수 있어 의사소통 수단으로 많이 사용된다.

최초에는 엔티티, 속성, 관계의 개념만 있었으나 단순하고 일반적인 표현에 적합하고 복잡한 응용에는 적용하기 어려워 후에 여러 가지 확장된 ERD 가 제안되었으며 이 중 일부는 현재 널리 쓰이고 있다.

E-R 모델 구성 요소
① 개체 (Entity)
② 속성 (Attribute)
③ 관계 (Relationship)

2 E-R 모델의 구성 요소

2.1 개체 Entity

개체는 실제 업무에서 사용되는 의미 있는 객체나 사건an interesting object or event을 말한다. 확장된 ERD에서는 개체를 체계화하여 사용할 수 있는데 슈퍼타입(상위 클래스)은 공통 속성을, 서브타입(하위 클래스)은 각 서브타입에 해당되는 개별 속성을 가질 수 있다.

2.2 속성 Attribute

속성은 개체 내에서 관리해야 할 정보를 나타내며, 하나의 개체는 하나 이상의 속성으로 구성된다. 필요에 따라서 유도 속성Derived Attribute, 복합 속성 Composite Attribute을 가져갈 수 있다.

2.3 관계 Relationship

하나 이상의 개체 간에 존재하는 연관성을 관계라고 한다. 관계를 정의할 때에는 측정 개체와 관련된 대상 개체의 최대 instance 수를 의미하는 기수성Cardinality과 특정 개체와 관련된 대상 대체의 필수 존재 여부를 의미하는 선택성Optionality을 함께 표시한다.

관계에 참여하는 개체의 개수를 차원Degree이라고 하며 참여하는 개체의 수가 2개인 이진 관계Binary Relationship가 대부분이다. 경우에 따라서는 관련된 개체 수가 3개인 삼진 관계Ternary Relationship나 하나의 개체만으로 관계가 형성되는 단일 관계Unary Relationship도 존재한다.

예를 들어 사원 개체와 부서 개체의 '근무하다'라는 관계는 관련된 개체가 2개이므로 이진 관계가 되고, 업체 개체와 부품 개체, 프로젝트 개체의 '공급하다'라는 관계는 관련된 개체 수가 3개 이므로 삼진 관계, 사원 개체에서 '관리하다'라는 관계는 하나의 개체만으로 관계가 형성되므로 단일 관계가 된다.

관계의 기수성

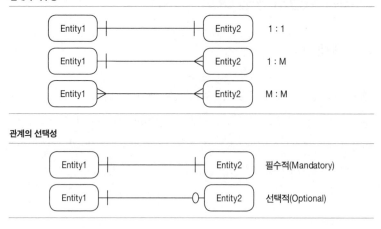

관계의 선택성

3 E-R 모델의 표기법

E-R 모델의 표기법에는 첸 표기법 이외에도 여러 가지가 있다. 국내에서는
바커 표기법과 정보공학 표기법이 가장 많이 쓰인다.

3.1 첸 표기법 Chen's Notation

최초 피터 첸이 제안한 표기법으로 엔티티는 사각형, 관계는 마름모, 속성
은 타원을 이용한다. 엔티티와 관계는 모두 속성을 가질 수 있으며 엔티티,
관계, 속성은 선을 이용하여 연결한다.

ERD: 첸 표기법

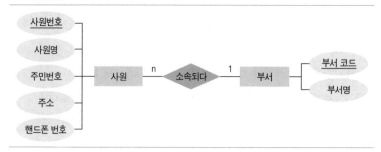

3.2 바커 표기법 Barker's Notation

바커 표기법은 영국의 컨설팅 회사 CACI가 1986년에 처음 개발했고, 리처드 바커Richard Barker를 포함한 컨설턴트들이 Oracle로 이동하면서 Oracle의 CASE Tool에서 사용되는 표기법이다.

ERD: 바커 표기법

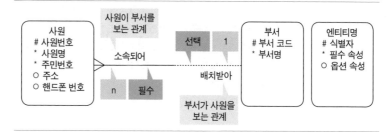

3.3 정보공학 표기법 IE Notation

정보공학 표기법은 1981년 제임스 마틴James Martin이 개발해 마틴 표기법 Martin Notation이라 불리기도 한다. 관계의 다Many 쪽을 표현하기 위해 까마귀 발을 사용하기 때문에 까마귀발 표기법Crow's Foot Notation이라고도 한다.

ERD: 정보공학 표기법

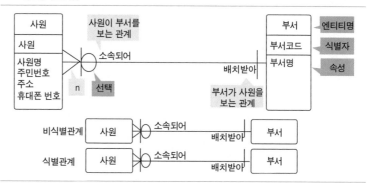

기출문제

95회 응용 다음과 같은 자료항목과 요구 사항 처리를 위한 개념적(또는 논리적) ERD(Entity-Relation Diagram)를 작성하시오. (25점)

가. 애트리뷰트(칼럼): 총 5개

- 사용자 ID, 연(yyyy), 월(mm), 일(dd), 조회 수

나. 요구 사항

- 사용자 ID별 조회 수 통계작성

- ID 기준으로 연, 월, 일자별 조회 수 통계작성

92회 관리 아래와 같은 도서주문 시스템의 가상 시나리오에 대하여 다음 질문에 답하시오. (25점)

책을 대여하는 마을 도서관은 고객이 책을 주문하면 현재 도서관에 책이 존재하는지 확인하고, 책이 존재하면 대출기간을 지정하여 고객에게 빌려준다. 책이 존재하지 않으면 책을 확보할 수 있는 날짜가 언제인지 고객에게 알리도록 한다. 고객은 책을 대출한 기간에 5회까지 반납 연기가 가능하고, 연기에 대한 수수료는 별도로 납부해야 한다. 정상적으로 책을 반납하면 반납일을 등록하도록 한다.

(1) 위 시나리오의 ERD를 작성하시오.

(2) 위 시나리오의 기능분해도를 작성하시오.

B-6

함수적 종속성 및 이상현상

관계형 DB에서 이상현상은 데이터 모델링 과정에서 속성들 간의 함수종속 관계를 무시하고 설계가 되는 경우 데이터가 불필요하게 중복되어 저장되기 때문에 발생한다. 이는 사용자의 의도와는 다르게 데이터가 삽입, 삭제, 갱신되어 데이터베이스의 일관성이 손상되는 현상을 의미한다.

1 함수적 종속성 Functional Dependency

어떤 릴레이션 R에서 속성 X의 값 각각에 대하여 속성 Y의 값이 오직 하나만 연관되어 있을 때 "속성 Y는 속성 X에 함수적으로 종속된다"라고 하며 X → Y로 표현한다. 이때 속성 X는 속성 Y를 결정하게 되므로 X를 Y의 결정자 Determinant 라고하고 이때 Y는 종속자 Dependent라고 한다.

1.1 완전함수종속과 부분함수종속

복합속성 X에 대하여 X → Y인 함수종속이 발생할 때 완전함수종속이나 부분함수종속이 발생할 수 있다.

- 완전함수종속: X' ⊂ X이고 X' → Y를 만족하는 속성 X'가 없는 경우
- 부분함수종속: X' ⊂ X이고 X' → Y를 만족하는 속성 X'가 존재하는 경우

1.2 이행함수종속

한 릴레이션의 속성 X, Y, Z가 주어졌을 때 속성 X가 릴레이션의 기본키인 경우 키의 정의에 따라 X → Y, X → Z가 성립된다. 이때 Z가 X 이외에 Y에도 함수적으로 종속(Y → Z)한다면 Z는 X에 직접 함수적으로 종속하면서 Y를 거쳐 X에 이행적으로 종속된다.

1.3 함수적 종속성 추론 규칙, 암스트롱 공리 Armstrong's Axioms

구분	추론 규칙	설명
기본규칙	재귀성 규칙(Reflexivity)	X ⊇ Y 이면, X → Y
	부가성 규칙(Augmentation)	X → Y 이면, XZ → YZ
	이행성 규칙(Transitivity)	X → Y 이고 Y → Z 이면, X → Z
부가규칙	분해 규칙(Decomposition)	X → YZ 이면, X → Y 이고 X → Z
	합집합 규칙(Union)	X → Y 이고 X → Z 이면, X → YZ
	의사이행성 규칙 (Pseudo Transitivity)	X → Y 이고 WY → Z 이면, XW → Z

암스트롱의 공리는, 정당sound하며, 완전complete하다. 즉, 주어진 FD들의 집합 F로부터 반드시 F+에 속하는 FD들만 생성할 수 있기 때문에 정당하다. 또한 위의 세 가지 기본 규칙을 반복해서 적용하면 폐포closure F+에 속하는 모든 FD들을 생성할 수 있으므로 완전하다.

> **폐포(Closure)**
> X의 폐포는 X에 종속됐다고 추론할 수 있는 모든 속성의 집합을 의미한다.
> X → Y, Z 라면 X의 폐포는 X, Y, Z 라고 함
> 기호 : X+ = X, Y, Z

2 이상현상 Anomaly

이상현상은 관계형 데이터베이스 설계 과정에서 속성들 간의 관계성인 함수종속관계를 무시하여 데이터가 불필요하게 중복됨으로써 발생하는 현상으로 삽입Insert, 삭제Delete, 갱신Update 시 일어난다. 즉, 릴레이션 스키마의 설계가 잘못되어 발생하는 현상이다. 데이터의 입력 시 발생하는 이상현상을 삽입 이상Insertion Anomaly, 데이터의 삭제 시 발생하는 이상현상을 삭제 이상Deletion Anomaly, 데이터의 수정 시 발생하는 이상현상을 갱신 이상Update Anomaly 이라고 한다.

> **이상현상**
> 릴레이션의 속성들 간 함수종속관계로 데이터가 중복되어 데이터의 입력, 수정, 삭제 시 발생하는 문제 상황

B • 데이터 모델링

이상현상	설명
삽입 이상	릴레이션 R에 특정 투플(데이터)을 삽입하려고 할 경우, 원하지 않는 불필요한 정보까지도 함께 삽입해야 하거나 해당 정보를 알 수 없어 삽입을 할 수 없는 현상
삭제 이상	릴레이션 R에서 투플을 삭제할 경우, 유지가 되어야 하는 정보까지 삭제되어 정보의 손실이 발생하는 현상
갱신 이상	릴레이션 R에서 특정 속성 값을 갱신하는 경우, 여러 투플에 중복되어 저장된 속성 값 중 하나만 갱신하고 나머지는 갱신하지 않아 발생하는 데이터의 불일치 현상

2.1 이상현상 사례

프로젝트와 투입되는 인력에 대한 업무규칙이 다음과 같이 정의되어 있다고 가정한다.

- 사원은 프로젝트를 수행하고, 프로젝트마다 투입 시간이 결정
- 사원은 동시에 여러 프로젝트를 수행할 수 있음
- 프로젝트는 프로젝트 코드를 가지며 각 프로젝트에는 유일한 PM이 존재함
- PM은 PM 번호가 있음

이 경우 사번(사원), 프로젝트 코드, PM 번호, PM 이름, 투입 시간을 속성으로 도출하고 하나의 릴레이션으로 설계하면 다음과 같다.

프로젝트 투입 인력 릴레이션

사번	프로젝트 코드	PM 번호	PM 이름	투입시간
A100	P001	PM01	홍길동	200
A100	P002	PM02	강감찬	300
A200	P001	PM01	홍길동	150
A300	P001	PM01	홍길동	150
A300	P003	PM03	김유신	200
A300	P004	PM04	이순신	300
A400	P004	PM04	이순신	100
A500	P004	PM04	이순신	50
A500	P001	PM01	홍길동	50

이때 발생할 수 있는 이상현상은 다음과 같다.

이상현상	설명
삽입 이상	'윤지원'을 'PM05'로 등록하고 싶은 경우 사번, 프로젝트 코드, 투입 시간의 값이 정해지지 않아 투플을 입력할 수 없거나 불필요한 dummy 값을 정하여 입력해야 함
삭제 이상	'A100' 사번을 가진 인력이 'P002' 프로젝트 투입이 취소되어 투플을 삭제해야 하는 경우 'P002' 프로젝트의 PM이 'PM02'의 '강감찬'이라는 정보도 같이 삭제되어 정보 손실이 발생됨
갱신 이상	PM 번호가 'PM01'인 PM의 이름이 '홍길동'에서 '윤채원'으로 변경되는 경우 'PM01'이 포함된 모든 투플의 값이 변경되어야 하는데 일부만 변경되는 경우, 동일한 'PM01'에 대한 PM 이름이 '홍길동'과 '윤채원'이 모두 존재하는 데이터의 불일치가 발생됨

2.2 이상현상의 해결

이상현상은 속성들 간 함수적 종속성을 무시하여 발생한 데이터 중복 때문에 일어난다. 따라서 정규화를 통해 데이터의 중복이 발생하지 않는 여러 개의 릴레이션으로 분해하면 해결할 수 있다.

정규화를 통한 이상현상의 해결 - 3개의 릴레이션으로 분해

사번	프로젝트 코드	투입시간
A100	P001	200
A100	P002	300
A200	P001	150
A300	P001	150
A300	P003	200
A300	P004	300
A400	P004	100
A500	P004	50
A500	P001	50

프로젝트 코드	PM 번호
P001	PM01
P002	PM02
P003	PM03
P004	PM04

PM 번호	PM 이름
PM01	홍길동
PM02	강감찬
PM03	김유신
PM04	이순신

◀◀ 기출문제

96회 관리 DB 이상현상(Anomaly)에 대하여 설명하시오. (10점)

84회 관리 아래의 테이블과 주어진 속성 간의 관계에서 발생하는 데이터의 입력, 삭제, 갱신 이상(anomaly) 현상의 예를 기술하시오. (10점)

사번	부서 코드	부서명
100	A10	기획부
200	A20	인사부
300	A30	영업부
400	A10	기획부

77회 관리 관계형 데이터베이스 설계 시에 부분종속성으로 인하여 발생하는 이상현상(anomaly) – 입력 이상, 삭제 이상, 갱신 이상 – 을 아래에 주어진 테이블과 함수종속성(Functional Dependency)을 근거로 하여 "예"를 들어서 설명하고, 부분종속성을 제거함으로써 이상현상이 해소되는 과정을 설명하시오. (25점)

72회 관리 함수적 종속성(Functional Dependency)에 대하여 설명하시오. (10점)

B-7

정규화 Normalization

정규화는 데이터베이스 설계를 최적화하기 위한 것이다. 정규화 작업을 진행하면 데이터의 입력·갱신·삭제 시에 발생할 수 있는 이상현상을 줄일 수 있다. 데이터베이스는 중복에 따른 이상현상을 제거할 수 있으므로 전체적으로 일관성을 유지할 수 있으며, 추후 데이터가 새로 발생했을 때 유연하게 대응할 수 있다.

1 정규화의 개요

1.1 정규화의 개념

정규화란 데이터 모델링에서 엔티티에 정의된 중복 속성 및 속성 간의 종속 관계를 분석하고 문제점을 제거하여 일관성 있는 데이터 모델을 정의하는 과정을 의미한다. 정규화가 되지 않은 데이터 모델에서는 데이터의 중복, 일관성 결여 등으로 데이터의 입력, 갱신, 삭제 수행 시 이상현상이 발생될 수 있다.

정규화를 통해 하나 이상의 릴레이션을 2개 이상의 릴레이션으로 무손실 분해Decomposition하는 과정을 수행하게 되는데, 여기서 무손실 분해는 분해한 릴레이션을 조인하여 저장 정보의 손실 없이 분해하기 이전의 원래 릴레이션을 생성할 수 있어야 한다는 뜻이다.

1.2 정규화의 목적

정규화의 목적
① 데이터 중복에 따른 이상현상
　제거
② 데이터의 일관성 및 무결성 확보
③ 데이터 저장 공간 최소화
④ 효율적인 검색
⑤ 데이터 신규 발생에 대한 유연
　성 확보

정규화를 수행하면 데이터 중복에 따른 이상현상을 제거하여 데이터의 일관성 및 무결성을 확보할 수 있고, 데이터의 저장 공간을 최소화할 수 있으며, 효율적인 검색이 가능해진다. 또 데이터 신규 발생 시 유연하게 대응할 수 있다.

2 정규화의 단계

1970~1975년에 제1차 정규형 1NF 을 시작으로 제2차 정규형 2NF, 제3차 정규형 3NF, 제4차 정규형 4NF, 제5차 정규형 5NF, Boyce-Codd 정규형 BCNF 등의 형태가 단계적으로 연구 발표되었다.

정규형의 종류와 정규형 바깥의 세계

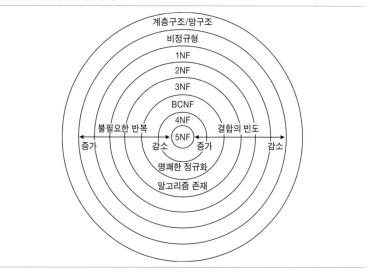

정규화 단계가 올라갈수록 불필요한 반복은 감소하지만 원하는 데이터 추출을 위한 테이블 조인과 같은 결합 빈도는 증가해서 응답속도가 지연될 수 있다.

따라서 데이터의 정합성을 위한 불필요한 반복 감소와 응답속도 단축이라는 상반된 사항을 절충하는 것이 중요하다.

이를 위해 업무 적용 시에는 3차 정규화(또는 BCNF)까지만 진행하는 것이 일반적이다.

함수적 종속성에 기초한 정규화 과정을 살펴보면 다음과 같다.

정규화 과정

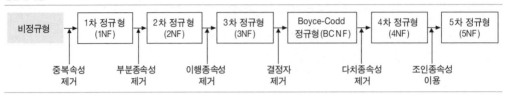

2.1 1차 정규형 1NF 1st Normal Form

어떤 릴레이션 R의 모든 속성이 원자 값Atomic Value이 있는 경우 1차 정규형이라고 한다.

프로젝트 수행을 위해 사원들이 프로젝트에 투입되는 업무 시스템을 위한 속성은 다음과 같은 함수적 종속성을 가진다고 하자.

- {프로젝트 코드, 사번} → 투입 시간
- 프로젝트 코드 → PM 번호
- PM 번호 → PM 이름

이 함수적 종속성을 그림으로 표현한 함수적 종속도FDD: Functional Dependency Diagram는 다음과 같다.

1차 정규형
①어떤 릴레이션 R의 모든 속성이 원자 값만을 포함한 모델
②반복되는 속성이나 속성 그룹이 제거된 모델

함수적 종속도(FDD)

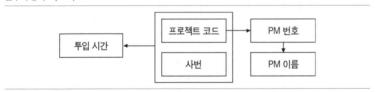

이 경우 데이터 모델을 〈프로젝트 투입 인력〉이라는 하나의 릴레이션으로 설계를 했다고 가정하면 모든 속성의 도메인이 반복 그룹 없이 원자 값만 가지고 있으므로 이 모델은 1차 정규형이라 할 수 있다.

B • 데이터 모델링

프로젝트 투입 인력 릴레이션

사번	프로젝트 코드	PM 번호	PM 이름	투입시간
A100	P001	PM01	홍길동	200
A100	P002	PM02	강감찬	300
A200	P001	PM01	홍길동	150
A300	P001	PM01	홍길동	150
A300	P003	PM03	김유신	200
A300	P004	PM04	이순신	300
A400	P004	PM04	이순신	100
A500	P004	PM04	이순신	50
A500	P005	PM01	홍길동	50

그러나 이 릴레이션의 경우 여전히 많은 데이터의 중복을 허용하고 있어 다음과 같은 이상현상이 발생한다.

이상현상	설명
삽입 이상	'을지문덕'을 'PM05'로 등록하고 싶은 경우 사번, 프로젝트 코드, 투입 시간의 값이 정해지지 않아 투플을 입력할 수 없거나 불필요한 dummy 값을 정하여 입력해야만 됨
삭제 이상	'A100' 사번을 가진 인력이 'P002' 프로젝트 투입이 취소되어 투플을 삭제해야 하는 경우 'P002' 프로젝트의 PM이 'PM02'의 '강감찬'이라는 정보도 같이 삭제되어 정보 손실이 발생됨
갱신 이상	PM 번호가 'PM01'인 PM의 이름이 '홍길동'에서 '홍인형'으로 변경되는 경우 'PM01'이 포함된 모든 투플의 값이 변경되어야 하는데 일부만 변경되는 경우 동일한 'PM01'에 대한 PM 이름이 '홍길동'과 '홍인형'이 모두 존재하는 데이터의 불일치가 발생됨

이러한 현상은 속성들 간 함수적 종속관계인 부분종속성 때문에 발생하며 이를 해소하기 위해서는 2차 정규형 모델로 정규화를 진행해야 한다.

2.2 **2차 정규형 2NF** 2nd Normal Form

2차 정규형
① 어떤 릴레이션 R이 1차 정규형이며 키가 아닌 속성 모두 기본키에 완전하게 종속되어 있는 모델
② 부분(함수)종속성이 제거된 모델

어떤 릴레이션 R이 1차 정규형이고 키에 속하지 않은 속성 모두가 기본키에 완전함수종속인 경우 2차 정규형 모델이라고 한다. 2차 정규형 모델을 만들기 위해서는 부분함수종속성을 제거해야 하는데 앞에서 살펴본 〈프로젝트 투입 인력〉 릴레이션에 해당하는 함수적 종속도FDD 에는 부분함수종속성이 포함되어 있다. 즉, 프로젝트 코드와 사번은 복합 속성으로 〈프로젝트 투입 인력〉 릴레이션의 기본키가 되지만 '프로젝트 코드'가 혼자서 단독적으로 'PM 번호'를 함수적으로 종속하는 것을 확인할 수 있다.

프로젝트 투입 시간 FDD

투입 시간 ← 프로젝트 코드 / 사번

프로젝트 FDD

프로젝트 코드 → PM 번호 → PM 이름

따라서 함수적 종속도에서 키에 속하지 않는 속성 모두를 기본키에 완전 함수적 종속이 되도록 부분함수종속성을 제거하는 정규화 작업이 필요하다.

부분함수종속성을 제거하려면 〈프로젝트 투입 시간〉 릴레이션과 〈프로젝트〉 릴레이션으로 분할해야 한다. 이는 위의 그림과 같이 2개의 함수적 종속도로 표현할 수 있다.

프로젝트 투입 시간 릴레이션

사번	프로젝트 코드	투입시간
A100	P001	200
A100	P002	300
A200	P001	150
A300	P001	150
A300	P003	200
A300	P004	300
A400	P004	100
A500	P004	50
A500	P005	50

프로젝트 릴레이션

프로젝트 코드	PM 번호	PM 이름
P001	PM01	홍길동
P002	PM02	강감찬
P003	PM03	김유신
P004	PM04	이순신
P005	PM01	홍길동

이 모델에서는 1차 정규형 모델에서 발생한 이상현상 사례 중 A100 사번을 가진 사원을 P002 프로젝트에 투입 취소를 하는 경우, P002 프로젝트의 PM 정보가 함께 삭제되는 삭제 이상현상은 발생하지 않는다. 그러나 나머지 삽입 이상과 갱신 이상 상황은 여전히 존재한다. 또 추가적인 삭제 이상현상이 발견되는데 이에 대한 사례는 다음과 같다.

이상현상	설명
삽입 이상	'을지문덕'을 'PM05'로 등록하고 싶은 경우 〈프로젝트〉 릴레이션의 기본키가 '프로젝트 코드'이므로 해당 PM이 수행할 프로젝트가 함께 등록되기 전에는 키 값이 null이 되어 입력하지 못하는 상황이 발생함
삭제 이상	PM 번호가 'PM02'인 PM이 'P002' 프로젝트를 그만 두게 되어 이에 대한 투플을 〈프로젝트〉 릴레이션에서 삭제하려고 할 경우 '강감찬'이라는 PM 이름 정보도 같이 삭제되어 정보 손실이 발생함
갱신 이상	PM 번호가 'PM01'인 PM의 이름이 '홍길동'에서 '홍인형'으로 변경되는 경우 'PM01'이 포함된 모든 투플의 값이 변경되어야 하는데 일부만 변경되는 경우 동일한 'PM01'에 대한 PM 이름이 '홍길동'과 '홍인형'이 모두 존재하는 데이터의 불일치가 발생함

B • 데이터 모델링

이런 현상은 속성들 간의 함수적 종속관계인 이행종속성 때문에 발생하며 이를 해소하기 위해서는 3차 정규형 모델로 정규화를 진행해야 한다.

2.3 3차 정규형 3NF 3rd Normal Form

릴레이션 R이 2차 정규형이고 키에 속하지 않은 속성 모두가 기본키에 이행적 함수종속이 아닌 경우 3차 정규형 모델이라고 한다.

3차 정규형 모델을 만들기 위해서는 이행함수종속성을 제거해야 한다. 그런데 2차 정규형 모델의 〈프로젝트〉 릴레이션에 해당하는 함수적 종속도 FDD를 살펴보면 부분함수종속성은 제거되었으나 이행함수종속성은 남아 있다. 즉, PM 번호가 프로젝트 코드에 함수적으로 종속하고(프로젝트 코드 → PM 번호), 동시에 PM 이름이 PM 번호에 함수적으로 종속한다(PM 번호 → PM 이름). 이행함수종속성을 마저 제거하면 〈프로젝트 투입 시간〉, 〈프로젝트 PM〉, 〈PM〉의 3개 릴레이션으로 분할된다.

프로젝트 투입 시간 릴레이션

사번	프로젝트 코드	투입시간
A100	P001	200
A100	P002	300
A200	P001	150
A300	P001	150
A300	P003	200
A300	P004	300
A400	P004	100
A500	P004	50
A500	P005	50

프로젝트 PM 릴레이션

프로젝트 코드	PM 번호
P001	PM01
P002	PM02
P003	PM03
P004	PM04
P005	PM01

PM 릴레이션

PM 번호	PM 이름
PM01	홍길동
PM02	강감찬
PM03	김유신
PM04	이순신

1차 정규형 및 2차 정규형에서 발생한 모든 이상현상은 부분함수종속성 및 이행함수종속성을 제거하여 해결됐음을 확인할 수 있다.

2.4 보이스 - 코드 정규형 BCNF Boyce-Codd Normal Form

어떤 릴레이션 R에서 생성되는 모든 함수종속관계(X → Y)에 대하여 모든 결정자 X가 반드시 키가 될 때 보이스-코드 정규형 모델이라고 한다.

기본적으로 보이스-코드 정규형 모델은 3차 정규형 모델이다. 하지만 복수의 후보키를 가지고 있고 후보키들이 복합 속성으로 구성되어 있으며 서로 중첩되는 경우, 즉 적어도 하나의 속성이 공통으로 포함된 경우 3차 정규형 모델은 보이스-코드 정규형이 되지 않는다.

예를 들어 업무규칙에 따라 다음과 같이 모델링이 된 경우는 3차 정규형 모델이지만 보이스-코드 정규형 모델은 되지 않는다.

- 사원이 프로젝트에 투입된 시간을 관리하는 릴레이션
- 릴레이션 속성은 사원번호, 주민등록번호, 프로젝트 코드, 투입 시간
- 사원번호와 주민등록번호는 사원에 대하여 유일한 값을 가짐

이와 같은 경우 후보키는 {사원번호, 프로젝트 코드}, {주민등록번호, 프로젝트 코드}이다. 이 2개의 후보키는 모두 복합 속성으로 프로젝트 코드라는 속성이 2개의 후보키에 모두 포함되어 있으므로 보이스-코드 정규형 모델이 아니다.

3차 정규형의 문제점
① 어떤 릴레이션 R에 여러개의 후보키가 있고,
② 모든 후보키가 적어도 둘 이상의 속성으로 이루어지는 복합키이며,
③ 모든 후보키가 적어도 하나 이상의 공통속성이 포함되는 경우

보이스-코드 정규형
① 어떤 릴레이션 R에서 생성되는 모든 함수종속 관계에 대하여 모든 결정자가 키인 모델
② 후보키가 하나만 존재하는 경우에는 보이스-코드 정규형과 3차 정규형이 동일

프로젝트 투입 인력 릴레이션

사원번호	주민등록번호	프로젝트 코드	투입시간
A100	123456-1234567	P001	200
A100	123456-1234567	P002	300
A200	234567-2345678	P001	150
A300	345678-3456789	P001	150
A300	345678-3456789	P003	200
A300	345678-3456789	P004	300
A400	456789-4567890	P004	100

이 릴레이션은 3차 정규형 모델이지만 다음과 같은 이상현상이 발생할 수 있다.

이상현상	설명
삽입 이상	사원번호가 'A500'인 사원을 프로젝트 'P002'에 투입하고 싶은데 주민등록번호를 알지 못하면 입력할 수 없음
삭제 이상	사원번호가 'A200'인 사원을 프로젝트 'P001'에서 해제하는 경우 주민등록번호 정보도 함께 삭제되어 정보 손실이 발생
갱신 이상	사원번호가 'A300'인 사원의 주민등록번호를 수정하려는 경우 'A300' 사원번호의 모든 투플을 수정해야 하는데 그렇지 않은 경우 하나의 사번이 2개 이상의 주민등록번호를 갖는 데이터 불일치가 발생

이와 같은 이상현상을 해결하기 위하여 다음과 같이 2개의 릴레이션으로 분해해야 하며 이 모델은 보이스-코드 정규형 모델이 된다.

- 릴레이션 사원정보(사원번호, 주민등록번호)
- 릴레이션 프로젝트 투입 시간(사원번호, 프로젝트 코드, 투입 시간) 또는 프로젝트 투입 시간(주민등록번호, 프로젝트 코드, 투입 시간)

프로젝트 투입 시간 릴레이션(CASE 1)

사원번호	프로젝트 코드	투입시간
A100	P001	200
A100	P002	300
A200	P001	150
A300	P001	150
A300	P003	200
A300	P004	300
A400	P004	100

사원정보 릴레이션

사원번호	주민등록번호
A100	123456-1234567
A200	234567-2345678
A300	345678-3456789
A400	456789-4567890

프로젝트 투입 시간 릴레이션(CASE 2)

주민등록번호	프로젝트 코드	투입시간
123456-1234567	P001	200
123456-1234567	P002	300
234567-2345678	P001	150
345678-3456789	P001	150
345678-3456789	P003	200
345678-3456789	P004	300
456789-4567890	P004	100

사원정보 릴레이션

사원번호	주민등록번호
A100	123456-1234567
A200	234567-2345678
A300	345678-3456789
A400	456789-4567890

2.5 4차 정규형 4NF 4th Normal Form

4차 정규형
① 보이스-코드 정규형이며 다치 종속을 포함하지 않는 모델
② 다치종속성이 제거된 모델

보이스-코드 정규형이면서 다치종속을 포함하지 않는 관계를 4차 정규형 모델이라고 한다.

여기서 다치종속MVD: Multiple Value Dependency 이란 A, B, C 3개의 속성을 가진 어떤 릴레이션 R에서 복합 속성(A, C)값에 대응되는 B 값이 A 값에만 종속되고 C 값에는 독립적인 경우이다. A $\longrightarrow\!\!\!\rightarrow$ B로 표시하고, "속성 B는 속성 A에 다치종속적이다" 또는 "속성 A는 속성 B를 다중 결정Multidetermine 한다" 라고 한다.

다치종속성은 항상 짝을 지어 발생하는데 만약 A $\longrightarrow\!\!\!\rightarrow$ B가 성립한다면 A $\longrightarrow\!\!\!\rightarrow$ C도 성립한다. 따라서 A $\longrightarrow\!\!\!\rightarrow$ B|C 로 표기하기도 한다.

예를 들어 다음과 같이 사원들의 특기와 동호회를 하나의 릴레이션으로 설계했다고 가정하자.

사원정보 릴레이션

사원	특기	동호회
홍길동	야구 요리	검도 동호회 스키 동호회 중국어 동호회
성춘향	요리 성악	볼링 동호회

정규화한 사원정보 릴레이션(BCNF)

사원	특기	동호회
홍길동	야구	검도 동호회
홍길동	야구	스키 동호회
홍길동	야구	중국어 동호회
홍길동	요리	검도 동호회
홍길동	요리	스키 동호회
홍길동	요리	중국어 동호회
성춘향	요리	볼링 동호회
성춘향	성악	볼링 동호회

왼쪽의 정규화되지 않은 사원정보 릴레이션에서 각 사원들은 여러 특기를 가질 수 있고 여러 동호회에 가입할 수 있다. 결과적으로 사원이 특기나 동호회를 결정지을 수 없고, 특기도 사원이나 동호회를 결정지을 수 없으므로 릴레이션은 속성 사이에 함수적 종속성이 존재하지 않는다. 따라서 오른쪽과 같이 정규화할 수 있다.

정규화된 사원정보 릴레이션은 모든 속성으로 구성되는 복합키(사원, 특기, 동호회)를 가지게 되며, 다른 함수적 종속성이 존재하지 않기 때문에 보이스–코드 정규형에 해당한다. 그럼에도 데이터가 중복되어 저장되는 문제점이 발생한다. 예를 들어 '홍길동' 사원이 새로운 특기를 등록하려면 3개의 투플을 입력해야 하는 문제가 발생한다.

사원과 특기도 1 : M 관계이고, 사원과 동호회도 1 : M 관계인데, 사원은 특기와 관계없이 여러 동호회를 결정할 수 있으므로 이 2개의 관계 사이에는 의미상의 연관이 없다. 즉, 2개의 독립된 1 : M의 관계를 하나의 릴레이션으로 설계했으므로 이러한 문제가 발생하는 것이다.

사원정보 릴레이션의 다치종속성은 다음과 같이 나타낼 수 있다.

- 사원 —→ 특기
- 사원 —→ 동호회
- 사원 —→ 특기ㅣ동호회

이런 경우 문제 해결을 위해 다치종속인 릴레이션 사원정보(사원, 특기, 동호회)를 릴레이션 사원 특기(사원, 특기)와 릴레이션 사원 동호회(사원, 동호회)로 분리해야 한다.

사원 특기 릴레이션

사원	특기
홍길동	야구
홍길동	요리
성춘향	요리
성춘향	성악

사원 동호회 릴레이션

사원	동호회
홍길동	검도 동호회
홍길동	스키 동호회
홍길동	중국어 동호회
성춘향	볼링 동호회

위의 모델은 보이스-코드 정규형이면서 다치종속을 갖지 않는 관계이므로 4차 정규형에 해당한다.

2.6 • 5차 정규형 5NF 5th Normal Form

5차 정규형
어떤 릴레이션 R에 존재하는 모든 조인종속이 R의 후보키를 통해서만 성립하는 모델

어떤 릴레이션 R(A, B, C ⋯ Z)이 그의 프로젝션 A, B, C ⋯ Z를 조인한 결과와 동일한 경우 R는 조인종속JD: Join Depedency을 만족시킨다고 하고, JD*(A, B, C ⋯ Z)로 표현한다.

조인종속을 만족하는 n-분해 릴레이션은 n개의 프로젝션으로 분해해야 한다. 따라서 릴레이션 R(A, B, C)가 JD*(AB, AC)를 만족하면 R는 다치종속을 만족하게 되므로 다치종속은 조인종속의 특수한 경우(2-분해)이다.

릴레이션 R에 존재하는 모든 조인종속(JD)이 R의 후보키를 통해서만 성립하는 경우 R는 5차 정규형에 해당된다.

예를 들어 릴레이션 학생(학번, 이름, 학과, 학년)에서 학번과 이름이 후보키라고 가정했을 때 프로젝션 P1(학번, 이름, 학과), 프로젝션 P2(학번, 학년)의 조인 결과가 학생 릴레이션과 동일하므로 JD*[(학번, 이름, 학과), (학번, 학년)]을 만족한다. 모든 조인종속이 후보키를 통해서만 만족되므로 5차 정규형에 해당하는 릴레이션이라고 할 수 있다.

만일 특정 릴레이션 R(A, B, C)에서 후보키가 (A, B, C)인 경우 JD*(AB, BC, CA)는 후보키를 통하지 않은 조인종속이 있는 것이므로 5차 정규형이라고 할 수 없다. 이 경우에는 R1(A, B), R2(B, C), R3(C, A)로 분할해야 5차 정규형 모델이 된다.

2.7 정규형 요약

구분		단계	설명
기본 정규화	함수적 종속성	1NF	• 속성의 원자화, 다중값 및 반복 속성 값을 제거 • 1NF: 모든 도메인이 원자 값만으로 구성된 경우
		2NF	• 부분함수 종속성 제거 • 2NF: 1NF를 만족하고 Relation의 기본키가 아닌 속성들이 완전함수적으로 종속할 경우
		3NF	• 이행함수 종속성 제거 • 3NF: 2NF를 만족하고 기본키 외의 속성들 간에 함수적 종속성을 가지지 않는 경우
		BCNF	• 결정자가 후보키가 아닌 결정자함수 종속성 제거 • BCNF: Relation의 모든 결정자가 후보키인 경우
진보적 정규화	다치 종속성	4NF	• 함수종속이 아닌 다치 종속성(Multi-Valued Dependency) 제거 • 4NF: BCNF를 만족하면서 다중값 종속을 포함하지 않는 경우
	조인 종속성	5NF	• 후보키를 통하지 않는 조인종속성 제거 • 5NF: 4NF를 만족시키면서 후보키를 통해서만 조인 종속이 성립되는 경우

기출문제

105회 관리 아래의 스키마(Schema)와 함수종속성(FD:Fuctional Dependency)을 이용하여 함수종속도표(Funcional Dependency Diagram)를 작성한 뒤, 키(Key)를 찾아내는 과정을 설명하고, BCNF(Boyce-Codd Normal Form)의 정의를 기술하고 조건을 만족시키는 테이블을 설계하시오. (25점)

대출스키마(지점명, 자산, 장소, 대출번호, 고객명, 금액)

FD : 지점명 → 자산

지점명 → 장소

대출번호 → 지점명

대출번호 → 금액

95회 관리 데이터베이스 정규화 과정의 무손실 조인(Lossless Join) 분해에 대하여 예를 들고 설명하시오. (25점)

84회 관리 관계형 데이터베이스 설계 시 테이블 스키마(R)와 함수종속성(FD)이 아래와 같이 주어졌을 때, 다음 질문에 답하시오. (25점)

R(A, B, C, D, E, F, G, H, I)

FD: 1. A→B   2. A→C   3. D→E   4. AD→I   5. D→F   6. F→G   7. AD→H

주) 스키마 R(A, B, C, D, E, F, G, H, I)은 원자 값(Atomic Value)으로 구성되어 있는 1차 정규테이블이다.

가) 함수종속도표(FDD: Functional Dependency Diagram)를 작성하시오.

나) 스키마 R(A, B, C, D, E, F, G, H, I)에서 키(key) 값을 찾아내고 그 과정을 설명

하시오.

다) 2차 정규형 테이블을 설계하고 각 테이블의 키(key) 값을 명시하시오.

라) 3차 정규형 테이블을 설계하고 각 테이블의 키(key) 값을 명시하시오.

81회 관리 "학번·지도교수" 릴레이션은 학생들이 수강한 과목의 성적을 나타내는 릴레이션이다. 또 이 릴레이션은 지도교수 정보로서 지도교수명과 지도교수의 소속 학과 정보도 함께 가지고 있다. 즉, 한 학생은 여러 과목을 수강할 수 있기 때문에 특정 튜플을 유일하게 식별하기 위해서 학번과 과목번호가 복합 애트리뷰트의 형태로 기본키가 되어야 성적을 식별할 수 있다. 스키마와 함수종속성은 다음과 같다. (25점)

"수강·지도" 릴레이션: (학번, 과목번호, 지도교수명, 학과명, 성적)

함수종속성(FD): 1. 학번|과목번호 → 성적
　　　　　　　　　　2. 학번 → 지도교수명
　　　　　　　　　　3. 학번 → 학과명
　　　　　　　　　　4. 지도교수명 → 학과명

가. 함수종속도표를 작성하시오.

나. 1차정규형 "수강·지도" 테이블에서 부분종속성을 제거하여 2차 정규형을 설계하시오.

다. "나"항에서 생성된 2차정규형에서 이행종속성을 제거하고 3차 정규형을 설계하시오.

라. 1차 정규형에서 2차, 3차 정규화 과정을 수행하지 않고서 한 번에 보이스 – 코드 정규형 테이블을 설계할 수 있는 방법을 설명하시오.

80회 관리 BCNF(Boyce/Codd Normal Form). (10점)

80회 관리 SS물산상품주문판매 관리 시스템주문목록 릴레이션 스키마가 다음과 같을 때 물음에 답하시오. (25점)

[주문목록(제품번호, 제품명, 재고량, 주문번호, 고객번호, 주소, 주문량)]

단, 밑줄친 속성은 기본키이다.

가. 〈주문목록〉 릴레이션이 제1정규형이 아닌 이유를 설명하시오.

나. 〈주문목록〉 릴레이션에서 반복되는 주문정보를 분리하여 제1정규형으로 구성한 2개의 릴레이션을 기술하시오. 릴레이션 이름은 제품과 제품주문으로 하고, 기본키는 속성 밑에 줄을 친다.

다. 제1정규형 과정으로 생성된 〈제품주문〉 릴레이션에서 기본키는 2개이므로 함수적 종속관계가 성립한다. 이 함수적 종속관계를 기술하시오.

라. 제2정규형이 되기 위한 요건을 기술하고, 제2정규형의 릴레이션을 작성하시오.

78회 관리 다음은 하나의 제품에 대해 여러 개의 주문서가 접수된 내용을 보여주는 "주문목록" 초기테이블이다. 각각의 물음에 답하시오. (25점)

제품 번호	제품명	재고 수량	주문 번호	수출 여부	고객 번호	사업자 번호	우선 순위	주문 수량
1001	모니터	1,990	AB345	X	4520	398201	1	150
1001	모니터	1,990	AD347	Y	2341	-	3	600

제품 번호	제품명	재고 수량	주문 번호	수출 여부	고객 번호	사업자 번호	우선 순위	주문 수량
1007	마우스	9,702	CA210	X	3280	200212	8	1200
1007	마우스	9,702	AB345	Y	4520	398201	1	300
1007	마우스	9,702	CB230	X	2341	563892	3	390
1201	스피커	2,108	CB231	Y	8320	-	2	80

가. 1차 정규화된 테이블과 E-R 다이어그램을 표현하시오.

나. 2차 정규화된 테이블과 E-R 다이어그램을 표현하시오.

다. 정규화의 목적, 효과, 문제점에 대하여 설명하시오.

반정규화 De-normalization

정규화로 무결성·일관성 등은 향상되었지만 실제 업무 수행 시 과도한 Join으로 인한 성능 저하 등의 부작용이 발생될 수 있으며 이를 해소하기 위해 수행한다.

1 반정규화

반정규화 개념
정규화된 모델을 DB 성능 향상 및 관리 편의를 목적으로 분해된 데이터모델을 통합하고 분할, 추가하는 활동

반정규화의 목적
① 성능 개선
② 데이터 관리의 편의성

정규화를 수행하면 무결성·일관성·활용성 등은 향상되지만 과도한 Join으로 수행속도 저하가 발생할 수 있다. 특히 다량의 범위를 Join하여 처리하거나, 특정 범위의 데이터를 자주 Join할 경우 처리속도가 과다하게 소요된다. 또 주로 요약Summary 된 통계만을 요구할 때에도 성능 문제가 발생할 수 있다. 따라서 실제 업무 수행 시 성능 향상을 위하여 데이터 일정 부분의 중복을 허용하는 반정규화를 고려하게 된다.

반정규화는 성능 향상뿐만 아니라 관리의 목적에서도 고려하게 된다. 대용량 데이터베이스에서 파티션의 기준으로 사용되는 Partition Key가 정규화 때문에 해당 엔티티에서 제거될 수 있으므로 관리의 편의성을 위해 반정규화를 수행하기도 한다. 하지만 반정규화가 필요하다는 것이 정규화가 필요 없다는 말은 아니다. 정규화 모델링 완성 후에 적절한 수준의 반정규화를 적용해 앞에서 제기된 정규화의 단점을 최소화할 수 있다는 의미로 이해해야 한다.

2 반정규화의 유형

유형	설명
테이블 추가	• 집계 테이블 추가: 데이터의 조회가 집계연산을 빈번히 수행하는 경우 이를 집계 테이블로 생성하여 성능을 향상 예) 사업부별 인원 현황을 조회하기 위해 미리 사업부별 인원을 집계하여 생성
테이블 수직분할	• 매우 많은 수의 칼럼으로 구성된 테이블에서 빈번하게 Access되는 칼럼과 Access 횟수가 적은 칼럼을 분리하여 구성 (분리된 테이블은 1 : 1 관계 유지) • Disk I/O 및 네트워크 트래픽을 줄일 수 있음 예) 사원정보 테이블에서 사번, 부서, 이름, 직급, 전화번호는 자주 사용되며 주소, 종교, 본적 정도 등 기타 정보는 자주 사용되지 않는 경우 사원(<u>사번</u>, 부서, 이름, 직급, 전화번호), 사원상세(<u>사번</u>, 주소, 종교, 본적…)의 테이블로 분할
테이블 수평분할	• 하나의 테이블을 기본키(Primary Key)를 중심으로 2개 이상의 Partition으로 분리 • 분리된 여러 Partition에 데이터를 동시에 Load하는 등 병렬처리로 인한 수행 시간 단축 가능 • 애플리케이션에서 DB 접근 시 Partition 단위로 Locking 되어 경합 감소 가능 • Partition별로 별도의 물리적 Disk를 사용하면 I/O 부하 감소 가능
테이블 통합	• 1 : 1 관계인 테이블들에 빈번한 join이 발생하는 경우 이를 최소화하기 위해 통합
Parent -Child 테이블 통합	• Child 테이블의 Row 수가 Parent 테이블의 레코드별로 고정되어 있는 경우 Parent 테이블의 칼럼으로 통합 • Parent 레코드 조회 시 Child 레코드를 읽지 않아도 되므로 DB Access 성능이 애플리케이션 코딩 시 늘어나는 노력보다 중요한 경우 적용할 수 있음 예) 계약(<u>계약번호</u>, 계약자번호), 담보(<u>계약번호</u>, <u>담보코드</u>, 담보금액)로 이루어진 Parent, Child 구조의 테이블에서 담보코드가 대인/대물/자차/자손 네 가지로 고정되면 계약(<u>계약번호</u>, 계약자번호, 대인담보금액, 대물담보금액, 자차담보금액, 자손담보금액)과 같이 Child의 4개 Row의 담보금액을 Parent의 칼럼으로 통합 가능
중복 칼럼 추가	• 빈번한 join 발생으로 성능 저하가 우려되는 경우나 특정 칼럼이 파티션 키로 사용되는 경우 해당 칼럼을 중복 칼럼으로 추가 • Join을 피하여 Database Access 횟수는 줄지만 Update 비용은 증가 • 갱신보다 조회가 매우 많거나, 갱신보다 조회 성능 향상이 중요한 경우 적용 예) 계약(<u>계약번호</u>, 상품 코드), 상품(<u>상품 코드</u>, 상품군 코드)으로 구성된 테이블에서 계약 정보 조회 시 상품군 코드를 항상 같이 조회한다면 계약 테이블에 상품군 코드를 중복 칼럼으로 추가할 수 있음 • 또는 상품군 코드를 항상 같이 조회하지는 않지만 대용량 계약 테이블을 상품군을 기준으로 Partition을 생성하려면 계약 테이블은 상품군 코드를 가지고 있어야 함
파생 칼럼 추가	• 기본 테이블의 칼럼 이외에 연산이나 조작이 필요한 칼럼을 추가 예) 세대(<u>세대번호</u>, 세대주번호, 세대원수), 세대원(<u>세대번호</u>, <u>세대원번호</u>, 세대원이름)의 테이블과 같이 세대 정보 조회 시 세대원 수를 표시하고 싶은 경우 동일 세대번호에 대한 세대원 수를 미리 계산하여 세대 테이블에 세대원 수라는 칼럼으로 추가할 수 있음

3 반정규화 수행 시 고려할 사항

성능 문제로 반정규화를 수행하는 경우 반정규화 이전에 SQL튜닝의 인덱스 조정, 부분범위 처리 유도, 클러스터링 등의 방법으로 성능 향상이 가능한지 먼저 검토해봐야 한다.

반정규화 수행 시 고려
사항
① 수행시기
② 성능 유지
③ 대상테이블 선정
④ 일관성·무결성 유지

또한 갱신은 적고 조회가 많은 테이블을 대상으로 적용하고 반정규화를 수행한 이후 중복된 데이터의 정합성 확보를 위해 트리나 별도의 처리 로직을 구현해 데이터베이스의 일관성 및 무결성을 유지해야 한다. 이를 위해 반정규화의 내용을 DBA 및 설계/개발자가 숙지할 수 있도록 하여 이상현상이 발생하지 않도록 통제해야 한다.

기출문제

101회 응용 데이터 모델링 과정에서 반정규화를 수행하는 이유와 각각의 유형에 대하여 설명하시오. (10점)

83회 관리 데이터베이스의 주요개념에 관해서 물음에 답하시오. (25점)

1) 정규화를 하는 이유를 약술하고, 관계형 DB에서 2NF와 3NF의 차이점을 약술하시오.

2) 비정규화를 고려할 때 가장 중요하게 검토해야 할 기준이 무엇인지 설명하시오.

3) 데이터웨어하우징 시스템에서 비정규화를 도입하는 주된 이유를 설명하시오.

B-9

연결 함정 Connection Trap

─

데이터 모델링 수행 시 업무에 대한 이해가 부족하여 개체 간에 관계를 잘못 설정하면 원하는 결과를 얻을 수 없거나 문제가 발생할 수 있다.

1 연결 함정

연결 함정은 데이터 모델링 시 개체와 개체 사이에 부여하는 관계성 집합의 의미가 모호하여 원하는 결과를 얻을 수 없거나 향후 업무처리에 영향을 미치게 되는 ER 모델의 문제점이다.

업무에 대한 이해 부족이 연결 함정을 만드는 주요 원인이 되며 연결 함정에는 부채꼴 함정Fan Trap과 균열 함정Chasm Trap이 있다.

1.1 연결 함정의 유형

유형	설명
부채꼴 함정 (Fan Trap)	개체 집합(Entity Set) 사이에 관계성 집합(Relation Set)이 정의되어 있기는 하지만 관계성 설정이 모호하거나 잘못된 경우
균열 함정 (Chasm Trap)	개체 집합 사이에 관계성 집합이 정의되어 있기는 하지만 일부 개체 집합과 개체 집합 사이에 관계성이 존재하지 않는 경우

2 예시를 통한 연결 함정의 문제점 및 해결 방안

2.1 부채꼴 함정의 예시 및 해결 방안

부채꼴 함정은 하나의 개체 집합이 둘 이상의 1 : N 관계성을 갖는 집합으로 부채꼴 모양을 하고 있다. 예를 들어 단과대학, 교수, 학과 세 개체 간의 관계를 정의할 때 다음 그림처럼 부채꼴 형태로 관계를 모호하게 정의하면 어느 교수가 어느 학과에 재직하고 있는지 알 수 없다.

부채꼴 함정의 예시

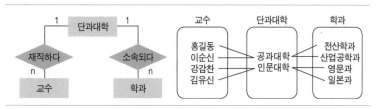

따라서 이런 경우 단과대학과 교수, 단과대학과 학과 2개의 1 : N 관계를 학과와 교수, 학과와 단과대학의 1 : N, N : 1 관계로 변경해야 한다.

부채꼴 함정의 해결

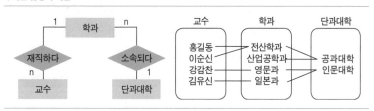

2.2 균열 함정의 예시 및 해결 방안

균열 함정은 개체 집합 간의 관계성은 존재하지만 개체 간의 부분적인 관계만 설정하여 모든 관계성이 정의되지 않은 경우에 발생한다. 예를 들어 지도교수와 학과, 학생, 3개 개체 간의 관계를 정의하는 경우 다음 그림과 같이 설계되었다면 지도교수를 할당받지 못한 특정 학생(이몽룡)은 소속 학과를 알 수 없는 상황이 발생한다.

균열 함정의 예시

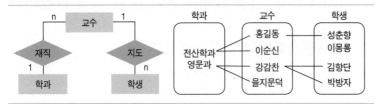

이 경우 관계가 정의되지 않는 학과와 학생 개체 간에 '재학하다'라는 관계성을 추가하여 문제를 해결할 수 있다.

균열 함정의 해결

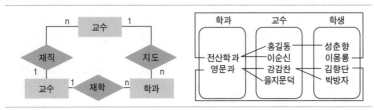

3 데이터 모델링 수행 시 고려 사항

연결 함정으로 인한 문제 발생을 방지하려면 논리 모델링 수행 시 연결 함정의 발생 여부를 검증해야 하며, 프로토타입에 대한 물리 모델링을 통해 검증을 수행한 후 논리 모델을 개선해나가는 것이 바람직할 수 있다.

다만, 원칙적으로 연결 함정은 업무에 대한 이해가 부족하여 발생하는 경우가 많으므로 사전에 비즈니스 도메인에 대한 충분한 분석을 하는 것이 가장 중요하다.

기출문제
58회 관리 연결 함정(Connection Trap) (10점)

C

데이터베이스 실무

—

C-1

관계대수 Relational Algebra

관계대수는 원하는 목표의 데이터에 도달하기 위해 일련의 연산을 어떻게(How) 해야 할지 순서적으로 명시하는 절차적인 언어이다. 이를 표현하기 위해 다양한 집합 연산자를 사용하여 질의를 수행하고 정보를 유도하는 기술적인 방법이다.

1 관계대수의 개요

1.1 관계대수의 개념

관계형 데이터베이스에서 원하는 정보와 그 정보를 어떻게 유도하는가를 기술하는 절차적 언어인 관계대수는 릴레이션에 대한 연산Operation과 규칙 Rule을 다룬다. 관계대수는 원래 코드E. F. Codd 박사가 관계 데이터 모델을 처음으로 제안할 때 정의했다. 기본적인 연산들의 집합으로 이루어지며 하나의 관계 연산은 한 개 이상의 입력 릴레이션에 연산자가 적용되어 새로운 릴레이션 결과를 생성한다.

1.2 관계대수의 연산 특징

관계대수에서는 일반 집합 연산자와 순수 관계 연산자를 이용해 동작한다. 일반 집합 연산자로는 합집합UNION, 교집합INTERSECT, 차집합DIFFERENCE, 카

C • 데이터베이스 실무

티션 프로덕트CARTESIAN PRODUCT가 있다. 순수 관계 연산자로는 셀렉트 SELECT, 프로젝트PROJECT, 조인JOIN, 디비전DIVISION 등이 있다.

각 연산은 어느 특정 시점에 저장되어 있는 데이터베이스를 표현하는 데이터베이스 상태를 변화시키는 것이므로 기본적으로 이해하기가 쉽다.

2 관계대수의 연산자 기능

2.1 일반 집합 연산자

- 합집합UNION, ∪: 합병 가능한 두 릴레이션 R과 S의 합집합(∪)인 R∪S는 릴레이션 R 또는 릴레이션 S에 속하는 투플 t로 구성되는 릴레이션이다. 수학적 표현은 다음과 같다.

$$R \cup S = \{t \mid t \in R \lor t \in S\}$$

- 교집합INTERSECT, ∩: 합병 가능한 두 릴레이션 R과 S의 교집합(∩)인 R∩S는 두 릴레이션 R과 S에 공통으로 속해 있는 투플 t로만 구성된 릴레이션이다. 수학적 표현은 다음과 같다.

$$R \cap S = \{t \mid t \in R \land t \in S\}$$

- 차집합DIFFERENCE, −: 합병 가능한 두 릴레이션 R과 S의 차집합(−)인 R−S는 릴레이션 R에는 있지만 릴레이션 S에는 없는 투플 t로만 구성된 릴레이션이다. 수학적 표현은 다음과 같다.

$$R - S = \{t \mid t \in R \land t \notin S\}$$

- 카티션 프로덕트CARTESIAN PRODUCT, ×: 두 릴레이션 R과 S의 카티션 프로덕트 R×S는 서로 합병 가능한 릴레이션이 되어야 하는 것이 아니고, 릴레이션 R에 속한 각 투플 r에 대해 릴레이션 S에 속한 각 투플 s를 모두 접속concatenation시킨 투플 r·s로 구성된 릴레이션이다. 수학적 표현은 다음과 같다.

$$R \times S = \{r \cdot s \mid r \in R \land s \in S\}$$

2.2 순수 관계 연산자

- 셀렉트SELECT, σ : 그리스 문자 σ(sigma)로 표현하는 셀렉트 연산은 릴레이션에서 주어진 조건을 만족하는 투플들을 선택하는 연산자이다. 예를 들어, 학생 릴레이션에서 점수가 90점 이상인 투플을 선택하기 위한 셀렉트 연산을 하는 관계대수 표현은 다음과 같다.

$$\sigma \text{ 점수} \geqq 90 \text{ (학생)}$$

- 프로젝트PROJECT, π : 주어진 릴레이션에서 애트리뷰트 리스트에 제시된 애트리뷰트만을 추출하는 연산자이다. 학생 릴레이션에서 이름과 전공 애트리뷰트를 선택하기 위한 프로젝트 연산 표현은 다음과 같다.

$$\pi \text{ 이름, 전공 (학생)}$$

- 조인JOIN, $\bowtie$: 공통 속성을 중심으로 두 릴레이션을 하나로 합쳐서 새로운 릴레이션을 만드는 연산자이다. 조인 연산자의 종류에는 세타 조인Theta Join, 동등 조인Equi Join, 자연 조인Natural Join, 외부 조인Outer Join, 세미 조인Semi Join 이 있다. 두 릴레이션 R과 S에서 릴레이션 R의 애트리뷰트 A와 릴레이션 S의 애트리뷰트 B를 통한 조인은 다음과 같이 표현한다.

$$R \bowtie A\Theta B \ S = \{ r \cdot s \mid r \in R \wedge s \in S \wedge (r.A\Theta s.B) \}$$

- 디비전DIVISION, $\div$: X $\supset$ Y 인 2개의 릴레이션에서 R(X)와 S(Y)가 있을 때, R의 속성이 S의 속성 값을 모두 가진 투플에서 S가 가진 속성을 제외한 속성만을 구하는 연산이다. 수학적 표현은 다음과 같다.

$$R \text{ [속성r} \div \text{속성s] } S$$

3 관계대수의 한계

관계대수 연산자로 데이터베이스의 질의들을 표현하는 데는 제한이 있다. 반면 관계형 DBMS의 표준 질의어인 SQL은 위 제한을 모두 지원한다.

관계대수에서는 산술 연산을 할 수 없으며 집단함수를 지원하지 않는다. 집단함수는 값들을 입력받아 단일값을 구하는 함수로 SQL에는 SUM, AVG, COUNT, MAX, MIN 등이 있다. 또 관계대수로는 정렬을 나타낼 수 없으며 데이터베이스를 수정할 수 없다. 하지만 추가된 관계대수 연산자가 도입되어 이러한 제약을 극복하고 있다.

조인 연산

2개의 릴레이션으로부터 상호 관련성을 구하기 위한 연산이다. 관계형 데이터베이스의 구조적 특징인 정규화를 하면서 테이블이 구성되고 테이블 간 연관관계가 형성된다. 이에 각 테이블에 저장된 데이터를 효과적으로 검색하기 위해 조인이 필요하고, 이는 각 테이블 간 의미 있는 데이터를 연결하는 데 활용된다.

1 조인 연산의 개요

1.1 조인 연산의 정의

2개 이상의 지정된 릴레이션 각각으로부터 특정 지정 조건을 만족한 투플을 취해 새로운 릴레이션을 생성하여 데이터를 검색하는 기법의 연산이다.

1.2 조인 연산의 알고리즘

Nested loop, Sort Merged, Hash 알고리즘을 활용한다. 먼저 Nested loop 조인은 1개 이상의 테이블이 조인에 참여할 경우 일정한 순서에 의해서 데이터를 추출하는 알고리즘이다. 즉, 어떤 테이블의 처리 범위를 하나씩 액세스하면서 그 추출된 값으로 연결할 테이블을 조인한다. Sort Merged 알고리즘의 기본 메커니즘으로 두 테이블을 각각 정렬한 다음, 두 집합을 머지Merge하면서 조인을 수행한다.

Hash 알고리즘은 해싱 함수 기법을 이용해 조인을 수행하는 방식으로, Nested loop 조인의 랜덤 액세스 단점과 Sort Merge 조인의 정렬 부담을 해결할 수 있다. 대용량 데이터라면 Hash 조인 방식을 이용해야 한다.

2 조인 연산의 종류

2.1 내부 조인 Inner Join

2개 이상의 교집합을 리턴하는 조인으로 가장 많이 쓰이는 조인 방식이다. 2개 이상의 테이블을 키 값으로 서로 비교하고, 키가 일치하면 값을 가져온다.

품목 테이블

품목 코드	품목	구분
1111	구두	신발
2222	여름양말	양말
3333	넥타이	양복
4444	스타킹	양말

판매 테이블

품목 코드	판매량
1111	360
2222	240
4444	130

결과 테이블

품목 코드	품목	구분	판매량
1111	구두	신발	360
2222	여름양말	양말	240
4444	스타킹	양말	130

```
SELECT A.품목 코드, A.품목, A.구분, B.판매량
FROM 품목 테이블 A
INNER JOIN 판매 테이블 B
WHERE A.품목 코드 = B.품목 코드
```

2.2 외부 조인 Outer Join

하나의 기준 테이블을 정하고 나머지 테이블을 left join으로 설정하는 것이다. 외부 조인의 경우 left outer join, right outer join이 있으나 대부분 left outer join을 많이 쓴다.

품목 테이블				판매 테이블			결과 테이블			
품목 코드	품목	구분		품목 코드	판매량		품목 코드	품목	구분	판매량
1111	구두	신발		1111	360		1111	구두	신발	360
2222	여름양말	양말		2222	240		2222	여름양말	양말	240
3333	넥타이	양복		4444	130		333	넥타이	양복	null
4444	스타킹	양말					4444	스타킹	양말	130

```
SELECT A.품목 코드, A.품목, A.구분, B.판매량
FROM 품목 테이블 A
LEFT JOIN 판매 테이블 B
WHERE A.품목 코드 = B.품목 코드
```

2.3 상호 조인 Cross Join

키 없이 기준 테이블의 모든 레코드와 대상 테이블의 모든 레코드가 서로 교차하여 결과를 리턴한다. 즉, 기준 테이블 각각 레코드 하나씩이 대상 테이블의 모든 레코드와 모두 연결되게 한다. 월별통계, 분기별·시간별 통계를 낼 때 명시하지 않고 상호 조인을 해서 결과를 가져온다.

월 테이블		일 테이블		월일 테이블			
월 코드	월명	일 코드	일명	월 코드	월명	일 코드	일명
1	1월	1	1일	1	1월	1	1일
2	2월	2	2일	1	1월	2	2일
3	3월	3	3일	⋮	⋮	⋮	⋮
⋮	⋮	⋮	⋮	2	2월	1	1일
12	12월	31	31일	2	2월	2	2일
				⋮	⋮	⋮	⋮
				12	12월	30	30일
				12	12월	31	31일

```
SELECT A.월 코드, A.월명, B.일 코드, B.일명
FROM 월 테이블 A
CROSS JOIN 일 테이블 B
```

C-3

SQL Structured Query Language

SQL은 데이터베이스 언어 중 가장 많이 쓰이며 사용자와 데이터베이스를 연결해주는 표준 검색 언어이다. SQL은 구조화 질의어이지만 단순히 검색만을 위한 데이터 질의가 아닌 종합적인 데이터베이스 언어 역할을 한다.

1 SQL 개요

1.1 SQL 정의

SQL은 데이터 정의어DDL와 데이터 조작어DML를 포함한 데이터베이스용 질의 언어Query Language의 일종으로 구조화된 질의어이다. 초기에는 IBM의 관계형 데이터베이스에만 사용되었으나, 지금은 특정 상용 데이터베이스에 종속적이지 않고 널리 쓰인다. SQL은 관계사상Relational Mapping을 기초로 한 언어로 초기에는 수학적인 표현이 많아 일반 사용자가 쓰기에는 어려움이 많았으나, 이후 개선을 통해 SQL이라는 이름으로 널리 알려지게 되었다.

1.2 SQL 특징

대화식 언어이며 내장 언어로 집합 단위의 연산 언어이다. 따라서 최종 사용자가 배워서 사용하기 쉬운 언어로 쉽게 데이터베이스에 접근할 수 있다. 또 SQL은 비절차적 언어(선언적 언어)로 사용자가 원하는 데이터에 대해서 명령문 내에 데이터 처리를 위한 질의를 통해 효율적으로 데이터베이스를 활용할 수 있다. 온라인 터미널을 통한 질의로 사용하기도 하고, 범용 프로그램 언어인 Visual Basic, C++, Java 등의 프로그램 내에 삽입해 사용하는 것이 가능하다. SQL 질의어는 테이블Table, 행Row, 열Column과 같은 일반적인 용어를 사용한다.

1.3 SQL 역사

ANSI와 ISO에서 관계형 데이터베이스의 표준 언어로 채택된 바 있으며, SQL을 기본 데이터 언어로 사용하는 시스템에는 DB2, SQL/DS, QMF 등이 있다. 1974년 IBM 연구소에서 발표한 SEQUELStructured English Language은 실험적 관계 데이터베이스 시스템인 'SYSTEM R' 프로젝트로 처음 제안되었고, 상용 DBMS인 DB2와 SQL/DS의 데이터베이스 언어로 사용하고 있다. 이후 SQL은 ORACLE, INFORMIX, SYBASE 등 회사에도 채택되었고, 특히 ANSI와 ISO에서 관계형 데이터베이스의 표준 언어로 채택하여 데이터베이스 질의어 표준으로 자리 잡게 되었다.

2 SQL의 기능

2.1 데이터 정의어 DDL: Data Definition Language

- 테이블의 생성 및 삭제, 테이블 구조 변경 등을 위해 데이터 정의어를 사용하고 SQL 명령문에는 CREATE, ALTER, DROP 등이 있음
- 다음은 데이터 정의어의 SQL 명령문 사용 형태임

  - CREATE USER_NAME IDENTIFIED BY PASSWORD;
  - AlTER TABLE TABLE_NAME ADD COLUMN_NAME DATATYPE;
  - DROP TABLE TABLE_NAME CASCADE;

- 다음은 데이터 정의어를 사용하여 테이블을 생성하는 사례이다.

```
CREATE TABLE EMPLOYEE
    ( EMPNO      NUMBER   NOT NULL,
    NAME       VARCHAR2(30),
    DEPTNO     NUMBER,
    PRIMARY KEY(EMPNO) ) ;
CREATE TABLE DEPARTMENT
    ( DEPTNO      NUMBER   NOT NULL,
    DEPTNAME  VARCHAR2(30),
    PRIMARY KEY(DEPTNO) ) ;
```

2.2 데이터 조작어 DML: Data Manipulation Language

- 데이터의 검색 또는 삽입, 삭제, 갱신을 위해 사용하는 데이터 조작어의
  SQL 명령문에는 SELECT, INSERT, UPDATE, DELETE가 있음
- 다음은 데이터 조작어의 SQL 명령문의 사용 형태임
  - SELECT * FROM TABLE_NAME WHERE 조건;
  - INSERT INTO TABLE_NAME (칼럼명1, 칼럼명2, …) VALUES ('값1', '값2', …);
  - UPDATE TABLE_NAME TABLE_SET 칼럼1='값', 칼럼2='값2' WHERE 조건;
  - DELETE TABLE_NAME WHERE 조건;
- 다음은 데이터 조작어의 사례임

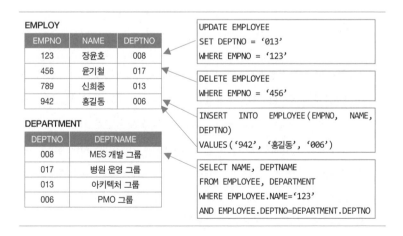

2.3 데이터 제어어 DCL: Data Control Language

- 데이터의 접근 권한 설정을 위해 사용하는 데이터 제어어의 SQL 명령문에는 GRANT, REVOKE 등이 있음
- 다음은 데이터 제어어(DCL)의 SQL 명령문 사용 형태임
  - GRANT SELECT, INSERT, UPDATE, DELETE ON TABLE_NAME;
  - REVOKE ALL ON OBJECT_NAME FROM USER_NAME;

3 관계 DB의 표준화 SQL 변천

3.1 최초 표준안

1982년 ANSI의 데이터베이스위원회 X3H2 에서 시작해 1986년 최초로 작성되었고, 1987년 ISO에 의해 국제 표준으로 채택되었다.

3.2 SQL1

1989년 기존의 표준안을 보완해 기능을 추가한 표준을 SQL1 또는 SQL / 89라고 부르고 있다. 무결성 제약조건 기능이 강화되고, 자료형인 문자 숫자가 포함되었다.

3.3 SQL2

ANSI와 ISO 표준화 작업으로 SQL2가 생성되었으며, 그 후 SQL의 기능 확장판을 1992년에 제정했다. 이것을 SQL2 또는 SQL/92라고 부르며 오늘날 관계형 데이터베이스 표준으로 사용하고 있다. SQL2의 특징은 다음과 같다.
- 자료형 확장: foreign character, bit stream, date, time, time interval
- Integrity Constraint 확장: domain integrity, assertion integrity
- 내장함수 확장: POSITION, LENGTH, SUBSTRING, UPPER, LOWER, CURRENT_TIME, CURRENT_DATE

- 프리디킷 확장: UNIQUE(duplicate tuples), MATCH(matching tuples), OVERLAPS(of data)
- 시스템 카탈로그 표준화: 정보 스키마(Information Schema)
- 스크롤 커서: NEXT, PRIOR, FIRST, LAST, RELATIVE
- RDA Remote Database Access 지원: 하나 이상의 site 지원, SQL 세션, 전역 및 지역 임시 테이블
- 동적 Dynamic SQL 지원: String형 변수에 담아 기술하는 SQL 문으로 String 변수를 사용하므로 조건에 따라 SQL 문을 동적으로 바꿀 수 있고, 동시에 사용자에게 SQL 문의 일부 조건을 입력받아 실행할 수 있음

3.4 SQL3

객체지향 기술을 지원할 수 있는 데이터베이스 언어로, 데이터 사전 시스템, 원격 데이터베이스 접근, 객체지향 개념과 Knowledge 개념이 추가된 객체지향 데이터베이스 지원 언어이다. SQL3의 특징은 다음과 같다.

- 자료형 확장: numeric, date, time, timestamp, interval, boolean, enumeration
- 생성자 Generator 자료형: ARRAY OF, LIST OF, SET OF, CHOICE, RECORD, RANGE, SIZE, EXTEND
- 메소드 Method 를 포함한 사용자의 추상 Abstract 데이터 타입 정의
- 객체 식별자, 상속성, 다형성, 외부 언어와의 통합기능 가능

4 객체지향 데이터베이스의 표준화

4.1 ODMG 표준의 발전 과정

상용 객체지향 데이터베이스 관리 시스템을 제공하는 기업과 학계가 주축이 되어서 객체지향 데이터베이스 표준이 1993년 10월에 제정되었다. 그리고 OMG Object Management Group 라는 객체지향 기술 표준화 기구에서 만든 ODMG-93(1.0)이라는 객체지향 데이터베이스 표준안이 발표되었다. 이 표

준안은 1997년에 ODMG 2.0이라는 표준으로 발전했고, 이후 ODMG 3.0까지 나와서 현재는 객체지향 데이터베이스의 표준으로 널리 사용되고 있다. ODMG 표준을 통해 객체지향 데이터베이스 시스템에서 프로그램의 이식성과 호환성이 높아졌다.

ODMG 표준의 발전 과정

ODMG 1.0 (ODMG-93)
1993년

↓

ODMG 2.0
1997년

↓

ODMG 3.0
2001년

ODMG 표준은 4개의 주요 컴포넌트와 2개의 객체 명세서 언어를 정의한다. ODMG 표준의 주요 컴포넌트로는 객체 모델, 객체 명세서 언어, OQL Object Query Language, 프로그램 언어 바인딩이며, 객체 명세서 언어는 ODL Object Definition Language, OIF Object Interchange Format 이다. ODL은 ODMG 객체 모델을 지원하기 위해 객체 타입 지정을 위해 사용되며, OIF는 ODMG와 호환되는 ODMS Object Data Management System의 현재 값을 로드하기 위해 사용하는 명세 언어이다. 신속한 데이터 교환을 위해서 XML이 제안되어 XML 기반의 언어 연구가 진행되기도 했다.

4.2 ODMG-93 Object Database Management Group-93

ODMG-93은 객체 모델과 데이터 정의, 검색 처리언어가 가능하며 ODMB-93 Object Model로 OMG의 IDL과 유사하다. 또 Type, Subtype 계층, 클래스 확장, OID, 관계, 연산자, 구조체 등의 지원이 가능하고 ODL(객체정의언어)인 ODMG-93과 일치하는 객체형과의 인터페이스 정의가 가능하다. OQL(객체질의언어)은 SQL과 유사하게 OODB 언어 개념을 표준화했고, C++ Language Binding을 위한 ODL/OML 기술과 규정을 포함한다.

4.3 ODMG 2.0

다양한 OODBMS 제품들 간의 상호 연동을 지원하기 위한 최근 표준은 1997년에 발표되었다. 독자 표준 지양과 기존의 OMG 표준, SQL92 표준, ANSI에서 제정한 언어 표준을 수용·반영해 객체지향 DB 개발에 활용될 수 있도록 만들어졌다. ODL, OQL, 언어 바인딩 등 세 가지 주요 표준으로 구성된다.

4.4 ODMG 3.0

ODMG 3.0의 객체 모델은 객체 관리 그룹인 OMG 모델에 기초하며, 표준
은 모델링 Primitive로 객체Object와 리터럴Literal을 사용한다. 객체는 상태와
오퍼레이션에 의한 동작을 가지고, 각 객체는 해당 기간에 유일한 객체 식
별자를 가진다. 클래스나 인터페이스 명세서에서 특성 선언을 하며 인스턴
스의 추상적인 상태와 동작을 정의할 수 있다.

5 SQL 주요 표준기관

5.1 ANSI American National Standards Institute

미국 내 기술표준 개발을 육성하기 위해 설립된 기관으로 SQL 표준화 작업
을 가장 먼저 시작했다. ANSI는 표준을 직접 제정하는 기관이라기보다 하위
표준기관을 감독하는 역할을 한다. 표준화의 필요성을 결정하고 표준화 작
업을 감독하는 SPARC Standards Planning and Requirements Committee라는 특별 그룹
이 있다. 또 DBSSG Database Systems Study Group가 속해 있으며 SQL 표준은
X3H2('Database'라는 이름으로 부르기도 함)라는 기술 위원회에서 담당한다.

5.2 ISO International Organization for Standardization

국제표준기구의 하나인 ISO에서 DB에 관한 것은 WG3(ISO / IEC JTC1 /
SC21 / WG3)에서 맡고 있으며, ISO의 첫 번째 SQL 표준은 ISO 9075-1987
이다. 이후로는 표기법이 조금 바뀌어서 두 번째 표준은 ISO 9075:1989라
고 발표되었다. SQL은 국가 표준기관과 국제 표준기관의 협조가 매우 이상
적으로 이루어졌기 때문에 ANSI와 ISO의 표준안이 동일하다.

5.3 NIST National Institute of Standards and Technology

NIST의 권장 사항은 FIPS Federal Information Processing Standard라는 형태로 공표

되는 경우가 많다. FIPS는 대부분 ANSI나 ISO 표준을 수용하며, NIST는 SQL 표준 지원 여부를 검사하는 테스트 세트를 만드는 것으로도 유명하다. ANSI나 ISO, NIST 등에서 수립하는 것은 공식 표준이며, 널리 쓰이는 사실상의 표준도 여러 가지가 있는데 X/Open, SAG 등이 대표적이다.

O-R Mapping

Object-Relational Mapping

객체지향이나 CBD 방법론을 이용한 프로젝트가 증가하고 Java 등 객체지향 언어로 개발이 진행되는 시스템이 늘어나고 있다. 그러나 데이터베이스는 관계형 데이터베이스를 주로 사용하면서 분석·설계 시점의 객체 모델을 관계형 데이터베이스로 사상(mapping)하는 작업이 중요하게 되었다.

1 O-R Mapping

1.1 O-R Mapping의 정의

O-R Mapping
객체지향 분석, 설계 모델과 관계형 데이터베이스 간의 사상을 위한 방법

O-R Mapping은 객체지향Object Oriented 모델로 설계된 시스템의 데이터 저장소를 객체지향 개념이 없는 관계형 데이터베이스RDBMS를 사용하려고 할 때 효과적으로 적용하기 위한 방법이다.

다시 말해 객체 및 관계형 데이터 사이에 존재하는 내재적인 차이점, 즉 실세계의 사물 및 개념을 기반으로 모델링된 애플리케이션과 수학적 데이터 접근 방식을 사용하는 관계형 데이터베이스의 스키마를 연결하는 방법이라 할 수 있다.

1.2 O-R Mapping의 필요성

객체지향 개념을 적용한 객체지향 데이터베이스OODBMS는 관계형 데이터베

이스RDBMS에 비해 안정성이 떨어진다. 또 기존에 구축된 관계형 데이터베이스를 객체지향으로 전환하는 것이 쉽지 않아 관계형 데이터베이스를 계속 사용하면서 객체지향 분석, 설계모델과 관계형 데이터베이스 간의 사상mapping이 필요하게 되었다. 관계형 데이터베이스를 계속 사용하는 이유를 정리하면 다음과 같다.

O-R Mapping의 방법
① 클래스는 테이블로 Mapping
② 속성은 칼럼으로 Mapping
③ 관계는 관계(외부키 또는 관계
  테이블)로 Mapping

구분	설명
범용성	다수의 기업이 운영하는 시스템이 RDB를 사용
안정성	RDB를 사용하여 구축된 곳이 많아서 안정성이 입증된 기술
용이성	응용 시스템뿐만 아니라 사용자가 쿼리를 이용해 데이터를 다룰 수 있을 정도로 데이터 구조가 쉽게 구성
투자성	현재 조직적으로 가장 많은 투자가 일어난 기술
성능성	OLTP 시스템에서 트랜잭션 처리 수행 성능에 대해 최적화된 솔루션
통합 연계성	널리 쓰이는 많은 종류의 툴들이 쿼리나 Report-Writing을 이용해 RDB와 연계하여 이용할 수 있는 것이 많음
보수성	RDB를 설계·구현·유지·보수하는 데 필요한 툴들이 많음

객체지향 모델에서 객체 간의 관계는 데이터베이스에서 join으로 사상되므로 최적화가 되지 않는 경우 심각한 성능 문제가 발생할 수 있다. 객체에서 사용되는 상속·계층의 개념은 관계형 모델로는 표현할 수 없으므로 O-R Mapping의 개념을 잘 이해해야 한다.

2 O-R Mapping의 과정

2.1 클래스Class 의 테이블Table 사상

설계 모델의 Persistent 클래스는 시스템이 저장해야 할 정보를 뜻한다. 일반적으로 하나의 Persistent 클래스는 하나의 테이블로 사상되지만, 데이터 접근 성능을 고려해 다른 사상 전략이 사용되어야 한다.

클래스의 인스턴스인 객체는 테이블의 Row 하나로 사상된다.

2.2 속성 Attribute 의 칼럼 Column 사상

클래스 인스턴스의 속성은 테이블의 칼럼으로 사상되며 이 경우 애플리케이션의 원시Primitive 데이터 타입과 데이터베이스 데이터 타입 간의 전환이 필요하다.

클래스의 오퍼레이션Operation은 원칙적으로 RDBMS에 사상되지 않으나, 일부 기능의 경우 RDBMS의 내장 프로그램인 Function이나 Procedure 등으로 구현될 수도 있다.

2.3 관계 사상

객체지향에서 객체 간의 관계는 관계형 데이터베이스의 관계Relationship로 사상되며 Persistent 클래스들 간 모든 형태의 관계는 테이블 간의 관계로 전환되어 구현될 수 있다.

물리적으로는 대부분 외부키 칼럼으로 전환되지만 객체 간 관계의 종류에 따라 테이블로 전환되는 방식도 다를 수 있다.

연관관계		설명
Association	1 : 1 관계	• 1 : 1 관계는 어느 쪽이든 기본키(Primary Key)가 상대방 테이블에 외부키(Foreign Key)로 설계되면 됨. 단, 접근 빈도가 많은 쪽으로 상대방의 기본키가 외부키로 등록되는 것이 일반적 • 비즈니스 분석상 1 : 1 관계가 도출되면 둘이 합쳐져 하나의 클래스로 이루어져도 되는지, 성능이나 다른 제약사항 때문에 나누어져야 하는지 잘 살펴보아야 함
	1 : M 관계	• 1 쪽의 기본키를 M 쪽의 외부키로 사상. 방향성은 외부키가 생성되는 쪽과 상관없이 두 클래스 간 보는 관점의 방향성을 의미
	M : M 관계	• M : M 관계는 분석·설계에서 논리적으로 가능한 관계로 구현 시 반드시 1 : M 관계로 풀려야 함. 비즈니스 요구에 맞도록 세밀하게 설계하기 위해서는 연관관계 클래스까지 도출하는 것을 권장 - M : M 관계는 새로운 Associated Table (Intersection Table)을 생성 - 생성된 테이블은 양쪽 테이블의 기본키를 포함하여 설계 - 설계할 때 가능하면 M : M 관계는 연관관계 클래스를 도출해 1 : M 관계로 풀어 비즈니스를 명확히 정의하는 것이 좋음
Generalization		• Generalization은 상속(inheritance)관계로, 정보공학에서 언급되는 Super Entity Type과 Sub Entity Type의 관계와 같음 - Super 클래스와 각 Sub 클래스를 별도의 테이블로 사상(테이블 개수 = Super 클래스 + Sub 클래스의 수) - Super 클래스가 Sub 클래스의 모든 속성을 포함하여 하나의 테이블로 사상(테이블 개수 = 1) - Sub 클래스가 Super 클래스의 속성을 포함하여 Sub 클래스의 테이블로 사상(테이블 개수 = Sub 클래스의 수)

연관관계	설명

Aggregation	• Aggregation은 한 클래스가 다른 클래스에 종속적인 포함관계를 나타냄. 즉, 전체와 부분의 관계. Aggregation의 Multiplicity에 따라 1 : 1, 1 : M, M : M의 사상이 존재. Aggregation은 모델링에서 표현한 내용대로 단순 Association보다는 강한 Coupling 관계지만 Composition보다는 약한 관계임을 의미
	  - Aggregation의 경우는 구현상 참조하는 테이블에서 단순 외부키로 참조 정도의 의미(비식별관계)
	  - Composition인 경우는 참조하는 테이블에서 외부키로 구성됨과 동시에 기본키로 생성(식별관계)

Composition	• Composition은 한 클래스가 다른 클래스에 종속적인 포함관계를 나타냄. 즉, 전체와 부분의 관계. Multiplicity에 따라 1 : 1, 1 : M, M : M의 사상이 존재. Composition은 모델링에서 표현한 내용대로 Aggregation보다는 강한 관계임을 의미
	  - Aggregation의 경우는 구현상 참조하는 테이블에서 Non-Identifying(비식별관계)을 의미
	  - Composition인 경우는 구현상 참조하는 테이블에서 Identifying(식별관계)의 의미를 가짐
	  - 전체(Hole)와 부분(Part)의 생명주기가 동일한 Composition인 경우는 Constraint로 Delete Cascading을 설계하기도 함
	  - Composition으로 표현된 클래스를 구현한 테이블에서는 강력한 Parent / Child 관계가 됨

3 O-R Mapping을 위한 제품 사용 시 고려 사항

Java 언어 등에서 O-R Mapping을 쉽게 구현하기 위하여 Hibernate 등의 제품을 사용할 수 있다.

ORM 제품을 이용하면 관계형 DB에 저장된 데이터의 로딩 및 저장Persist을 위해 SQL을 작성할 필요가 없어 JDBC와 관련한 복잡한 코딩 작업에서 해방될 수 있다. 물론 복잡한 업무를 위한 SQL 작성은 여전히 필요하지만 ORM 툴을 이용하면 이 과정을 한층 쉽게 만들 수 있다.

또 ORM을 이용하면 요구 사항에 적합한 도메인 모델을 생성할 수 있고, 열과 행이 아닌 객체의 관점에서 작업을 수행하는 것이 가능해진다. 더불어 데이터베이스 벤더별로 제공되는 SQL 구문에 대한 종속성을 줄이고, 호환성을 향상시킨다. ORM 제품에 의하여 SQL 구문이 추상화되기 때문이다.

그러나 많은 장점에도 ORM 제품에 대한 이해가 없는 상태에서 도입하여 적용하면 성능상 많은 문제가 나타날 수 있으므로 제품 도입 및 적용 시 다음과 같은 내용을 참고해야 한다.

고려 사항	설명
타깃 데이터베이스 이해	• O-R Mapping은 작업을 쉽게 해주는 제품이지만, 구현되는 환경에 대한 이해를 불필요하게 하는 제품은 아님 • ORM 적용 환경에서 발생하는 많은 문제가 데이터베이스와 SQL의 문제를 간과해 발생하므로 적용 시 타깃 데이터베이스에 대한 이해가 반드시 필요
필요 시 SQL 사용 고려	• 복잡한 업무 시나리오에서는 직접 SQL을 사용하는 것이 효과적인 경우가 많음 • TopLink와 같은 ORM 제품은 SQL 쿼리 작성기능을 제공
ORM 제품 선택 시 충분한 사전 검토 수행	• 요구 사항을 반영하는 PoC(Proof of Concept) 환경을 구축하고 두세 가지 제품을 비교 테스트하여 ORM이 성능 기준을 만족하는지 검증
ORM이 적절하게 사용되는 상황 이해	• ORM은 개체를 개별적으로 업데이트하고 간헐적으로 세트 기반 작업을 수행하는 OLTP 애플리케이션에 특히 적합
ORM이 적절하지 않은 경우 이해	• 벌크성 업데이트가 잦은 경우 • OLAP 애플리케이션 • 순수 SQL 기반 접근 방법이 적절한 애플리케이션 • 수작업 SQL 및 저장 프로시저를 이용하는 데이터베이스 환경

 기출문제

83회 응용 웹프로그래밍에 있어 OR-Mapping의 필요성과 구현단계에서 적용되는 기술에 대하여 설명하시오. (25점)

80회 관리 객체지향 방법론을 사용하여 프로젝트를 수행하고 있다. 데이터베이스는 기존 시스템과의 관계를 고려하여 관계형을 사용하기로 결정했다. 이 경우 고려할 OR Mapping에 관하여 설명하시오. (25점)

C-5

데이터베이스 접속

다양한 데이터베이스에 효율적으로 접근하고 활용하기 위해 여러 가지 표준이 제공되고 있다.

1 ODBC Open DataBase Connectivity

1.1 ODBC 정의

ODBC는 데이터베이스에 접속하기 위해 마이크로소프트사에서 개발한 표준 인터페이스로 데이터베이스 종류에 관계없이 접근할 수 있도록 표준 방법을 제공한다. 응용 프로그램과 DBMS 중간에 데이터베이스 처리 프로그램을 두어 이를 가능하게 한다. 프로그램 내에서 ODBC 문장을 사용하면 Oracle, DB2, Excel, MS-Access 등 여러 종류의 데이터베이스를 액세스할 수 있는 것이다.

1.2 ODBC 연동방식

확장된 CLI Call Level Interface를 기반으로 X/Open CLI 명세서를 그대로 사용하고 ODBC는 벤더에 독립적이다. 이질적인 데이터베이스에 접근 가능하고 UNICODE를 지원하며, 마이크로소프트의 WOSAWindows Open Services Architecture의 한 부분이다.

1.3 ODBC 구조

애플리케이션 측면에서 ODBC의 구조로는 ODBC 함수를 통해 SQL 문을 보내고 그 결과를 받는다. 드라이버 관리자는 애플리케이션마다 해당 드라이버를 load/unload하고 ODBC 함수 호출을 처리하거나 이를 드라이버에 전달한다. 드라이버는 ODBC 함수를 호출하고 SQL 요청을 특정 데이터 소스에 배정하며 그 처리 결과를 응용에 되돌리는 역할을 한다. 데이터 소스는 사용자가 원하는 데이터로 구성되어 있고 운영체제, DBMS, 네트워크와 밀접한 관련이 있다.

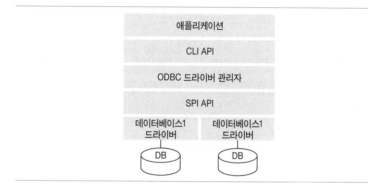

1.4 3단계 API 제공

- CORE API는 X/Open 표준과 동일하다.
- 1수준 API는 다음과 같다.
  - 문장과 연결 옵션을 설정하고 읽을set / read 수 있음
  - 파라미터 값을 주고받을send / receive 수 있음
  - 카탈로그catalog 정보 및 데이터베이스 정보를 불러올retrieve 수 있음
- 2수준 API는 다음과 같다.
  - 연결 정보를 검색browse하고 가용자원을 리스트list할 수 있음
  - 어레이 파라미터 값을 주고받을 수 있음

- 카운터 값을 불러올 수 있음
- 상세한 카탈로그 정보를 불러올 수 있음
- 데이터 변환을 수행하는 DLL을 호출할 수 있음

2 JDBC Java DataBase Connectivity

2.1 JDBC 정의

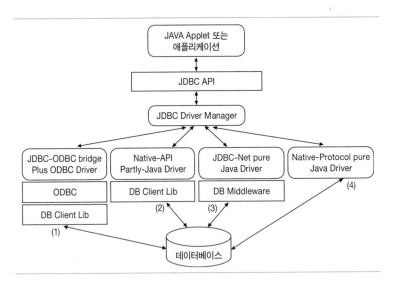

자바Java 프로그램 내에서 데이터베이스 SQL 문을 실행할 수 있게 해주는 것으로 자바에서 제공하는 데이터베이스 연동을 지원하는 API Application Programming Interface 이다.

2.2 JDBC 특징

자바 기반의 클래스class와 인터페이스를 제공하고, JDBC API는 ODBC 또는 기존 데이터베이스에 접근하는 인터페이스보다 상위단계에서 구현된다. 상용 데이터베이스 종류와 무관한 손쉬운 접근 지원이 가능하고 JAVA API는 데이터베이스 접근에 대해 2계층2-tier과 3계층3-tier 모델 모두를 지원한다.

C · 데이터베이스 실무

2.3 JDBC 구조

- JDBC-ODBC bridge plus ODBC Driver: ODBC 드라이버들을 사용하여 JDBC 접근을 제공
- Native-API Partly-Java Driver: 각 데이터베이스의 클라이언트 API로 변환하여 JDBC 호출
- JDBC-Net pure Java Driver: 데이터베이스에 종속적인 미들웨어 서버를 통해 DBMS 프로토콜로 전송
- Native-Protocol pure Java Driver: JDBC 호출을 DBMS가 직접 네트워크 프로토콜을 통해 변환

C-6

DBA DataBase Administrator

DBA(데이터베이스 관리자)는 데이터베이스를 최적의 상태로 관리하는 책임을 지는 개인 또는 집단이다. 데이터베이스 정보 내용의 정확성이나 통합성을 결정하고 데이터베이스의 내부 저장 구조와 접근 관리 대책을 결정한다. 또 데이터의 보안 대책을 수립하고 점검하는 등 데이터베이스의 성능을 감시하여 변화하는 요구에 대응하는 책임을 진다.

1 DBA 개요

1.1 DBA 정의

데이터베이스 시스템의 원활한 기능을 수행하기 위해 데이터베이스 구성 및 관리, 운영 전반에 대한 책임을 지고 직무를 수행하는 자를 의미한다. DBA는 데이터베이스를 효과적으로 운영하는 것도 중요하지만 무엇보다 가용성을 확보하는 것이 중요하다.

1.2 DBA 주요 역할

DBA는 데이터베이스 구성 및 운영에 대한 책임을 갖는다. 장애나 내부 시스템에 의한 Fault로부터 데이터베이스를 관리 및 보호하는 역할도 한다. 또 초기 데이터베이스 구축 시 용량 산정, 스키마 생성부터 백업 계획 및 성능 관리 모니터링 등 단계별로 주요한 역할을 한다. 개발자 및 사용자 편의

DBA의 필요역량
① DBMS 운영
② 백업 및 복구
③ 모델 설계 및 구축
④ 데이터 보안
⑤ 튜닝
⑥ 표준화

와 활용 효과 극대화를 위한 용량 관리, 성능 관리, 업그레이드 및 패치도
DBA의 주요 역할 중 하나이다.

2 업무영역별 DBA 임무

DBA의 기본 목표
지속적인 성능과 용량 모니터링을
통해 조기에 장애요소를 감지하고
조치하며, 장애발생 시 신속한 백
업 및 복구를 통해 비즈니스 연속
성을 보장, 최적의 상태로 데이터
베이스의 가용성을 확보하는 것이
DBA의 제1의 목표이다.

DBA의 업무를 신규 시스템 구축 시와 이관 후 운영시점으로 구분하여 정리
하면 다음과 같다.

2.1 데이터베이스 구축 단계

단계	임무
데이터베이스 선정	• 프로젝트 업무에 적합한 데이터베이스를 선정 • CBD로 진행되는 프로젝트도 일반적으로 관계형 데이터베이스를 많이 사용함
데이터베이스 설치계획 수립	• 데이터베이스의 설치 일정을 수립 • OS와 관련된 호환성 등을 확인하고 설치에 필요한 자원을 확인
데이터베이스 설치	• 국내에서는 주로 벤더에서 설치 작업 수행(계약 시 설치 비용이 포함됨) • 설치 환경에 대한 협의 진행
스키마 생성 (데이터 이관)	• 프로젝트 업무의 논리적 설계를 바탕으로 물리적 스키마의 설계를 수행 • 성능적인 측면을 고려하여 저장 영역의 적절한 분리 • 사용자와 역할에 대한 정의와 권한 부여 • 기존 시스템에 데이터 이관이 필요한 경우 이관 수행
운영 전 테스트	• 단위 성능과 전체 시스템의 성능을 위한 실제적인 테스트 수행 • 튜닝 요소 파악, 파라미터 수정, 애플리케이션 개선사항 확인
운영이관	• 운영에 필요한 이관사항 정리하여 이관 담당자에게 전달

2.2 데이터베이스 운영 단계

단계	임무
데이터베이스 운영계획 수립	• 데이터베이스 현황 파악 • 연간 운영계획 수립(주기적인 점검, 성능 개선, 이슈 점검)

백업 및 복구	• 백업 계획 수립
	  – 주기별: 일간, 주간, 월간, 비정기
	  – 유형별: Hot, Cold, Archive, Export 등
	• 장애 시 데이터 복구 방안 수립 및 복원(테이블, 파일, DB 전체 등)

용량 관리	• 데이터베이스 사용 추이 분석 • SGA(System Global Area) 부족 시 영역 추가 • Tablespace 및 Datafile Add(필요시 디스크 추가)

단계	임무
성능 관리	• 성능 모니터링(Response 확인, Fullscan 확인) • I/O, SGA, 애플리케이션 튜닝 수행 후 적절한 조치
업그레이드 및 패치	• 벤더와 협의하여 주기적으로 적용할 패치 확인 • 사전 계획 수립 후 패치 적용
스키마 생성	• 사용자의 요청에 따른 추가·변경되는 스키마 생성 • 신규 스키마에 대한 권한 부여

3 DBA의 추가적 요구 기술

3.1 비즈니스에 적합한 데이터베이스 구축 전략 수립

비즈니스의 요구에 따라 분산 데이터베이스, 모바일 데이터베이스, 데이터 웨어하우스 등 다양한 형태의 데이터베이스를 고려해야 한다.

비즈니스 중요도에 따라 고가용성 확보가 가능한 구성을 고려해야 한다.

3.2 연관 인프라 요소에 대한 이해

DBA는 Software Architecture를 충분히 이해하고 개발방식(Web or C/S 등)에 따라 I/F 구성을 고려해야 한다. OS, Middleware 등의 호환성 등을 확인해야 하고, 연관된 버그Bug나 패치 등에도 항상 관심을 가져야 한다.

3.3 재해 복구 전략에 따른 데이터 복구 전략

재해 복구를 위한 백업 구성과 복구 전략을 수립할 수 있어야 한다.

업무의 중요도에 따른 데이터 아카이빙Data Archiving 및 미러Mirror 방식을 정의하고 적정한 훈련을 실시해야 한다.

기출문제
81회 정보관리 DBA의 정의, 주요 직무, 필요 기술, 주요 역할에 대해서 설명하시오. (10점)

C-7

데이터베이스 백업과 복구

데이터베이스 장애는 비즈니스에 치명적인 영향을 미친다. 장애가 없는 것이 최선이지만 장애가 발생하면 최단기간에 복구해야 하는데, 데이터베이스를 신속하게 복구하려면 비즈니스 요구에 적합한 백업 정책과 적절한 복구 전략이 요구된다. 데이터베이스 복구는 고장 전 복구 대비 기법과 고장 후 회복 기법으로 구분하여 각 단계에 적절한 기법들을 적용해야 한다. 또 비즈니스 연속성 측면에서 하나의 데이터베이스의 백업과 복구가 아닌 비즈니스 차원의 백업과 복구로 개념이 확대되고 있으며 이러한 측면에서 무결성과 지속성, 가용성을 고려해야 한다.

1 데이터베이스 장애와 복구의 의미

1.1 장애

시스템의 내외적 문제로 시스템이 정상적으로 동작할 수 없는 상태를 말한다.

장애/에러/결함

① 장애(Failure): 사용자가 기대하는 서비스를 시스템에서 제공하지 못하는 상태

② 에러(Error): 사용자가 예상하지 못한 잘못된 결과를 만들어내는 시스템의 상태

③ 결함(Fault): 시스템을 오류로 이끄는 소프트웨어 시스템의 특성, 소스 코드 내 잘못 삽입되어 있는 버그(Bug)

1.2 복구

데이터베이스의 운영 도중에 예기치 못한 장애Failure가 발생할 경우, 데이터베이스를 장애발생 이전의 일관된 상태Consistent State로 복원하기 위한 방법이다.

데이터베이스는 데이터 백업으로 신속하게 복구되어야 업무의 연속성을 보장할 수 있기에 백업과 복구를 통한 가용성 확보가 매우 중요하다.

2 데이터베이스 장애 분류

데이터베이스 장애는 전력이나 디스크 같은 하드웨어 결함, 프로그램상의
소프트웨어 결함, 사람의 실수 같은 것이 주원인이다.

분류	구분	설명
S/W 장애	Action Failure	• 원하는 데이터 항목을 발견하지 못했거나 무결성 규정 위반 같은 이유로 데이터베이스 연산이 실패하면, 그 트랜잭션을 철회하고 응용 프로그램에 통보
	Transaction Failure	• Dead Lock 같은 것 때문에 트랜잭션이 실패하면 만족할 만한 트랜잭션 이전 단계로 데이터베이스 상태를 되돌려야 하는데, 이것은 응용 프로그램에 의해 처리되지 않음
H/W 장애	System Failure	• DBMS 장애, 운영체제 장애, CPU 고장 같은 하드웨어 고장이 이런 유형에 속함 • 데이터베이스가 저장된 장치는 시스템 고장의 영향을 받지 않지만 현재 진행 중인 모든 트랜잭션은 영향을 받음
	Media Failure	• 디스크나 테이프 저장장치에 발생하는 장애들은 데이터베이스에 영향을 미치며 이 부분을 사용하는 트랜잭션에 영향을 줌
기타	Site Failure	• 해당 사이트의 화재나 자연재해로 인한 사이트 전체 장애발생으로 정상적인 비즈니스를 수행할 수 없음

3 데이터베이스 백업

데이터베이스 백업은 Local 영역의 일반적인 백업과 재해복구를 위한 DR
Disaster Recovery 사이트 구축 등으로 정의할 수 있다.

백업 기술의 변화
테이프 백업 → 디스크 백업 →
VTL → De-Duplication → CDP

　백업은 주기적으로 수행하고 백업 결과에 대한 확인을 위한 복구 테스트
도 주기적으로 수행해야 한다.

　백업 주기는 백업 매체, 고객의 복구 요구에 따라 정의하며 일반적으로
주 단위 최소 4세트, 월 단위 최소 3세트를 수행해 특정 시점의 데이터를 복
구할 수 있어야 한다.

3.1 Local 백업

주요 백업 영역

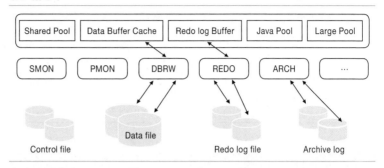

주요 백업 내용

구분	설명
제어파일 (Control File)	• 데이터베이스의 정보를 담고 있는 중요한 파일로 복구 시 반드시 필요
Time Base 복구 기준	• EXPORT: 특정 시점을 기준으로 백업, Full, User 단위, Table 단위 • COLD BACKUP: 데이터베이스 중단 후 백업
Cancel Base 복구 기준	• HOT BACKUP: Begin Backup 후 데이터 파일을 복사하고 복사 후 End Backup • ARCHIVE BACKUP: HOT BACKUP 이후 발생하는 Archive Log에 대한 백업 (Archive Log는 2중 또는 3중으로 디스크, 테이프 등을 이용하여 백업)
Product 백업	• DBMS를 설치한 영역에 대한 백업으로 필수는 아니지만 복구 시 시간을 단축할 수 있어 주나 월 단위로 백업하는 것이 필요

3.2 DR 백업

DR를 통한 백업은 내부 복제방식을 사전에 적용한 이후 원격복제를 하는 방식과 직접 원격복제를 하는 방식으로 수행할 수 있다.

내부 복제방식은 BCV Business Copy Volume를 만드는 작업으로, 벤더별로 EMC는 Time Finder, Hitachi는 Shadow Image, IBM은 Flash Copy 등의 솔루션을 제공한다.

원격지 복제 솔루션은 벤더별로 EMC는 SDRF, Hitachi는 True Copy, IBM은 XRC 등의 솔루션을 제공한다.

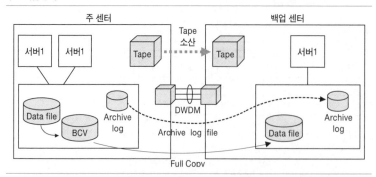

구분	설명
Tape 소산	• Local 백업이 저장된 테이프를 재해에 안전한 원격 지역에 별도 보관하는 방식 • 특정 시점으로의 복구만 가능하므로 손실 영역에 대한 별도의 정책수립이 필요
Archive Log 전송	• 초기에 전체 디스크를 복사해 두고 이후에는 Archive Log만 지속적으로 복사 • 복구 시 전체 복사 볼륨을 복사한 후 Log를 이용한 복구 수행, Log의 크기에 따라 복구 시간이 달라지므로 주기적인 볼륨 복사를 수행하는 것이 필요
Full Data 전송	• 데이터가 저장된 전체영역을 전송하여 복제하는 방식 • 전체를 전송하는 부하가 크지만 복구 시 편리

4 데이터베이스 백업 기술

데이터베이스 가용성 확보를 위해 데이터 백업 시 백업 성능 향상 또는 비
즈니스 연속성 극대화를 위한 실시간 복구 시점 백업 등 다양한 백업 기술
이 사용되고 있다. 이러한 백업 기술 사용 시에는 비용과 비즈니스 연속성
보장 사이에 Trade-Off가 발생하므로 목적에 맞는 선택을 해야 한다.

4.1 VTL Virtual Tape Library

- VTL의 정의
  • 데이터를 물리적인 Tape에 저장하지 않고 디스크에 저장하면서 하드
    디스크를 Tape Library로 인식하도록 하는 백업 솔루션이다.
  • 디스크 스토리지에 VTL 엔진을 장착한 후 백업 서버에게 Tape로 인식
    시키는 기술이다.

VTL의 주요 기능
① 디스크 기반 백업 자원
  Provisioning
② VTL 간 P2P 복제
③ 기본 백업 인프라와의 용이한
  Access

- VTL의 특징

• 디스크의 특성상 빠르고 편리한 데이터 액세스가 가능하고 백업 시간과 복구속도가 Tape에 비해 빠르다.

• 다만 결국 하드디스크에 저장되는 것이므로 화재나 지진 발생 시 백업된 데이터가 소실될 수 있다는 단점이 있다.

VTL 백업과 Tape 백업 비교

항목	VTL 백업	Tape 백업
백업 성능	• 많은 파일들에 대한 Random I/O 발생 시 Tape보다 빠름 • Multi I/O를 통한 고성능 백업이 가능	• 적은 수의 큰 파일에 대한 Sequential I/O 발생 시 VTL보다 빠름 • 전반적으로 VTL보다 느리다는 의견이 지배적이나 백업 데이터 성격에 따라 다름
가용성	• 고가용성 보장을 위한 하드디스크 구성에 따름 • RAID5 구성 시 가용성이 매우 높음	• 디스크에 비해 가용성 측면은 매우 낮음
자원활용	• 가상 드라이브 할당 개념으로 백업 시 VTL에 저장된 데이터에 다른 작업도 가능 • VTL 내 빈 공간 없이 데이터 저장이 가능	• Tape 백업 시 Tape 내 저장된 데이터에 접근이 어려움 • 데이터 사이즈에 따라 Tape를 다 채우지 못하는 경우가 발생
확장성	• 확장성은 용이하나 서버 및 디스크 컨트롤러 제어범위 초과 시 추가 설치가 필요하여 비용이 높음	• 드라이브 및 슬롯을 추가하는 구조로 상대적으로 저렴한 비용으로 확장 가능
저장 매체 이동	• 저장 매체에 대한 이동 및 소산이 불가	• 저장 매체 이동 및 장기 보관이 용이

4.2 CDP Continuous Data Protection

변경 데이터 수집 방식에 따른
CDP 기술 유형
① 블록 기반
② 응용 프로그램 기반
③ 파일 기반

- CDP의 정의

• 일반적인 방식인 주기적 백업이 아니라 지속적으로 변경되는 데이터를 백업하여 장애발생 시 원하는 시점으로 복구가 가능한 가용성 극대화 백업 기술이다.

• CDP(지속적 데이터 보호)는 지속적 백업Continuous Backup 또는 실시간 백업Real-Time Backup으로도 불린다.

- CDP의 목적

• CDP는 비즈니스 연속성 보장을 목적으로 한다. 장애발생 시 원하는 시점으로의 복구를 통해 업무의 신속한 재개가 가능하다.

• RPORecovery Point Objective: 목표 복구 시점 와 RTORecovery Time Objective: 목표 복구

시간 수준의 향상이 가능하다.

- 궁극적으로 CDP 기술은 장애로부터 데이터 소실을 최소화하고 비즈니스 연속성 보장을 위한 데이터 서비스 가용성 극대화를 목적으로 한다고 말할 수 있다.

CDP의 주요 요소

주요 요소	설명	역할
De-Duplication	방대한 양의 백업 데이터를 효과적으로 저장하기 위한 중복 데이터 제거 기술	스토리지 효율성 향상
Journaling	스토리지에 데이터를 저장하기 전 Journal 영역에 데이터 변경 이력을 저장하여 시스템 장애 시 원하는 시점의 데이터로 복구할 수 있도록 해주는 기술	특정 시점 복구
Snapshot	실시간으로 데이터 상태에 대한 이미지를 생성하여 시점별 이미지를 관리할 수 있도록 하며, 필요시 특정 이미지를 활용하여 복구 가능	복구 시점 데이터 이미지 생성

- 이러한 CDP의 주요 요소들을 활용하여 실시간 데이터 백업 시 스토리지 과다 사용을 방지하거나 장애발생 시 가장 최근 시점 또는 특정 시점 데이터를 복구하여 APIT(Any Point In Time)가 가능하도록 지원하는 것이 CDP 기술의 핵심이라고 할 수 있다.

4.3 De-Duplication

앞서 CDP의 주요 요소로 언급한 De-Duplication 기술은 백업 기술이라기 보다 백업 시 스토리지 효율화를 위한 저장기술이다.

- De-Duplication의 정의
  - 데이터 백업 시 기존에 백업되어 있는 내용은 다시 저장하지 않고 변경된 데이터만을 저장하여 스토리지 효율을 향상시키는 중복 제거 기술이다.
  - 또 저장하려는 데이터 내에 중복된 내역이 있으면 중복을 제거하고 저장한다.
  - Source Database로부터 백업 대상 데이터를 추출하여 먼저 백업 대상 내 데이터 중복을 제거한다.
  - 중복이 정리된 데이터를 Target Database에 저장 시 동일내역에 대한

Compression과
De-Duplication
Compression
① Compression은 데이터를 압축하는 방식이다.
② 중복 데이터 자체를 압축한다.
③ loss data가 발생할 수 있다.

De-Duplication
① De-Duplication은 중복이 없다.
② loss data 없이 origin data를 복원할 수 있다.

중복 데이터를 다시 한 번 확인 후 중복을 제거한다.

De-Duplication의 개념 모델

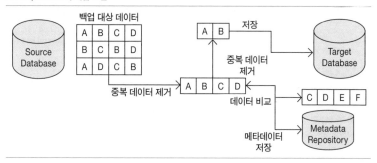

- 제거된 최종 데이터를 Target Database에 저장하고, 나머지 데이터는 인덱스 형태로 Metadata Repository에 저장한다.

De-Duplication의 방식

방식	설명
Source De-Duplication	• 데이터가 Target Database로 전송되기 전에 중복을 제거하는 방식 • 전송되기 전에 중복을 제거하므로 전송 시 bandwidth를 줄이는 효과 • 하지만 해당 방식으로 기존의 Legacy System에 적용하기에는 어려움이 있음
Target De-Duplication	• Target De-Duplication은 두 가지 방식이 있음 • in-line 방식: 백업 데이터가 disk나 tape에 정보를 write 하기 전에 중복 제거. post-process 방식보다 스토리지 효율성이 우수하나 성능은 떨어짐 • post-process 방식: 백업이 이루어진 후에 중복 제거 작업을 수행. 일단 write한 후 중복을 제거하지만 속도는 in-line보다 빠름

5 데이터베이스 복구

5.1 복구 시스템 수행 작업

복구 시스템은 두 가지 유형의 기능, 즉 예상되는 장애에 대한 복구 대비 기능과 고장이 발생한 뒤에 데이터베이스를 복구하는 고장 후 회복 기능을 제공한다.

장애에 대비한 시스템이 되기 위해서는 장애 시 복구에 사용할 수 있는 데이터를 유지·보관할 필요가 있다.

좋은 복구 시스템은 다음과 같은 작업을 수행해야 한다.

구분	설명
작업 손실 최소화	• 사용자는 트랜잭션을 다시 시작하거나 데이터를 재입력할 필요가 없어야 함
트랜잭션 중심의 복구	• 데이터베이스 전체나 파일 전체를 복구하는 것이 아니라 단순히 트랜잭션을 철회 또는 재수행하는 형태여야 함
신속한 복구	• 복구 시간 동안은 적어도 데이터베이스의 일부 또는 전부를 사용할 수 없기 때문에 복구 절차는 최소의 시간이 걸려야 함
수동식 복구 처리 절차의 최소화	• 복구 시스템은 되도록 사용자 개입 없이 시스템이 처리하는 자동식이어야 함
복구 데이터 안정성 보장	• 복구 시스템은 장애발생 시 사용할 데이터가 손상되지 않도록 보장해야 함 • 일반적인 복구 절차는 장애로 인한 손상을 복구할 뿐, 장애 원인을 발견해 근본적으로 교정해주지는 않음

5.2 복구 대비 방법

구분	설명
Recovery Log	• 복구 데이터를 유지하는 가장 보편적인 방법으로 트랜잭션 이전 정보(Before Image)와 트랜잭션 후의 정보(After Image)를 기록 • 복구 로그는 테이프나 디스크와 같은 대형 장치에 기록·유지되고, 신뢰성을 향상시키기 위해 2개의 별도 장치에 이중으로 기록
Backup Dump	• 다른 용어로 Image Copy라고도 하는데, 별도로 보관 가능한 내용을 복사해 저장 • Backup Dump는 데이터베이스 전체 또는 일부를 할 수 있고 일정한 주기에 의해 또는 특별한 요청이 있을 때 할 수 있음 • Dump를 하는 데 상당히 오랜 시간이 소요
Check Point	• 시스템 체크 포인트는 일정 시점을 기준으로 하여 처리 상태를 기록해두었다가 정지 뒤에 처리를 재개 • 보통 기록해두는 정보는 Check Point에서 수행되는 프로그램 리스트, 변수들의 상태, 순차 파일에서의 위치, Message Queue를 가리키는 Pointer, 그리고 기타 임시 파일의 상태를 포함. 체크 포인트가 많은 경우에는 다시 시작해야 할 작업량은 줄지만 많은 기록을 유지해야 하므로 오버헤드는 증가
Differential File	• 파일에 대한 모든 갱신을 Differential File에 보관했다가 주기적으로 Primary File에 통합 • 따라서 Differential File은 복구 로그와 비슷하지만 실제 갱신은 아직 Primary File에 반영되지 않은 Differential File에서만 수행 • Primary File은 Differential File과 합병할 때만 변경되기 때문에 2개의 Primary File을 유지하는 것이 됨 • 검색 시에는 Differential File을 우선적으로 검색하고 Primary File을 검색
Backup Version & Current Version	• 데이터 변경을 Differential File에 수행하지 않고 Current Version에 수행 • Current Version은 Commit Point에서 Backup Version으로 복사
Updating Copy	• Careful Replacement라고도 하는데, 갱신 작업 때문에 데이터들이 비일관성 상태에 있게 되는 시간을 최소화하자는 원리를 이용 • 갱신할 데이터는 갱신하기 전에 복사하여 변경 내용을 복사본에 실행 • 사본에 대한 갱신이 완료되면 다시 원래의 것과 대체 • 해당 기법은 데이터베이스 일부만이 아니라 파일 전체에도 적용할 수 있음

C • 데이터베이스 실무

5.3 회복 기법

구분	설명
Salvation 프로그램	• 로그 자체가 손상된 경우와 같이 특별한 경우에 보통 일반 절차로는 데이터베이스를 복구할 수 없음 • 이런 경우에 Salvation 프로그램이라는 특수 프로그램으로 데이터베이스의 중요 부분에 대해 일관성을 검사하고 응급조치로 오류를 교정
Backward Recovery	• 시스템에 장애가 생기거나 트랜잭션이 실패하면 장애 시간 동안 수행하던 트랜잭션에 의해 영향을 받는 데이터베이스 항목들을 트랜잭션이 수행되기 전의 상태로 되돌려야 함 • 그러기 위해서는 완전히 수행되지 못한 트랜잭션들이 수행한 갱신 항목들의 로그를 역순으로 추적하며 처리하는 것을 의미
Forward Recovery	• 해당 기법은 Image Copy가 만들어지고 로그가 현재 파일에 대한 모든 변경 정보를 가지고 있어야 가능. • 그래서 장애가 발생하면 데이터베이스는 최근 Image Copy에 그 이후에 발생한 로그를 재수행해 복구

5.4 DR를 이용한 재해복구

구분	재해 복구
Tape 소산	• 복구를 위한 기반 인프라를 복구하거나 신규 임시 센터를 마련해 기반 인프라를 확충 • 원격지 소산 테이프를 신속히 이송해 백업받은 시점으로 복구
Archive Log 전송	• 가장 최근에 복제한 전체 복사본을 복구 대상 시스템으로 복구 • 이후 Archive Log를 복제한 후 Cancel-Based로 복구
Full Data 전송	• 데이터만 손실된 경우에는 DR 센터의 데이터를 이용해 신속하게 데이터베이스를 기동하여 복구 • 전체 사이트 재해 시 DR 센터의 인프라를 이용해 데이터와 응용 시스템을 복구해 비즈니스를 지속

재해발생 시 재해복구 절차에 따라 복구를 수행하게 되는데, 그중 데이터에 대한 복구는 가장 중요한 영역으로 원격지의 복제 수준에 따라 복구완료시간이 결정된다.

물리적 재해복구 방법 이외에 이기종 스토리지 환경, 멀티사이트 재해복구 및 가상화된 스토리지의 복구 시스템을 위해 소프트웨어 기반의 비동기 이중화 방법도 등장하게 되었다.

5.5 재해복구의 변화

고가용성, 데이터 지속성, 비즈니스 지속성에 대한 규정은 강화되고 이를 구축하기 위한 비용 증가에 따른 부담을 최소화하기 위한 서비스가 등장하고 있다. 또 기술도 가상화를 이용하여 물리적 측면에서 소프트웨어 기반의 재해복구 개념으로 변화하고 있다.

◀◀ **기출문제**

87회 조직응용 Data De-Duplication (10점)

86회 조직응용 자원의 효율적 활용을 위한 가상화(Virtualization) 기술은 서버, 스토리지 등에 적용 발전하고 있다. 이와 관련하여 아래 내용을 설명하시오. (25점)
가. 서버 가상화 방법 중 하드웨어 파티셔닝(Partitioning) 기법 두 가지 및 활용 효과
나. VTL(virtual tape library) 및 활용 효과

84회 정보관리 고객에게 실시간 서비스를 제공하는 기업에서의 정보 시스템 장애 등 비상상황 발생 및 대응활동은 매우 중요하다. A 금융기관에서는 이러한 비상상황에 효율적으로 대처하려고 기존의 Tape 방식의 백업 방식에서 Disk 기반 방식으로의 백업을 고려하고 있다. Disk 기반 백업 방식 중 가상 Tape 라이브러리 (VTL) 방식의 정의 및 특징, D2D(Disk TO Disk) 방식과 VTL 방식을 비교 설명하시오. (25점)

데이터 마이그레이션

Data Migration

데이터 마이그레이션이란 데이터베이스의 데이터를 또 다른 데이터베이스로 옮기는 과정이다. 이러한 작업이 필요한 이유는 여러 가지가 있으나 대부분은 시스템 업그레이드 시 또는 새로운 시스템 개발을 통해 기존의 legacy 시스템의 데이터를 새로운 시스템에 반영하기 위해 이루어진다. 보통 수 시간이 걸리며, 비즈니스 연속성을 위해 매우 중요한 작업이다.

1 데이터 마이그레이션 개요

1.1 데이터 마이그레이션 개념

마이그레이션 시 고려해야 할 두 가지 관점
① Data Migration
② DBMS Upgrade
데이터가 올바르게 이관되는 것도 중요하지만 새로운 Target System 의 DBMS 적정성 검토도 중요함

데이터베이스가 변경되거나 업그레이드되는 경우 기존의 데이터를 신시스템에서도 활용하기 위해 데이터를 옮기는 과정이다.

데이터 마이그레이션은 단순히 데이터를 옮기는 관점에서만 검토될 것이 아니라 함께 변경되는 DBMS에 대한 검토도 이루어져야 한다.

이번 장에서 말하려는 데이터 마이그레이션은 단순히 데이터만 추출/변경/적재하는 ETL 수준이 아니라 시스템 전체가 변경되어 모든 데이터를 이관하는 수준을 다루려고 한다.

1.2 데이터 마이그레이션 시 주요 관점

앞에서 언급했듯이 데이터 마이그레이션은 순수하게 데이터를 이관하는 부

분과 이관되는 시스템의 DBMS를 검토해야 하는 부분, 이렇게 두 가지 관점에서의 접근이 필요하다.

항목	Data Migration	DBMS Upgrade
이관환경	DB Schema 변경, 이기종 환경 및 DBMS	DB Schema 동일, 버전 차이로 인한 호환성 이슈
주요목표	데이터 내용 정합성 보증	성능 및 안정성 보증

데이터 마이그레이션 수행 전 데이터 이관 부분에 대해서는 이관 후 데이터 정합성을 시뮬레이션하는 과정이 필요하며, 비즈니스 연속성 보장을 위해 데이터 이관 작업시간에 대한 예측도 필요하다.

DBMS 업그레이드 시에는 기존의 SQL 및 애플리케이션이 정상적으로 수행될 것인지 여부와 신시스템에서의 Optimizer의 실행계획 변경 여부, HW 자원용량의 가용성 여부를 검토해야 한다.

2 데이터 마이그레이션 시 검토할 사항: 데이터 이관 측면

2.1 데이터 이관방식 결정

특정 일자를 정해놓고 데이터를 무작정 옮길 수는 없는 노릇이다. 충분한 시간도 주어지지 않을 것이며, 예측 없이 이관을 시작했다가 이관 중 fault가 발생해 원복할 경우 기업의 비즈니스 연속성에 심각한 영향을 미치기 때문이다.

기업에서 일반적인 이관방식
결정 방법
① 샘플 데이터 전환
② 예상 이관 소요시간 파악
③ 예상 소요시간에 따라 방식 결정
* Big Bang 방식의 이관방법이 위험하기는 하나 최근 단계별 전환을 통한 병행운영이 어려운 시스템이 늘어나면서 많은 기업들이 Big Bang 방식의 이관방법을 사용하고 있음

분류	이관방식	설명
일괄	Big Bang	• 시스템 전체 데이터를 한꺼번에 이관하는 방식 • 다양한 연계 시스템의 데이터 특정 파악 및 시뮬레이션을 통한 작업시간 예측이 선행되어야 가능
단계별	부분전환	• 일부 데이터 전환 후 정합성 검토 및 재전환 • 안정적이나 전체 이관에 소요되는 시간이 길어질 수 있음
	단위전환	• 업무별로 구분하여 단위 시스템별 이관 진행(핵심/비핵심 업무 분류)

따라서 데이터 이관 전, 시뮬레이션을 통해 작업시간을 예측하고 일괄로

진행하는 Big Bang 방식의 데이터 이관을 진행할지, 핵심 시스템과 비핵심 시스템을 분류하여 단계별로 진행할지에 대한 검토가 반드시 필요하다.

2.2 데이터 이관 시 핵심 이슈

이관 완료 후 가장 큰 관심사는 데이터가 올바르게 이관되었느냐의 문제일 것이다. 따라서 사전에 데이터 검증 방법에 대한 논의가 필요하다.

또 올바른 데이터로 이관되었는지도 중요하지만 이관하는 데 얼마나 많은 시간이 소요될 것이며, 어느 일자 어느 시간대에 작업을 진행해야 비즈니스에 미치는 영향이 가장 적을지도 고려해야 할 중요한 요소이다.

핵심 이슈별 고려 사항

핵심 이슈	고려 사항	대응 방안
데이터 정합성	검증방안	• 정합성 검증 프로그램 개발 및 검증 수행
	오류처리 방안	• 실제 오픈 이전 가오픈으로 데이터 오류 최소화 • 상호 연계성이 높은 데이터에 대한 별도 사전검증 수행
전환 소요시간	Down Time	• 샘플링 데이터 소규모 이관 테스트를 통한 전체 소요시간 예측 • 고객사의 최소 업무시간 고려
전환일정	최소영향	• 이관 전체 소요시간 파악 후 시스템 사용불가 시 미치는 영향이 최소화되는 일정 체크 및 고객사 협의
시스템 자원용량	Disk	• 전환 전 DB 용량 가용성 확인 및 전환 후 예상 가용성 검토

3 데이터 마이그레이션 시 검토사항: DBMS 측면

3.1 호환성 보장 문제 검토

데이터가 올바르게 잘 이관되었더라도 비즈니스 운영 측면에서 속도가 느려지거나 DBMS가 올바르게 작동하지 않는다면 큰 문제가 될 것이다. 따라서 각 업무 개발자 및 DBA를 비롯한 업무 담당자들은 마이그레이션 후 시스템을 구동해보고 프로그램들이 정상적으로 수행되는지, SQL이 정상적인 Plan으로 실행되는지 여부 등을 점검해야 한다.

분류	고려 사항	대응 방안
SQL	정상 수행	• 신규 시스템에서 SQL이 정상 구동하는지 체크 • DynamicSQL, StoredProcedure, Trigger 등 정상 구동 여부 확인
Application	정상 구동	• 신규 시스템에서 모든 Application 재컴파일 후 정상 구동 여부 확인 • App 구동에 따른 메모리 사용량 모니터링
Optimizer	실행계획	• 신규 DBMS에서의 옵티마이저 Plan 점검 • 프로그램 구동 후 모니터링 및 튜닝

3.2 시스템적 문제 검토

마이그레이션 시 데이터를 아무런 가공 없이 진행하는 경우는 매우 드물다. 대부분 DB Schema가 변경되어 Key 값을 변경하거나 마이그레이션과 동시에 Cleansing 작업이 수행되어 데이터를 변경하게 된다.

따라서 기존의 Disk 사용 공간과 다르게 마이그레이션 되는 것이 일반적이다. 이에 따른 Disk 용량 산정 및 성능에 대한 검토가 필요하다.

분류	고려 사항	대응 방안
자원용량 산정	Disk 용량	사전에 충분한 데이터양 시뮬레이션에 의한 하드웨어 용량 산정(향후 증가분 고려)
	CPU, 메모리	데이터 및 Application 이관 후 테스트 단계에서 CPU Peak, 메모리 사용량 모니터링 및 분석
성능 테스트	응답속도	샘플링 프로그램 수행을 통한 응답속도 점검
	처리속도	대용량 BatchJob 테스트 실행으로 Legacy에서의 작업시간 및 결과 비교

4 데이터 마이그레이션 후 정합성 검증 이슈

4.1 데이터 마이그레이션 후 정합성 검증의 어려움

데이터 마이그레이션이 예측한 시간 내에 완료되면 검증 계획에 따라 데이터 검증을 시작한다. 그러나 마이그레이션 이후 모든 SQL 및 Application에 대한 전수조사가 실제로 어렵다. 또 실제 상황에서 발생할 수 있는 오류 및 응답속도 지연 등의 문제들을 찾아내기가 쉽지 않다.

모든 데이터를 일일이 확인할 수 없으므로 마이그레이션 시 변질되었거나 누락된 데이터를 발견하기가 쉽지 않다.

4.2 데이터 마이그레이션 후 정합성 검증 방안

모든 데이터를 검증할 수는 없겠으나 자동화 툴을 활용해 더 많은 데이터를 검증하고 테스트를 구동하는 것이 하나의 방안이 될 수 있다. 또 주요 핵심 업무에 대한 부하 테스트와 체크리스트를 통한 점검도 하나의 방법이다.

실제 사용자가 아닌 개발자 측면에서 데이터 이관 전 데이터 건수와 이관 후 건수를 비교하는 것이 바람직하다.

이러한 자동화 툴, 체크리스트, 이관 건수 점검 및 각종 성능 테스트, 부하 테스트의 체계적인 수행을 위해서는 기업 내에서 일시적인 마이그레이션 전담조직을 구성해 점검 및 문제 도출 시 신속한 대응이 가능하도록 체계를 갖추는 것이 매우 중요하다.

> ◀◀ 기출문제
> **81회 정보관리** 대규모 차세대 시스템 구축 프로젝트에서 기존 시스템(AS-IS system)의 데이터를 차세대 시스템(TO-BE system)으로 이관(DATA conversion)하는 작업의 절차 및 유의사항에 대해 상세히 설명하시오. (25점)

데이터베이스 구축 감리

1998년 IMF 이후 정보화근로사업이 2000년까지 추진되었고, 2001년부터는 지식정보화지원 사업으로 재편되어 데이터베이스 구축사업이 지속적으로 증가했다. 국가 공공기관에서는 자체적인 예산을 편성하여 데이터베이스 구축사업을 수행했으며, DB 구축사업에 대한 체계적인 추진방법과 DB 품질 점검방안의 중요성이 증가하여 감리 수행을 위한 지침개발이 필요하게 되었다. 이에 따라 데이터베이스 구축 사업 유형에 대한 감리 점검 프레임워크가 개발되었다.

1 데이터베이스 구축 감리 개요

1.1 데이터베이스 구축 감리 정의

충분한 현황조사를 통해 구축하려고 했던 데이터베이스를 올바르게 구축했는지 검증하고, 입력된 데이터의 품질 검증을 통해 사업목표를 달성했는지 점검하는 활동이다.

1.2 데이터베이스 구축 감리 지침의 필요성

데이터베이스 구축사업이 계속 증가하고 있고 이에 대한 감리시행에서 점검방법, 감리팀 구성, 감리인력 편성, 구축 DB의 품질 점검방법 등이 필요하게 되었다.

　데이터베이스 구축사업 특성을 반영하지 못하는 감리 수행에 따라 올바른 감리 수행 및 평가가 어려웠다.

2 데이터베이스 구축 감리 점검 프레임워크

2.1 감리 점검 프레임워크

다른 사업유형/감리시점과 동일하게 데이터베이스 구축 감리 점검 프레임
워크도 감리영역과 감리관점/점검기준으로 구성된다.

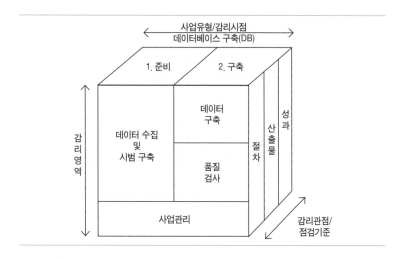

데이터베이스 구축 감리는 준비단계와 구축단계로 구분된다. 사업 관리
를 공통 감리영역으로 하고 준비단계에서는 데이터 수집 및 시범구축을 감
리영역으로 하며, 구축 단계에서는 데이터 구축 및 품질검사를 감리영역으
로 한다.

2.2 감리 점검 프레임워크의 감리영역

감리시점	감리영역	설명
준비	데이터 수집 및 시범구축	• 충분한 현황조사를 통하여 구축자료 유형 및 범위를 설정하고 데이터 구축요건, 품질기준, 구축 공정, 작업지침 등을 마련 • 데이터 구축을 위한 준비를 충분히 수행하고 필요시 시범구축을 통한 검증을 수행하여 계획 등을 보완함으로써 목표 일정 내에 사업목표를 달성할 수 있도록 준비가 되었는지 점검
구축	데이터 구축	• 구축 대상 데이터 유형별 구축 공정, 구축계획 등과 확정된 구축 작업지침을 준수하여 데이터가 정확하고 충분하게 구축되었는지 점검
	품질검사	• 공정별 품질보증 계획에 따라 품질보증 활동이 적정하게 수행되고 검사지침에 따라 전수검사 또는 표본 추출검사를 수행하여 최종적인 데이터의 품질목표를 달성했는지 여부를 점검

3 감리영역별 점검항목

3.1 데이터베이스 구축 감리영역별 기본 점검항목

감리시점	감리영역	기본 점검항목
준비	데이터 수집 및 시범구축	1. 구축 대상 조사 및 선정의 충분성 2. 데이터 구축요건 및 데이터 구축계획이 적정하게 수립되었는지 여부 3. 품질기준, 검사지침 및 품질보증 활동 계획이 적정하게 수립되었는지 여부 4. 데이터 구축 공정 및 작업지침이 적정하게 수립되었는지 여부 5. 시범 데이터 구축을 통한 문제점·해결방안의 도출과 데이터 구축 공정 및 계획 보완의 적정성 6. 데이터 구축계획에 따라 원시 자료가 충분히 수집되고 적정하게 관리되고 있는지 여부 7. 작업공정, 지침 등에 대한 작업자 교육을 충분하게 실시했는지 여부
구축	데이터 구축	1. 데이터 유형별 구축 작업지침의 확정 및 지속적인 관리 여부 2. 공정 진척관리와 작업장 관리 여부 3. 데이터 유형별 작업지침에 따라 데이터를 정확하게 구축했는지 여부 4. 데이터 구축계획 대비 구축량 목표를 달성했는지 여부
	품질검사	1. 계획에 따라 품질보증 활동이 적정하게 수행되었는지 여부 2. 검사지침에 따른 검사실시의 적정성 3. 구축된 데이터의 품질목표 달성 여부

3.2 데이터베이스 구축 감리영역 기본 점검항목별 검토항목

데이터 수집 및 시범구축 영역의 기본 점검항목별 검토항목은 다음과 같다.

기본 점검항목	검토항목
1. 구축 대상 조사 및 선정의 충분성	(1) 구축 대상 자료에 대한 충분한 사전 조사가 수행되었는가? • 소장기관, 건수, 형태, 보관상태, 저작권, 법제도 제약사항, 반출입 협조사항 등 기초자료 조사 • 원시자료 수집 가능 여부 • 대상 자료의 디지털화 및 메타데이터 보유 여부 (2) 자료 선정 기준이 적정하게 설정되고 이에 따라 구축 대상이 선정되었는가? • 대상, 범위, 내용 등 자료 선정기준의 명확성 및 수집 가능성 • 선정 대상 자료에 대한 저작권, 서비스 가능여부 등 세부조사 • 수집 자료의 중복성, 자체 구축 및 타 기관 구축 데이터와의 중복성 여부 • 자료 선정기준에 따른 원시자료 목록 및 수량 충분성
2. 데이터 구축요건 및 데이터 구축계획이 적정하게 수립되었는지 여부	(3) 데이터 구축요건 및 구축방안/계획이 적정하게 수립되었는가? • 데이터 구축요건(구축자료 유형, 원시자료 유형, 서비스 요건 등) • 자료 유형별 구축방안, 표준화 방안 • 자동화 도구 활용 계획 • 선행 사업과의 일관성 확보 여부

기본 점검항목	검토항목
3. 품질기준, 검사지침 및 품질보증 활동 계획이 적정하게 수립 되었는지 여부	(4) 구축 데이터에 대한 품질기준 및 품질보증 활동계획을 수립했는가? • 내부·외부 서비스 목적, 데이터 유형에 따른 정확도 등 품질목표 수립 • 데이터 유형별 품질 점검 항목, 오류유형, 산출방식 등 품질요건 • 공정별, 데이터 유형별, 활동 주체별 품질보증 활동 계획 및 역할 (5) 구축 데이터에 대한 검사기준 및 지침이 수립되었는가? • 협의에 의한 사업자 검사 범위, 방법, 형태 등 기준 및 절차 등 검사 지침 • 주관기관 검수 범위, 방법, 지침
4. 데이터 구축 공정 및 작업지침이 적정하게 수립되었는지 여부	(6) 데이터 구축 공정 및 작업지침을 적정하게 수립했는가? • 방법론 커스터마이징, 구축 공정도, 공정의 세분화, 표준화 여부 • 원시 자료 복사/이송 지침 등 원시자료 준비관련 지침 • 데이터 유형별 입력, 보정 등 작업지침서(안) • 메타데이터 표준안 확정 및 작업지침서(안)의 관련 표준/지침 준수 여부
5. 시범 데이터 구축을 통한 문제점·해결방 안의 도출과 데이터 구축 공정 및 계획 보 완의 적정성	(7) 시범 데이터 구축 공정이 포함된 경우, 이를 통한 공정/지침 검토 및 보완이 수행되었는가? • 파일럿 구축을 통한 기술검토, 위험요인 및 해결방안 도출 • 구축 공정, 절차, 지침 등의 적정성 검토 및 보완 여부 • 구축요건, 구축방안 등의 보완 • 생산성에 따른 일정 및 인력계획의 타당성 검증
6. 데이터 구축계획에 따라 원시 자료가 충 분히 수집되고 적정 하게 관리되고 있는 지 여부	(8) 계획 및 지침에 따라 원시 자료가 수집 및 관리되고 있는가? • 원시자료 이송계획/지침, 인수인계, 반출/변환처리 • 원시자료 상태(자료 훼손 및 무결성) 확인 • 원시자료 제어번호 부여, 자료 대출, 해철, 복사, 이송 • 반입/반출, 인수인계의 책임소재, 이력관리
7. 작업공정, 지침 등에 대한 작업자 교육을 충분하게 실시했는지 여부	(9) 데이터 구축을 위한 작업자 교육이 충분하게 수행되었는가? • 작업 공정, 절차, 지침 • 자동화 도구 사용법 등

데이터 구축 영역의 기본 점검항목별 검토항목은 다음과 같다.

기본 점검항목	검토항목
1. 데이터 유형별 구축 작업지 침의 확정 및 지속인 관 리 여부	(1) 데이터 유형별 구축 작업지침이 확정되고, 지속적으로 관리되는가? • 메타데이터 구성항목의 명확성, 타 DB 연계 및 통합검색을 고려한 관 련 표준 준수여부 • 데이터 유형[텍스트(직접입력/OCR/한적자료), XML/HTML, 이미 지, 사운드, 동영상, 3D]별 구축 작업(입력, 보정, 교정 등) 지침 • 메타데이터 입력, 교정, 변환 등 구축 작업지침 • 예외사항 처리지침 • 자동화 도구 활용지침 • 구축작업 중 결함 보완을 위한 지침 개선 및 소급적용 등 관리
2. 공정 진척관리와 작업장 관 리 여부	(2) DB 구축 작업생산성에 의한 공정 진척관리와 작업장 관리가 적정하게 수행되고 있는가? • 생산성에 기초한 인력 및 진척관리 • 절차에 따른 주기적 데이터 백업관리 • 원본 훼손 방지, 데이터 유출방지 등의 작업장 및 데이터 보안 관리

기본 점검항목	검토항목
3. 데이터 유형별 작업지침에 따라 데이터를 정확하게 구축했는지 여부	(3) 작업지침을 준수하여 메타데이터가 정확하게 구축되었는가? • 메타데이터 작업지침 준수여부 • 지침에 따른 교정 작업 충분성 및 데이터 정확성 (4) 데이터 유형별 작업지침을 준수해 데이터가 정확하게 구축되었는가? • 데이터 유형[텍스트(직접입력/OCR/한적자료), XML/HTML, 이미지, 사운드, 동영상, 3D]에 따른 작업지침(입력, 보정 등) 준수 여부 • 원본 자료 대비 구축 데이터의 정확성 • 데이터 유형에 따른 관련 국내외 표준 준수 및 전문가 참여 여부
4. 데이터 구축계획 대비 구축량 목표를 달성했는지 여부	(5) 데이터 구축계획 대비 누락 없이 데이터가 충분히 구축되었는가? • 데이터 유형별 목표 대비 실제 구축량의 충분성 • 구축 및 적재 데이터 간 대조 및 검증 여부

품질검사 영역의 기본 점검항목별 검토항목은 다음과 같다.

기본 점검항목	검토항목
1. 계획에 따라 품질보증 활동이 적정하게 수행되었는지 여부	(1) 품질보증계획에 따라 품질보증 활동이 적정하게 수행되었는가? • 구축 공정별, 데이터 유형별 품질보증 활동 수행 적정성 (2) 품질 미달 데이터에 대한 관리 및 사후 조치가 적정하게 수행되었는가? • 유사 오류 유형의 지속적인 발견 여부 • 오류 재발방지를 위한 공정, 지침 개정, 자동화 도구 활용, 교육 등
2. 검사지침에 따른 검사실시의 적정성	(3) 검사지침에 따라 전수/표본 검사를 적정하게 실시했는가? • 검사지침에 따른 사업자 검사 실시 여부 및 적정성 • 검사에 따른 교정 작업 실시 적정성
3. 구축된 데이터의 품질목표 달성 여부	(4) 구축된 데이터는 사전에 설정된 품질목표를 달성하고 있는가? • 표본 추출에 따른 구축 데이터의 품질목표 달성 여부 • 데이터의 서버 적재 후 검사 실시에 따른 품질목표(정확도, 검색 성능 등) 달성 여부

감리영역별 기본 점검항목별로 검토항목과 세부 검토항목이 있으나 지면 관계상 검토항목까지만 명시했으며, 세부 검토항목 등은 정보 시스템 감리 점검해설서를 참조하기 바란다.

4 효과적인 데이터베이스 구축 감리를 위해 고려할 사항

4.1 비즈니스 이해 우선

해당 업무의 특성을 충분히 이해해야 하고, 사업의 범위를 명확히 해야 한

C • 데이터베이스 실무

다. 비즈니스 특성에 따른 데이터 유형을 이해하고 사용성을 고려하여 데이터의 품질을 검토해야 한다.

4.2 자동화 툴 적극 활용

맞춤법·오탈자 등을 검사하는 경우와 이미지 뷰어로 이미지를 검사하는 경우 등 감리팀의 품질 점검활동에서 자동화 도구를 활용하면 생산성을 향상할 수 있다.

현재 텍스트, 이미지, 메타데이터, HTML/XML 등 다양한 데이터 유형별 품질검사 소프트웨어가 사용된다.

참고자료
한국정보사회진흥원. 2008. 『정보시스템 감리점검해설서 V3.0』.

기출문제
58회 관리 연결 함정(Connection Trap) (10점)

DATABASE

D

데이터베이스 성능

—

D-1

데이터베이스 성능 관리

데이터베이스 성능 관리는 데이터베이스 자체로서의 의미보다는 비즈니스의 전체적 관점에서 응답속도나 단위시간당 처리용량의 의미가 크다. 비즈니스의 지속적 변화, 동시 사용자 증가, 계속적인 데이터 증가에 따라 데이터베이스 성능은 저하된다. 데이터베이스 성능 관리는 데이터베이스 성능을 최대한 오랫동안 유지하기 위해 데이터베이스를 설계하고 운영하는 것을 말한다. 데이터베이스 관리자는 비즈니스 설계부터 데이터베이스 설계, 애플리케이션 튜닝, 시스템 튜닝까지 다양한 측면을 고려하여 데이터베이스 성능을 유지해야 한다.

1 데이터베이스 성능 관리 개요

1.1 데이터베이스 성능 정의

- 데이터베이스 성능은 일반적으로 사용자의 요구에 대한 응답시간을 말함. 이는 단위 프로그램에 대한 응답시간이지만 자원의 효율적인 사용이 전제되어야 함
- 최적의 데이터베이스 성능이란 최소한의 자원으로 최대한의 성능을 발휘하도록 하는 것

성능지표	설명
반환시간 (Turnaround Time)	• 사용자가 모집한 자료를 컴퓨터 센터로 보낸 시점부터 컴퓨터에서 데이터가 처리되고 그 결과를 사용자에게 되돌려줄 때까지 소요되는 시간
응답시간 (Response Time)	• 컴퓨터 시스템이 주어지는 입력에 반응할 때까지의 소요시간. 예를 들면 다중 사용자 시스템에서 터미널 사용자가 키보드로 입력한 문자가 화면에 나타날 때까지 걸리는 시간(주로 온라인 작업의 성능 관리 수단)

성능지표	설명
실행시간 (Execution Time, Run Time)	• 컴퓨터가 한 프로그램의 수행을 시작하여 끝마칠 때까지 걸리는 시간 • 프로그램이 수행되고 있을 때. 이는 프로그램이 컴파일되고 있을 때와 구별하기 위해 사용됨 → 컴파일 시간, 실행시간 • 기계어 명령 하나를 인출·해독·실행하는 데 걸리는 총시간
경과시간 (Elapsed Time)	• 한 프로그램이나 프로세스가 수행을 시작한 다음 경과한 전체 시간 • 이는 그 프로세스가 CPU를 사용한 시간만 따지는 것이 아니라 시작한 시간과 끝난 시간의 차이로 표시됨(주로 Batch 처리 작업의 성능 관리 수단)

1.2 데이터베이스 성능 저하 요인

- 데이터베이스의 성능을 저하하는 요인은 초기의 분석·설계단계부터 개발 및 운영 전 단계에 걸쳐 발생할 수 있다. 각 단계에서 시스템 자원 문제를 일으킬 수 있고, 이 중에서 디스크 I/O 문제가 일반적으로 가장 큰 영향을 끼침
- 지속적으로 가장 많은 관심과 노력을 기울여야 하는 영역은 응용 프로그램의 SQL 작성 부문임
  • 적은 노력을 들여 큰 성과를 얻을 수 있는 장점
  • 대상 프로그램이 계속 변화하고 개발자의 SQL 작성 능력이 어느 정도 수준에 이르기 전까지는 지속적인 교육이 필요

2 프로젝트 단계별 성능 개선 방안

단계	튜닝 포인트	내용
분석	비즈니스 프로세스 최적화	• 비효율적 요소 제거, 비즈니스 비전과 전략에 부합하는 프로세스 최적화를 수행
	아키텍처	• 트랜잭션 처리량, 성능, 데이터 증가 추이, 안정성, 가용성 등을 고려하여 아키텍처의 방향성을 잡음

단계	튜닝 포인트	내용
설계	물리적 설계	• 응답시간, 분산 DB 환경, 동시 사용자 수, 데이터 크기, 병렬 프로세싱 및 분산·집중·중복에 대한 설계를 수행
	애플리케이션 설계	• DB와 연동한 최적 성능을 발휘하도록 접근 경로, 데이터 요구 형태, 인덱스 고려
개발	SQL	• 개발자의 능력 향상 및 개발표준 준수를 통해 성능 정책을 준수할 수 있게 함
운영	OS 튜닝	• CPU, 메모리, 디스크 I/O 등에 대한 튜닝을 수행
	N/W 튜닝	• 데이터, 파일 등의 전송량에 따른 튜닝을 수행
	DB 튜닝	• 데이터 아키텍처, 파라미터, 로그파일 등의 요소에 대한 튜닝 수행
	애플리케이션 튜닝	• 지속적으로 운영 시스템을 모니터링하고 성능 저하 애플리케이션에 대한 SQL, 인덱스 정책, 클러스터 정책 등을 반영해 튜닝 수행 • 성능 진단: explain, analyze, trace, 튜닝 기법

3 데이터베이스 성능 개선 방안

3.1 비즈니스 설계 및 데이터 모델링 성능 개선

- 비즈니스 설계에 대한 튜닝은 업무처리 흐름에 대한 튜닝
- 업무 프로세스를 효율화하여 불필요한 데이터의 생성이나 조회를 최소화하는 것으로 성능 저하 요인을 근원적으로 제거
- 데이터 모델링 성능 개선은 분석·설계 시 정규화 및 반정규화 수행, 테이블 파티셔닝, 데이터베이스 분산 등 여러 가지 요소를 고려할 수 있음
- 모델링 단계에서 기본 인덱스 이외의 추가적인 검색을 위한 인덱스 생성도 성능에 영향을 주는 중요한 요소

3.2 응용 시스템 개발 시 SQL의 성능 개선

- SQL 튜닝 기법을 지속적이고 주기적으로 수행해야 하고 일반적인 운영 상황에서 성능 향상을 위해 가장 중요하게 다뤄야 함

영역	설명
접근 경로 (Access Path)	• SQL의 접근 경로를 분석하여 최적의 경로가 적용되게 하는 것이 중요하며 인덱스, 클러스터 등을 옵티마이저가 원하는 경로를 선택하도록 유도해야 함

데이터베이스 성능 개선을 위한
튜닝 포인트
① 환경 튜닝: CPU 튜닝, 메모리
  튜닝, I/O 튜닝, N/W 튜닝 등
② SQL 튜닝: Access Path,
  Index, Join, Partial Range
  Scan, Hint 등
③ DBMS 튜닝: Cache Hit,
  Partitioning, DBMS 메모리 튜
  닝, Parameter 조정 등
* 상기의 튜닝 중 일반적으로 먼
  저 수행되는 튜닝 기법이 SQL
  튜닝임

영역	설명
인덱스 사용	• 인덱스 적용 원칙: 칼럼 변형, 부정형, null, ranking의 경우 인덱스를 사용하지 않음 • 인덱스 선정: 분포도와 손익분기점, 인덱스머지 회피, 결합 인덱스 사용 • 인덱스 선정 절차: 액세스 수집, 칼럼 선정 및 분포도 조사, 접근 경로 해결, 클러스터링 검토, 인덱스 칼럼의 조합, 생성
join 활용	• 데이터양이나 데이터의 분포에 따라 적합한 join 방식을 결정 • 처리 범위가 가장 좁은 범위를 먼저 처리하도록 join 수행
부분범위 처리	• 데이터 처리량을 최소할 수 있는 SQL의 작성 기법을 활용 DISK I/O를 최소화해 성능을 개선
hint의 적용	• SQL별로 수행 경로를 지정하는 적절한 hint를 사용해 옵티마이저의 오류를 최소화

3.3 데이터베이스 메모리 성능 개선

- 데이터베이스 설치 시에는 비즈니스 요구 사항과 서버 자원을 고려하여 적절한 데이터베이스 SGA System Global Area의 구성과 활용이 중요
- 데이터베이스 운영시점에도 지속적으로 상황을 모니터링하여 SGA 영역을 튜닝해야 하고 기타 성능에 영향을 주는 파라미터를 조정해주어야 함

데이터베이스 메모리 튜닝 요소

영역	구분	설명
Shared SQL Area	Cursor 역할	• 각 SQL이 Library Cache의 영역에 Parse된 것을 Context Area 또는 Cursor라 하며 다음과 같은 정보를 갖고 있음 • Parse된 Statement, Execution Plan, 참조 Objects의 리스트
	SQL 처리 절차	• Parse: Syntax 체크, 권한 및 Objects 해결, Execution Plan 결정 • Execute: Data Buffer에 Parse Tree 적용, 필요한 I/O 실행 • Fetch: Select 문의 Rows를 조회
	Sharing Cursors	• Sharing Cursors 이점: Parsing 감소, 직접 메모리에 적용, 메모리 사용 향상 • Sharing Cursors 요구: Cursors는 동일한 SQL 공유
Shared Pool		• 이 영역은 SQL Query가 저장되고, 유저별 사용 영역과 데이터 사전 등이 저장됨 • 만일 적게 할당되면 유저의 접속이 많아질수록 Throughput에 큰 영향을 줌 • Hit Ratio는 95% 이상을 유지해야 함 • Shared Pool은 두 메인 구조 Library Cache와 Dictionary Cache로 이루어짐
Library Cache	Library Cache	• SQL Statements와 PL/SQL Blocks을 저장하여 사용됨 • LRU Algorithm에 의해 관리됨 • 다수의 사용자가 동일한 SQL Statements나 PL/SQL Blocks를 수행하는 경우에 같은 Shared SQL 영역을 사용
	Cache 최적화	• Parsing을 최소로 함 • 큰 Objects는 충분한 공간이 필요
	Parsing 최소화	• Users는 Shared SQL을 사용 • SQL이 Cache에서 내려가는 것을 막음
	SQL 공유	• 되도록 Generic Code를 많이 사용 • 상수보다는 Bind 변수를 사용

영역	구분	설명
Dictionary Cache		• Dictionary Cache: 메모리 내에서 데이터베이스와 그 구조, 데이터베이스 사용자 등에 대한 정보를 가지고 있는 영역 • Data Dictionary는 너무 자주 액세스되기 때문에 불필요한 객체를 주기적으로 정리하는 것이 성능 향상에 도움이 됨
Buffer Cache	Buffer Cache	• Server Processes가 블록이 필요하면 해싱 함수를 이용하여 Buffer Cache에서 찾고 존재하지 않으면 디스크에서 읽음 • 디스크 I/O를 최소화할수록 성능이 개선
	멀티블록 이용	• DB_FILE_MULTIBLOCK_READ_COUNT Parameter 이용
Sort 영역		• 과도한 디스크 소트는 전체적인 성능에 영향을 미치므로 메모리 대비 디스크의 소트 비율이 10% 이상일 경우 sort_area_size 파라미터의 크기를 적절히 조정

3.4 DISK I/O 성능 개선

- 데이터베이스 성능 중 가장 중요한 I/O의 성능은 OS의 DISK 구성에서 출발
- 최근 DISK는 별도 스토리지로 구성하고 성능 개선을 위한 I/O 채널을 충분히 확보한다. 또 디스크의 RAID 구성 및 striping을 통한 I/O분산을 적용
- 고성능을 위한 Raw Device의 사용과 파일 시스템 구성을 정리하면 다음과 같음

구분	설명
Raw Device	• Raw Device는 OS Kernel에 의해 버퍼링되지 않고 User Buffer와 Device 간에 직접 데이터가 전송되므로 사용하는 디스크의 I/O 성능이 향상되고 CPU 오버헤드가 감소 • OS File System의 오버헤드를 피할 수 있음 • OS Buffer Size를 줄일 수 있음
File System	• Redo Log File과 Archive Log File, Database File을 서로 다른 Device에 놓음 • 대형 테이블, 사용 빈도가 적은 테이블과 자주 사용되는 테이블은 분산시킴 • 테이블과 인덱스를 분리 • ROLLBACK SEGMENT, TEMPORARY TABLESPACE는 별도로 분리하여 구성

4 데이터베이스 성능 향상을 위한 SQL 튜닝 기법

4.1 옵티마이저 이해

- DBMS에는 사용자가 요청한 SQL 명령을 해석하고 이를 실행하기 위한 경

로들과 각 경로들 간의 상대적 비용을 계산, 가장 저렴한 비용으로 실행할 수 있는 경로를 선택하는 옵티마이저가 존재 - 옵티마이저는 크게 비용 기반과 규칙 기반의 두 가지로 분규

구분	비용 기반(CBO: Cost Based Optimizer)	규칙 기반(RBO: Rule Based Optimizer)
장점	현실적 상황 고려	예측가능 → 전략적 계획 수립 용이
단점	예측불가 → 전략 수립 난해	현실적 상황 고려하지 않음
특징	• 통계중심 • 비용계산에 근거(논리적 읽기 횟수, CPU 이용률, 네트워크 전송량) • 지속적으로 향상(RBO보다 우수)	• 이전 버전과 호환 • 구문 중심 • 데이터 통계 자료 사용 안 함 • 비용계산 안 함

- 초기 기본값은 CHOOSE임. COST와 RULE 중 해당 SQL에 가장 적합한 방식을 내부적으로 선정하여 진행하는 방식
- CBO의 경우 주기적인 분석Analyze 작업을 통해 통계 자료를 생성해주어야 함

4.2 join 유형과 특징

- join은 결합조건에 따라 동등 조인Equi Join, 셀프 조인Self Join, 카티션 조인 Cartesian Product, 외부 조인Outer Join이 있고, 처리유형에 따라 중첩 루프 조인Nested Loop Join, 병합 조인Sort Merge Join, 해시 조인Hash Join이 있음
- 데이터양 및 데이터 분포에 따라 적절한 Join 방식을 결정

결합조건에 따른 분류

join 유형	설명
동등 조인	• '=' 연산자에 의한 조인으로 테이블 간 비교되는 항목이 동일한 행만 추출 • 일반적으로 주종관계가 있는 테이블 간 join 시 사용
셀프 조인	• 기존 테이블이 자신을 참조 테이블로 하여 join
카티션 조인	• 테이블 간 연결조건이 없는 join으로 테이블 각각에서 추출되는 건수 간의 곱만큼 결과가 나옴
외부 조인	• 기본 테이블에서 추출되는 것 중 참조 테이블이 결합조건을 만족하는 행의 존재 여부에 상관없이 결과가 나오는 join으로, 비교적 독립적인 테이블 간의 join 시 사용

처리유형에 따른 분류

구분	중첩 루프	병합	해시
정의	기준 테이블의 처리 범위를 하나씩 액세스하면서 그 추출된 값을 상수조건으로 이용하여 참조 테이블을 join 하는 방식	양쪽 테이블의 처리 범위를 각자 액세스하여 정렬한 결과를 차례로 스캔하면서 연결조건이 일치하는 행들을 병합하여 추출하는 방식	행을 추출하기 위해 인덱스나 테이블을 액세스하는 대신 런타임 시 만든 메모리 내의 해시 구조체를 사용함으로써 정렬작업을 수행할 필요가 없음
처리방식	순차적(완전 부분범위)	동시적(전체범위 처리)	반 부분범위
액세스 방식	Random	Scan	Hash Function
처리량	좁은 범위에 유리	넓은 범위에 유리	넓은 범위에 유리
주요 체크 요인	Driving Table, 연결고리의 상태 및 처리량	Sort_area_size, 각 테이블의 Sort 양(Temp 사용량)	Hash_area_size, Hash Table Size

4.3 부분범위 처리를 위한 기법

- 주어진 모든 데이터를 처리하지 않고 일부분만 처리하여 동일한 결과를 추출함으로써 성능을 개선하는 기법

join 유형	설명
액세스 경로로 인덱스를 사용하여 ORDER BY절을 생략	정렬하려는 순서가 인덱스의 칼럼 순서와 일치한다면, 인덱스를 사용함으로써 추가적인 정렬 작업을 생략함
인덱스 칼럼에 대한 MIN, MAX 처리	인덱스 칼럼 값에 대하여 MIN, MAX 함수를 사용하는 경우에, 인덱스를 순방향 또는 역방향 검색을 수행함으로써 부분범위 처리로 대체함
조회하는 칼럼이 인덱스에 모두 존재	값을 조회하기 위해 인덱스만을 사용하여 질의문을 처리하기 위한 랜덤 액세스 절차도 없어질 뿐 아니라, 디스크에서 메모리로 읽을 데이터 블록도 줄여 속도가 향상됨
EXISTS 처리에 인덱스 이용	IN 대신에 EXISTS를 사용하면 조건에 맞는 데이터 1건만 확인하고 스캔을 멈춤으로써 동일한 결과를 얻으면서도 성능을 향상함
ROWNUM을 이용한 부분범위 처리	가상 칼럼(Pseudo Column)인 ROWNUM을 사용하여 결과를 제한함으로써 성능을 향상함

5 데이터베이스 성능 관리 프로세스와 기대효과

- 데이터베이스 성능 관리를 통해 고객의 비즈니스 경쟁력 향상에 기여하기 위해서는 성능에 지속적으로 관심을 가지고 우선순위를 정하여 개선 작업을 수행해야 함

5.1 데이터베이스 성능 관리 프로세스

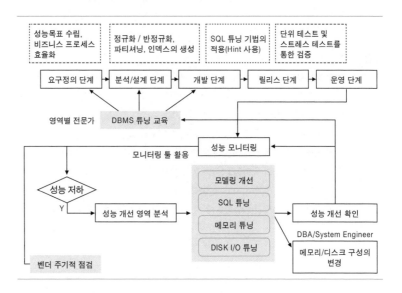

5.2 데이터베이스 성능 개선 효과

- 정보처리의 속도 향상에 따른 비즈니스 경쟁력을 향상
- 사용자의 정보처리 체감 속도 향상으로 서비스 만족도 향상
- 데이터베이스를 사용하는 응용 프로그램의 응답속도 향상
- 데이터베이스 시스템의 성능 저하로 인한 장애요인을 제거
- 하드웨어 증설에 따른 유지·보수비용 절감

5.3 데이터베이스 성능 개선 원칙

- 전체 시스템을 대상으로 검토를 진행하되, 해결책은 부분적으로 수행하고, 부분적으로 적용해야 함
- 시스템에 병목현상이 있는 지 분할해서 수행해야 함
- 비용이 적게 드는 방법부터 수행
  - 응용프로그램에 대한 개선을 먼저 수행 후, 원하는 성능개선
  - 효과 미비 시, 하드웨어로 확대
  - 변경 영향도가 적은 방안부터 시도

– 공간/시간/논리자원 등의 부분화 방법론을 활용

◀◀ 기출문제

78회 정보관리 관계형 데이터베이스의 성능을 최적으로 유지하기 위하여 데이터베이스의 튜닝이 필요하게 되는데 데이터베이스의 설계 튜닝, 환경 튜닝, SQL 문장 튜닝에 대하여 상세히 설명하시오. (25점)

89회 정보관리 DBMS의 성능 평가 방법에 대해 설명하시오. (25점)

95회 정보관리 DBMS의 성능 개선 방법론에 대해 다음 질문에 답하시오. (25점)

(1) 성능 개선 목표의 유형을 나열하고 설명하시오.

(2) 성능 개선 절차를 제시하고, 설명하시오.

(3) 시스템 성능 문제의 종류를 나열하고, 성능 개선 접근 방법을 설명하시오.

해싱

다른 어떤 레코드도 참조하지 않고 원하는 목표 레코드에 직접 접근할 수 있는 기법이다.
특정 레코드를 식별하기 위해서 키 값과 저장장치의 레코드 주소 사이에 대응관계의 정
의가 필요하다. 이를 기준으로 키 값을 가진 레코드가 저장된 주소를 계산할 수 있는 기법
이 해싱 함수이다.

1 해싱 개요

1.1 해싱 정의

- 주어진 속성 값Hash Field을 기초로 저장된 레코드에 직접 접근하는 방법으
  로 계산된 주소 값으로 레코드가 저장되어 있는 위치에 직접 접근
- 해싱 함수를 이용해 주소Address를 통해 계산된 주소 값으로 고속처리

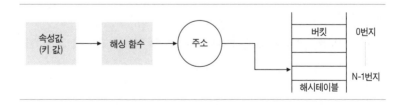

1.2 해싱의 구성 요소

- Hash Function: 임의의 메시지를 입력받아 일정한 크기의 비트를 표현. 간단한 계산으로 빠른 처리 속도 필요
- Hash Field: Hash Function의 입력 값
- Hash Address: Hash Function이 Output 값으로 주로, 기억장소 내內의 주소 값을 Point함

1.3 해싱의 장단점

장점	단점
• 빠른 검색 속도 • 데이터 입력 및 삭제 용이 • 데이터양과 무관하게 일정한 검색시간 보장	• 연속적인 데이터 검색 시 비효율적 • 디스크 공간의 비효율적 사용 • 주소 재계산, 공간 재구조화에 따른 오버로드 발생 • 주소 공간 충돌현상 발생 가능

1.4 해싱 종류

종류	설명
정적 해싱 (Static Hashing)	• 해시테이블의 크기가 고정되고, 삽입·삭제가 간단하고 빠름 • 저장 공간 낭비가 있어 주기적인 구조 재조정이 필요
동적 해싱 (Dynamic Hashing)	• 해시테이블의 크기를 임의로 고정하고, 저장 공간의 효율성을 유지 • 버킷의 분리와 융합으로 성능 저하가 발생
확장 해싱 (Extendable Hashing)	• 해싱을 위한 주소 공간이 파일과 함께 늘었다 줄었다 할 수 있고, 오버플로를 처리할 필요 없이 해시된 접근을 제공하는 것이 가능

1.5 해싱 함수 Hash Function 목적

- 빠른 시간 내에 연산 가능해야 함
- 고속성과 충돌 Collision 및 과잉상태 Overflow 방지: 서로 다른 값을 갖는 키들에 대한 결과 값이 중복되지 않아야 함

2 해싱 함수의 기법

종류	설명
계수 분석법 (Digit Analysis)	• 구성하는 모든 키들의 분포를 자리별로 파악하여 비교적 분포가 고른 자릿수를 필요한 만큼 뽑아 홈 어드레스를 하는 방식
제곱법(Mid Square)	• 키 값을 제곱한 후, 그 중간 부분의 일부를 홈 어드레스로 하는 방식
제산법(Division)	• 레코드 키 값을 소수로 나누어 나머지를 홈 어드레스로 결정
폴딩법(Folding)	• 일정한 구간으로 접어서 잘라진 수치를 더하여 홈 어드레스로 결정
기수변환법 (Radix Conversion)	• 주어진 키 값을 어떤 특정한 진법의 수로 간주하여, 다른 진법으로 변환하여 홈 어드레스를 얻는 방식
무작위법 (Pseudo Random)	• 난수 생성기 Random Number Generator 를 이용하여 난수를 발생시켜 그 값을 주소로 활용

3 해시 키 Hash Key 충돌 방지법

- 상이한 2개의 레코드가 동일한 인덱스를 가질 때 충돌이 발생

3.1 버킷 Bucket 을 사용하는 법

	0	1	2	3	4	5	6	7	8	9
Array			abc				inc		fre	
			hd							

- 이 그림과 같이 막대 테이블 엔트리에 몇 개의 키 값이 들어가도록 공간을 만들어놓는 방법으로 버킷이 과잉상태가 되는 문제는 여전히 있지만 드물게 발생

3.2 개방 주소법 Open Addressing

- 충돌이 발생하면 키 값을 다음 가용공간에 저장하는 방법
- 데이터 소스는 사용자가 원하는 데이터로 구성되어 있고, 운영체제, DBMS, 네트워크와 밀접한 관련

3.3 연쇄법 Chaining

- 각 엔트리에 대하여 연결 리스트 Linked List 를 사용해 충돌을 해결하는 방법

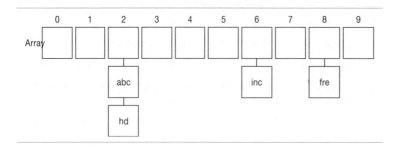

4 동적 해싱

4.1 동적 해싱 개념

- 데이터 증감에 따라 동적으로 메모리의 크기를 변화시키는 해싱 기법
- 정적 해싱에서 버킷의 크기가 고정되면서 발생하는 한계 해결
- 키 값을 사용하여 이진트리를 동적으로 변화
- 데이터베이스가 커지면서 버킷들을 쪼개거나 합치는 것이 동적 해싱의
  기본 개념

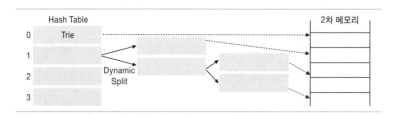

4.2 동적 해싱의 장단점

장점	단점
• 데이터 증가에도 성능 감소 없음 • 해싱 함수 재계산 불필요 • 불필요한 버킷 자동 회수 • 접근시간 일정: 연쇄법과 연결을 사용하지 않음	• 버킷을 직접 검색하지 않고 버킷 주소를 통해 간접검색: 추가적 검색횟수 증가 • 버킷 주소 테이블 별도 생성 및 유지

D-3

트리Tree 구조

데이터베이스에서 물리적인 자료구조는 데이터베이스 접근 방법에 영향을 미치는 중요한 요소이다. 트리는 활용 범위가 넓은 자료구조이다. 파일 시스템이나 데이터베이스에도 트리 구조가 사용되고, 특히 디스크와 같이 상대적으로 속도가 느린 보조기억장치에서 데이터의 저장, 검색, 갱신 등을 연산처리할 때 데이터 접근시간을 단축하기 위해 일반적으로 키 값과 레코드 주소를 기반으로 한 인덱스 방법을 사용한다.

1 트리 구조 개요

1.1 트리 자료구조

- 트리 자료구조는 정보를 계층적으로 구조화할 때 사용하는, 나뭇가지처럼 연결된 자료구조
- 트리 구조는 기본적으로 루트 노드Root Node, 리프 노드Leaf Node, 내부 노드Internal Node로 구성
  - 루트Root: 트리의 최상단 노드
  - 잎Leaf 노드 또는 말단 노드: 트리에서 자식이 없는 노드
  - 내부노드Internal Node: 잎노드가 아니면서 자식노드를 가진 노드
  - 서브트리Subtree: 특정노드와 그 노드들의 자손Descendant Node으로 구성
  - 깊이Depth: 루트로부터 특정 노드까지의 거리
  - 레벨Level: 깊이가 같은 노드들
  - 차수Degree: 부모 노드의 자식 수, 모든 노드의 차수 가운데 가장 큰 것이

트리의 차수

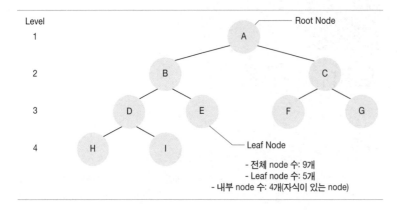

1.2 트리 탐색법

탐색법	설명	
중위탐색 (Inorder Traversal)	• LVR(Left Visit Right) • 왼쪽 노드를 방문하고 Root 노드, 오른쪽 노드 방문	
전위탐색 (Preorder Traversal)	• VLR(Visit Left Right) • Root 노드를 방문하고 왼쪽 노드, 오른쪽 노드 방문	
후위탐색 (Postorder Traversal)	• LRV(Left Right Visit) • 왼쪽 노드를 방문하고 오른쪽 노드, Root 노드를 방문	

- 탐색 사례
  - 레벨순: A B C D E F G H I
  - 중위탐색: H D I B E A F C G
  - 전위탐색: A B D H I E C F G
  - 후위탐색: H I D E B F G C A

2 B-트리

2.1 B-트리 개념

- 차수가 m인 균형된 m-원 트리로 효율적인 균형Balanced 알고리즘 제공
- 탐색시간 절감을 위해 가장 많이 사용되는 자료구조

- 루트 노드로부터 리프 노드의 레벨이 같도록 유지
- 모든 리프 노드가 루트 노드로부터 같은 거리
- 항상 균형을 유지하므로 삽입, 삭제가 일어날 때 트리의 균형을 유지하기 위해 보조연산이 필요
- 차수가 꽉 차면 리프 노드의 중간 값을 부모 노드로 하여 분열

2.2 차수 m인 B-트리의 특징

- 트리에서 최대 m개, 최소 m/2개의 서브 트리를 가지고, 루트 트리는 최소 2개 이상의 서브 트리를 가지고 처음부터 분기
  모든 리프 노드는 동일한 레벨에 있어야 하며 균형을 유지
- 노드 키 값의 개수는 서브 트리의 수보다 1개 적음
  최소한 m/2−1개에서 최대 m−1개를 가지며 각 노드의 레코드 수에 대한 제약이 있음
- 한 노드 내의 키 값은 오름차순으로 정렬

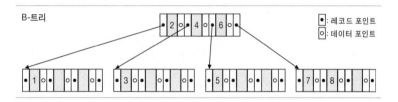

2.3 B-트리에서의 연산

삽입	삭제
1. 빈 공간 존재 시: 신규 값 추가 2. 과잉상태 발생 시 　(1) 2개의 노드로 분열(split) 　(2) m/2번째 키 값을 부모 노드로 올림 　(3) 나머지는 나뉜 2개의 노드에 반씩 입력	1. 리프 노드의 키 값이 m/2개 이상일 때: 단순 삭제 2. 삭제 키가 리프 노드가 아닌 노드에 존재 시 　(1) 후행 키 값과 자리 교환 　(2) 리프 노드에서 삭제 3. 리프 노드가 m/2−1인 최소키 값을 가질 때 　(1) 재분배: 최소 키 수 이상을 포함한 형제 노드에서 이동 　(2) 합병: 재분배 불가능 시 이용

3 B⁺-트리

3.1 B⁺-트리 개념

- B-트리의 확장된 구조로 인덱스 세트와 순차 세트의 두 부분으로 구성
  - 인덱스 세트: 리프 노드에 있는 키 값들에 대한 경로를 제공하는 리프 노드를 제외한 모든 노드
  - 순차 세트: 모든 키와 레코드 정보를 가지고, 키 순서에 의한 순차적 접근을 제공하는 리프 노드에 해당

3.2 차수가 m인 B⁺-트리의 특징

- 루트는 0, 2 또는 m/2~m개 사이트 서브 트리를 보유
- 루트와 리프를 제외한 모든 노드는 최소 m/2개, 최대 m개의 서브 트리를 보유
- 모든 리프는 같은 레벨에 있고, 리프가 아닌 노드에 있는 키 값의 수는 그 노드의 서브 트리 수보다 하나 적음
- 리프 노드는 데이터 파일의 순차 세트를 나타내며 모두 리스트로 연결되어 있음

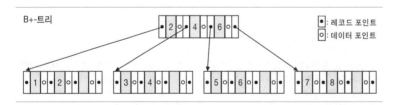

3.3 B-트리와 B⁺-트리의 차이점

구분	B-트리	B⁺-트리
검색방법	• 바이너리(binary) 검색	• 바이너리 검색과 시퀀스 검색이 모두 가능
삽입 시 오버플로 처리	• 부모 노드로 올라가고, 리프 노드에서 삭제	• 부모 노드로 올라가고, 리프 노드에 그대로 존재

구분	B-트리	B*-트리
삭제 시	• 삭제 키가 리프 노드가 아닌 경우, 언더 플로 발생 시 재분배 및 합병 처리과정 복잡	• 리프 노드만 삭제(재분배, 합병 불필요 시) • 재분배: 인덱스 키 값 변화, 트리 구조 유지 • 합병: 인덱스의 키 값도 삭제
데이터 포인트	• 모든 노드에 포함	• 리프 노드에만 포함
장점	• 탐색키의 중복성 제거	• 순차 접근이 용이 • 삭제될 노드가 항상 리프 노드에 존재하 여 저장 관리가 용이
단점	• 순차 접근이 어려움 • 저장 공간의 관리가 복잡	• 인덱스 셋과 시퀀스 셋에 중복성이 존재

4 R-트리

4.1 R-트리 개념

- B-트리와 비슷한 높이 균형Height-Balanced 트리로, 다차원의 공간 데이터를 신속하게 검색하는 데 유용한 색인 구조
- 각 노드와 객체는 MBRMinimum Bounding Rectangle(최소 경계 사각형)들에 분할하여 저장되고, 트리는 MBR들 간 겹치거나 상위 레벨의 MBR는 하위 레벨의 MBR들을 포함하는 계층적인 트리 구조
- R-트리의 저장과 삭제 알고리즘은 가까이 있는 데이터는 단말 노드(Lead)에 두어 MBR를 유지하여 검색하는 속도가 빨라짐
  • 검색 알고리즘인 교차질의Intersection, 포함질의Containment, 근접이웃질의 Nearest Neighbor, 삽입Insertion, 삭제Deletion 알고리즘이 MBR를 통해 하위 레벨의 노드를 검색할지 결정해 성능이 개선

4.2 R-트리 구조

- 루트노드를 제외한 모든노드의 엔트리 수는 m~M(m ≤ M / 2)
- 비단말 노드 N의 엔트리는 (dr, nodeid)
  • dr: nodeid 주소를 갖는 N의 자식 노드의 디렉터리 사각형
- 단말 노드 N의 엔트리는 (mbb, Oid)

- mbb Minimal Bounding Box: Oid가 가리키는 객체를 포함하는 최소 경계 사각형

- 루트 노드에는 최소 2개의 엔트리가 있어야 하고, 모든 단말 노드는 같은 레벨에 존재

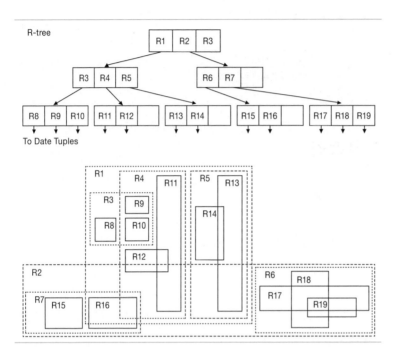

4.3 R-트리 특징

- B-트리와 탐색 경로
- 검색 수행 시 포함Coverage과 겹침Overlap 관계가 최소일 때 가장 효율적임
- 동적으로 분할하는 동안 겹침 관계의 최소화 유지가 어려움

5 T-트리

5.1 T-트리 개념

- 논리주소를 물리 주소로 변환 없이 레코드의 메모리 주소를 직접 참

5.2 T-트리의 특징

- B-Tree와 같이 데이터 변경이 용이하고, 저장효율이 우수
- 폭이 넓고, 깊이가 얕은 구조로 빠른 데이터 접근이 가능

5.3 T-트리의 구조

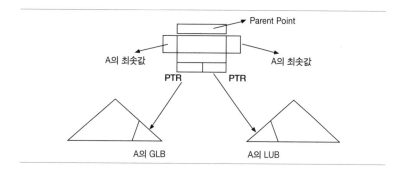

- Parent Node: 상위노드, 최상위 노드는 Root Node임
- Child Node: 상위노드로부터 생성된 노드
- GLB Greatest Lower Bound: Parent Node의 최솟값에 가장 근접한 값
- LUB Lowest Upper Bound: Parent Node의 최댓값과 가장 근접한 값
- 각 내부노드 A에 대해 최솟값보다 작으면, 왼쪽 트리에 위치
- 각 내부노드 A에 대해 최댓값보다 크면, 오른쪽 트리에 위치

5.4 T-트리의 T-Node

- 내부노드: 두 개의 Subtree를 가지는 노드
- 하프리프노드: 하나의 Child Pointer만 가지는 노드
- 리프노드: Child Pointer가 없는 노드

5.5 T-트리와 B-트리의 비교

구분	T-트리	B-트리
형태	• 폭이 넓고, 깊이가 얇음	• 폭이 좁고, 깊이가 깊음
목표	• 계산속도가 빠르고, 메모리 사용률이 감소	• 디스크 I/O 회수가 절감
메모리 공간	• 효율적이 사용이 가능	• 비효율적이고, 경제성이 떨어짐
활용분야	• 메인 메모리 기반의 MMDB	• 디스크 기반으 DBMS
논리적 구조변환	• 메모리 주소를 직접 Pointing	• 물리주소 변화 작업 요함

기출문제
58회 관리 연결 함정(Connection Trap) (10점)

인덱스 Index

클라우드 컴퓨팅, 데이터베이스 관련 기술 등의 진보적 발전으로 정형 위주의 샘플 조사로 분석하던 방식에서 데이터의 대상이 동영상이나 텍스트 등 비정형 데이터까지 확대되었고, 샘플 조사에서 전수조사를 적절한 비용과 시간 내에 분석할 수 있을 정도로 컴퓨팅 파워는 개선되었다.

1 인덱스

1.1 인덱스의 정의

인덱스
데이터 조회 속도 향상을 목적으로 인덱스로 정의된 칼럼의 값과 해당 값에 대한 레코드 주소를 가지고 있는 데이터베이스 오브젝트

- 데이터의 조회 속도 향상을 목적으로 정의된 칼럼의 값과 해당 값에 대한 레코드 주소를 가지고 있는 별도의 데이터베이스 오브젝트
- 원하는 데이터를 쉽게 찾을 수 있도록 도와주는 책의 찾아보기와 유사한 개념
- 인덱스는 테이블이나 클러스터와 관련해 선택적으로 생성 가능하며, 적절히 활용되면 디스크 I/O를 줄이는 가장 효율적인 방법

1.2 인덱스의 특징

- 테이블과 논리적·물리적으로 독립된 오브젝트
- 하나의 테이블에 대하여 다수의 칼럼으로 구성이 가능하고, 동일한 칼럼

들에 대하여 다른 순서로 구성된 인덱스 생성이 가능
- 하나의 테이블에 여러 개의 인덱스 생성이 가능
- 인덱스의 유무가 SQL 문장 작성에 영향을 주지 않으며, 조회 시 인덱스를 이용하는 경우 조회 속도는 데이터의 건수 증가와 관계없이 일정하게 유지 가능
- 하나의 테이블에 많은 인덱스가 존재하면 입력, 삭제, 갱신 시에 속도가 저하될 수 있음

2 인덱스 선정 기준

2.1 인덱스 대상 테이블의 선정 기준

- 기본적으로 디스크에서 데이터를 읽어올 때 여러 개의 block을 한 번에 읽게 되는데, 이러한 Multi-block I/O 때문에 테이블의 크기가 작은 경우에는 인덱스를 만들지 않아도 무방
- 일반적으로 인덱스는 데이터양이 6 block 이상 테이블에 적용
- 테이블의 데이터에 무작위 접근Random Access이 빈번하게 일어나거나 특정 범위의 데이터 스캔이 요구되는 경우, 특정 순서Order로 조회되는 경우에는 인덱스를 생성하는 것이 유리.
- 다른 테이블과 중첩 루프Nested Loop가 발생하는 테이블에는 인덱스를 생성

<aside>
인덱스 생성 대상 테이블
① 데이터양이 많은 테이블
② 무작위 접근이 빈번한 테이블
③ 특정 범위의 데이터 조회가 요구되는 테이블
④ 특정 순서로 조회되는 테이블
</aside>

2.2 인덱스 칼럼 선정 기준

- 일반적으로 하나의 칼럼만으로 단독 인덱스를 생성하는 경우에는 손익분기점 이내의 양호한 분포를 가져야 하는데, 보통은 10~15% 이내의 분포도가 좋은 칼럼을 인덱스 생성 대상 후보로 고려
- 분포도가 범위 내에 포함되지 않더라도 부분범위 처리를 목적으로 하는 경우에는 적용 가능
- 또 범위 내에 있더라도 절대량이 많은 경우에는 Partitioned Table이나 Cluster Table 등을 고려

- 조건Where절에 자주 등장하는 칼럼, 수정이 빈번하지 않은 칼럼, 정렬 기준으로 자주 사용되는 칼럼에 인덱스를 생성하는 것이 유리하며 외래키Foreign Key, 즉 Join 연산 수행 시에 연결고리가 되는 칼럼에는 반드시 생성해야 함
- 자주 조합되어 사용되는 칼럼은 결합 인덱스 생성을 고려
- 결합 인덱스의 첫 번째 칼럼이 조건절에 없다면 해당 인덱스는 사용되지 않으므로, 결합 인덱스의 칼럼 순서는 조건절에서 '='로 사용되는 것을 먼저 두고, 여러 개라면 그중 분포도가 좋은 것을 앞에 두는 것이 유리
- 인덱스 칼럼에 Null이 존재하는 경우 성능 저하가 발생할 수 있으므로 인덱스로 사용할 때에는 NOT NULL 또는 DEFAULT를 적용해 Null이 발생하지 않도록 주의

3 인덱스의 종류

3.1 인덱스 구조에 따른 종류

- 인덱스는 크게 B*Tree 인덱스와 Bitmap 인덱스로 구분
  - B*Tree 인덱스: OLTP 환경에서 사용되는 일반적인 인덱스 구조
  - Bitmap 인덱스: 데이터 웨어하우스 등에서 사용되는 B*Tree의 단점을 보완한 인덱스 구조

구분	B*Tree 인덱스	Bitmap 인덱스
특징	• Root, Branch, Leaf block으로 구성되어 균형을 유지하는 트리 구조 • 인덱스 생성 시 Leaf → Branch → Root 순서로 저장 • 인덱스 검색 시 Root → Branch → Leaf 순서로 탐색	• 전체 Row의 인덱스 칼럼 값을 0과 1을 이용하여 저장 • 특정 데이터가 어디 있다는 지도 정보를 bit로 표시 • 특정 데이터가 존재하면 1, 특정 데이터가 존재하지 않으면 0으로 표시
사용환경	• OLTP	• DW, Data Mart 등
검색 속도	• 소량의 데이터 검색 시 유리	• 대량 데이터 검색 시 유리
분포도	• 데이터 분포도가 좋은 칼럼에 적합	• 데이터 분포도가 낮은 칼럼에 적합(예: 성별, 결혼 유무 등)
장점	• 입력, 수정, 삭제가 용이함	• 비트 연산으로 AND, OR 연산이나 Null 비교에 최적
단점	• 스캔 범위가 넓을 경우 랜덤 I/O 발생	• 전체 인덱스 조정의 부하 문제로 입력, 수정, 삭제가 어려움

3.2 클러스터형 및 비클러스터형 인덱스

- 일반적으로 인덱스는 B*Tree 자료구조를 사용하여 표현

종류	설명
클러스터형 인덱스	• 영어 사전과 같이 데이터 자체가 인덱스 순서대로 저장되어 있음 • 데이터 열의 순서와 인덱스 순서가 동일 • 인덱스 리프 페이지가 곧 데이터 페이지 • 리프 페이지의 모든 Row는 인덱스 키 칼럼 순으로 물리적으로 정렬되어 저장됨 • 테이블 Row는 물리적으로 한 가지 순서로만 정렬될 수 있으므로 테이블당 1개만 생성 가능 • 검색 속도는 비클러스터형 인덱스보다 빠름
비클러스터형 인덱스	• 색인이 있는 일반 책과 같이 데이터는 임의의 순서로 존재하지만, 논리적인 순서는 인덱스의 의해 지정됨 • 데이터 열의 순서는 인덱스 순서와 동일하지 않음 • 리프 노드에는 데이터 입력 순서대로 데이터를 적재함 • 루트 노드에는 리프 페이지 번호와 리프 페이지 첫 번째 데이터가 기록됨 • 리프 노드에는 인덱스 칼럼 데이터 값과 데이터 페이지의 위치 포인터 기록 • 한 테이블에 여러 개 생성 가능 • 데이터 변경 시 클러스터형 인덱스보다 시스템 부하가 적음

4 인덱스의 적용 절차 및 적용 시 고려 사항

4.1 인덱스 적용 절차

인덱스 적용 절차

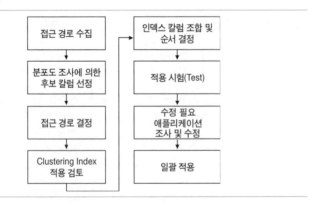

- 인덱스는 특정 응용 프로그램을 위해 생성되는 것이 아니라 최소한의 인
덱스 구성으로 모든 접근 경로를 제공할 수 있어야 전략적인 인덱스 설계

가 가능
- 인덱스의 선정 및 적용은 테이블에 접근하는 모든 경로를 수집하고 분석하여 종합적인 판단에 의해 결정하는 것이 바람직

4.2 인덱스가 사용되지 않는 경우

인덱스가 사용되지 않은 경우
① 인덱스 칼럼에 변형이 일어나는 경우
② not, 〈〉 연산자를 사용한 경우
③ 인덱스 칼럼이 null로 비교되는 경우

- 인덱스 칼럼에 산술연산자가 사용되어 변형이 일어나거나
- 부정형(not, <>)으로 조건을 기술한 경우
- 인덱스 칼럼이 Null로 비교되는 경우
※ DBMS의 옵티마이저에서는 비용이 적은 방법으로 실행계획을 수립한다. 따라서 통계 데이터를 주기적으로 갱신하지 않으면 옵티마이저가 인덱스를 사용하지 않거나 원하지 않는 인덱스를 이용하는 경우가 발생할 수 있다.

4.3 인덱스 사용 시 추가 고려 사항

- 인덱스가 존재하는 테이블에 새로운 인덱스가 추가되면 기존의 Query 접근 경로에 영향을 미칠 수 있기 때문에 확인이 필요함
- 한 테이블당 인덱스의 개수는 테이블의 사용 형태에 따라 차등으로 적용하지만 일반적으로는 6~7개 이하로 생성이 유리
- 넓은 범위를 인덱스를 이용해 조회할 때에는 오히려 성능 저하가 발생하므로 이런 경우에는 Full Table Scan을 권장
- 인덱스가 많은 경우에는 입력, 삭제, 갱신 시 성능 저하가 발생할 수 있으므로 대량의 배치 작업을 수행할 때에는 인덱스 삭제, 배치 처리, 인덱스 재생성순으로 작업하는 것이 유리

◀◀ 기출문제

95회 관리 데이터베이스 인덱스 구조의 종류를 나열하고 설명하시오. (10점)
69회 관리 데이터베이스에서 인덱스 선택 지침을 기술하고 인덱스 튜닝이 발생하는 사유를 물리적 관점에서 설명하시오. (25점)

DATABASE

E

데이터베이스 품질

—

E-1

데이터 표준화

기업들이 기업 내 시스템을 도입한 이후 변화관리를 수행하면서 데이터가 변질되는 사례가 빚어지곤 한다. 또 서브시스템 및 솔루션을 도입하면서 이러한 현상은 급속히 가속화되어 데이터의 의미가 변질되고, 중복 데이터가 발생하여 비효율이 나타난다. 이러한 현상을 방지하고 효과적인 기업 내 데이터를 관리하기 위해 데이터 표준화는 매우 중요한 요소가 되었다.

1 데이터 표준화의 개요

1.1 데이터 표준화의 정의

기업 내 산재한 데이터에 대하여 데이터의 명칭과 정의, 형식, 규칙에 대한 원칙을 수립하고 이를 지속적으로 관리하여 효과적인 데이터 관리가 가능하도록 하는 활동이다.

데이터 표준화 원칙과 표준 관리체계를 수립하고, 반복적인 표준화 활동을 통해 데이터 표준을 생성·검증·통제하는 활동을 말하기도 한다.

1.2 데이터 표준화의 필요성

데이터의 중복 관리로 정보의 정합성 및 오류 가능성이 존재하게 되며, 이를 관리하기 위한 물리적·인적자원 낭비가 발생한다. 또 데이터 변환 작업 및 신규 기능의 개발 시 데이터의 의미 파악과 운영기준을 수립하는 데 많

데이터 미표준화 시 문제점
① 데이터 중복 및 시스템 간 데이터 불일치 발생
② 전사 데이터 통합 시 이슈 발생
③ 시스템 유지·보수 업무 수행 시 지연 발생
④ 의사결정을 위한 정보 제공 시 신뢰성 저하

데이터 미표준화 시 문제점 발생 원인
① 전사 관점의 데이터 관리체계 미흡
② 다양한 솔루션의 산발적 도입

은 시간이 걸린다.

2 데이터 표준화의 구성 요소

2.1 데이터 표준

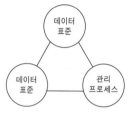

데이터 표준화의 구성 요소

항목	설명	비고
데이터 명칭	• 데이터를 유일하게 구별해주는 이름 • 동음이의어와 이음동의어 조정이 필요 • 의미전달이 충분해야 하며, 일반적으로 많이 쓰이는 보편성과 함께 하나의 명칭으로 모든 사용자에게 통일되어 사용할 수 있도록 유일성이 있어야 함	유일성, 보편성, 충분성 필요
데이터 정의	• 데이터가 의미하는 바를 명시 • 데이터가 가질 수 있는 값의 범위와 데이터 요건을 규정	설명과 사례제시
데이터 형식	• 데이터가 취할 수 있는 값의 형태를 명시(데이터 값들에 대한 일관성 유지 가능) • Char, Number, Date 등 데이터 타입을 명시	도메인 정의
데이터 규칙	• Business상에서 발생할 수 있는 값을 사전에 정의하여 입력 오류를 최소화	기본값, 허용값, 허용 범위 명시

대체로 용어사전을 두고 데이터 명칭과 정의, 형식, 규칙 등을 관리한다.

2.2 데이터 표준 관리 조직

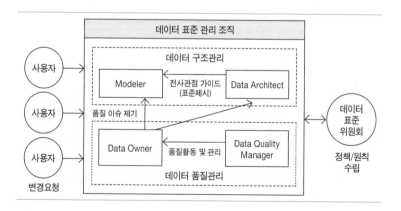

데이터 표준을 수립하는 일도 매우 중요하지만 이를 준수하고 관리하는 것 역시 매우 중요하다.

이를 위해서 기업이나 조직은 데이터 표준화 정책을 수립하고 이에 대한 이행 여부를 모니터링하는 관리 조직이 필수이다. 데이터 관리 조직을 통해 기업이나 조직 내 데이터의 일관성을 유지할 수 있다.

조직	설명
데이터 사용자	• 데이터 변경에 대한 요구 사항 요청 • 데이터 생성 주체이며, 데이터 품질 이슈를 제기하는 주체
모델러	• 데이터 모델 설계 • 데이터 정책 및 원칙을 준수하고 비표준화된 데이터 모델을 개선하는 역할 수행
데이터 아키텍트	• 전사적 관점에서 데이터 설계 • 데이터 표준화에 대한 정책을 발의
데이터 오너	• 데이터 요구 사항을 식별하고 분류 • 데이터 품질활동에 대한 주체로 활동
데이터 품질관리자	• 데이터 품질 준수여부에 대한 모니터링 결과를 토대로 데이터 수준을 파악 • 품질관리 활동에 대한 관리 수행

DA와 DBA
DA(Data Administrator)
① 표준 개발 및 형상관리, 검증 및 표준화 절차를 수립
② 전사 데이터 모델을 통합

DBA(Database Administrator)
① 물리적인 DB 설계 및 적용
② DB 모니터링 및 튜닝
③ DB 보안 관리를 수행

2.3 데이터 표준 관리 프로세스

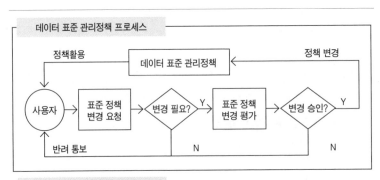

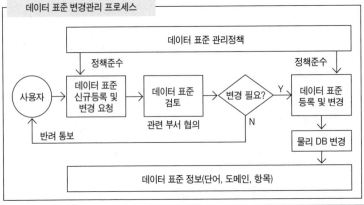

데이터 표준 관리 프로세스는 데이터 표준 관리정책 프로세스와 데이터 표준 변경관리 프로세스로 나누어 이해할 수 있다.

데이터 표준 관리정책을 변경할 때에는 변경되는 정책에 대한 평가가 필요하며, 데이터 표준 변경 시에는 관련 부서 협의를 통해 표준 변경에 대한 영향 검토를 수행해야 한다.

3 데이터 표준화 관리 방안

데이터 표준 정책과 관리 프로세스를 수립했더라도 효과적인 데이터 표준화 관리를 위해서는 IT 시스템의 지원이 필요하다. 데이터 표준화의 최종 목적은 기업 내 저장되는 데이터의 품질을 관리하는 것이다. 따라서 품질관리를 위한 지표 선정을 통해 끊임없이 표준화를 하는 것이 중요하다.

참고자료
데이터베이스 구축 운영 종합정보 DBGuide.net(http://www.dbguide.net/).

기출문제
83회 관리 전사적 데이터베이스 통합 프로젝트 환경에서 데이터 중복 및 오류 문제를 줄이려고 데이터 품질개선을 위해 요구되는 품질기준 네 가지 이상을 제시하고, 데이터 표준화 및 메타데이터 구축방안을 설명하시오. (25점)

데이터 품질관리

기업이나 조직에서 사용되는 데이터 관리를 위하여 시스템을 올바르게 갖추는 것도 중요한 일이다. 그러나 시스템 구축 이후 실제로 입력되는 데이터에 대한 품질을 제대로 관리하지 못하면 업무의 혼선이 발생하거나 프로그램 개발 시 의미를 알 수 없어 생산성이 떨어지는 등 기업이나 조직활동에 문제를 일으키게 된다. 이러한 이슈를 해결하기 위해 데이터 품질관리는 필수 업무이다. 데이터 품질관리를 통해 데이터의 신뢰성을 높이고, 업무의 효율성을 향상시킬 수 있다.

1 데이터 품질관리의 개요

1.1 데이터 품질관리의 정의

데이터 품질관리란 기업이나 조직 내부·외부의 정보 시스템과 데이터베이스 사용자의 요구를 만족시키기 위해 지속적으로 수행하는 데이터 관리 및 개선활동이다. 데이터 간 정합성 확인, 데이터의 활용도 파악 및 관리 업무 등을 수행하여 데이터의 신뢰성을 향상시킨다.

1.2 부정확한 데이터 발생 원인

원인분류	설명
시스템 측면	• 데이터 마이그레이션 및 ETL 작업 수행 시 오류 발생 • 데이터 재구조화 또는 모델링 시 오류 발생
사용자 측면	• 사용자 입력 오류 • 사용자의 데이터 품질 인식 부족

부정확한 데이터로 인한 문제점
① 의사결정 신뢰성 저하
② 프로그램 개발 및 유지·보수 시 생산성 저하
③ 업무 혼선 및 비효율 발생

원인분류	설명
개발자 측면	• 기존 데이터에 대한 명확한 이해가 부족한 상태에서 프로그램 개발 • 신규 값에 대한 분석 및 정의 없이 프로그램 개발 • 필수 값에 대한 체크로직 미반영
프로세스 측면	• 데이터 접근 권한에 대한 미정의(데이터 삭제 및 수정 절차 이슈) • 신규 프로그램 개발 시 데이터 측면 검토 프로세스 부재

2 데이터 품질관리의 주요 요소

주요 요소	설명
품질관리 프레임워크	데이터 품질관리 대상에 대한 구성 요소와 역할자 등을 정의한 품질관리 기본 개념 틀
품질관리 성숙모형	품질관리 수준을 Level별로 단계화하여 성숙수준을 심사할 수 있도록 구성한 성숙모형
품질관리 조직	품질관리 프레임워크를 이해하고 내부 성숙 정도를 파악하여 개선을 유도하고 모니터링하기 위한 관리 조직

데이터 품질관리를 위해서는 데이터 품질관리 프레임워크와 데이터 품질관리 성숙모형DQM3: Data Quality Management Maturity Model을 참고해야 한다.

데이터 품질관리 프레임워크는 E-3에서 상세히 설명하고, 이번 장에서는 품질관리 조직이 개선점을 도출하고 지속적으로 데이터 품질관리를 돕는 품질관리 성숙모형에 대해서만 설명하려고 한다.

3 데이터 품질관리 성숙모형DQM3의 개요

3.1 데이터 품질관리 성숙모형의 정의

DQM3는 데이터 품질관리 성숙모형
2011년 12월에 한국데이터진흥원이 제안한 산업 데이터 분야의 마스터 데이터 품질관리 프레임워크가 국제 표준으로 채택됨(ISO 8000-150)
2017년 10월 'ISO 8000-60 데이터 품질, 데이터품질관리' 가 TS(국제표준)으로 채택됨

데이터 품질관리 수준을 진단하고 개선 과제 및 방안을 단계적, 체계적으로 제시하기 위해 개발된 데이터 품질관리 프로세스의 성숙도 모형이다.

단지 현재의 품질 수준을 측정하기 위한 목적만을 가지고 있는 것이 아니고, 품질 향상을 위해서는 어떤 프로세스를 어떻게 개선해야 하는 지에 대한 방향을 제시할 수 있도록 개발되었다.

즉, 성숙모형을 통해 데이터 품질관리 능력을 인지하고 지속적으로 데이

터 품질을 유지할 수 있다. 이를 위해서 기업이나 조직은 데이터 표준화 정책을 수립하고 이에 대한 이행 여부를 모니터링하는 관리 조직이 필수적으로 필요하다. 데이터 관리 조직을 통해 기업이나 조직 내 데이터의 일관성을 유지할 수 있다.

3.2 데이터 품질관리 성숙모형의 구성

구성	설명
데이터 품질기준	데이터 품질에 대한 유효성과 활용성 측면에서 정확성, 일관성, 유용성, 접근성, 적시성, 보안성의 6개 기준으로 정의
데이터 품질관리 프로세스	6개 품질기준을 개선하기 위한 여덟 가지 프로세스(요구 사항 관리, 데이터 구조 관리, 데이터 흐름 관리, 데이터베이스 관리, 데이터 활용 관리, 데이터 표준 관리, 데이터 오너십 관리, 사용자 뷰 관리)
데이터 품질관리 성숙수준	'도입 - 정형화 - 통합화 - 정량화 - 최적화'의 5단계로 구분하여 기업이나 조직 내 품질관리 수준을 측정

데이터 품질관리 성숙모형

데이터 품질 기준 / 데이터 품질 관리 프로세스 / 데이터 품질 관리 성숙 수준

3.2.1 데이터 품질기준

데이터 품질을 측정하기 위한 기준은 크게 두 가지로 구분된다.

- **유효성**: 제공 데이터가 업무에 유효하며 신뢰할 수 있는 정도
- **활용성**: 데이터를 필요한 시점이 용이하게 사용할 수 있는 정도

데이터 품질 기준												
유효성						활용성						
정확성			일관성			유용성			접근성	적시성	보안성		
사실성	적합성	필수성	연관성	정합성	일치성	무결성	충분성	유연성	사용성	추적성	접근성	적시성	보호성	안전성	책임성

각 기준별 품질의 특성에 따라 유효성은 정확성과 일관성으로 활용성은 유용성, 접근성, 적시성, 보안성으로 구분해 총 6가지를 데이터 품질 기준으로 정의한다.

3.2.2 데이터 품질관리 프로세스

데이터 품질관리 프로세스는 요구 사항 관리, 데이터 구조 관리, 데이터 흐

름 관리, 데이터베이스 관리, 데이터 활용 관리, 데이터 표준 관리, 데이터 오너십 관리, 사용자 뷰 관리의 8개 프로세스로 구분할 수 있다.

프로세스 \ 품질기준		정확성	일관성	유용성	접근성	적시성	보안성
데이터 활용 관리	업무규칙 검증	○					
	활용 모니터링			○			
데이터 표준 관리	용어 표준 관리		○				
	도메인, 코드 표준 관리	○	○				
데이터 오너십 관리	데이터 오너십 관리	○	○				
사용자 뷰 관리	사용자 뷰 관리				○		

데이터 품질기준과의 연관도는 다음과 같다.

프로세스 \ 품질기준		정확성	일관성	유용성	접근성	적시성	보안성
요구 사항 관리	기능적 관리			○			
	비기능적 관리					○	
	유연성 관리			○			
데이터 구조 관리	중복 관리		○				
	참조 무결성 관리		○				
	통합 관리				○		
데이터 흐름 관리	흐름주기 관리					○	
	흐름대사 관리		○				
데이터베이스 관리	성능 관리					○	
	보안 관리						○

3.2.3 데이터 품질관리 성숙수준

데이터 품질관리 성숙수준은 조직이 수행하고 있는 데이터 품질관리의 체계화 정도를 나타낸다. 즉, 성숙수준이 높을수록 체계적이며 정교한 데이터 품질관리가 수행되고 있음을 의미한다.

『데이터 품질관리 성숙모형』은 데이터 품질관리 성숙수준을 도입 - 정형화 - 통합화 - 정량화 - 최적화의 5단계로 구분한다.

상세 성숙수준별 품질관리 점검표는 한국데이터진흥원의 '데이터품질관리성숙모형 ver1.0'의 부록편을 참조 바람

Maturity Level		
5 최적화	데이터 품질관리 개선에 필요한 요소를 지속적으로 도출하고 적용하는 단계
4 정량화	정량적인 측정방법을 통해 데이터 품질관리가 수행 되는 단계
3 통합화	전사적인·연계통합 관점에서 일관성 있는 데이터의 품질관리가 수행되는 단계
2 정형화	데이터 품질관리를 위한 제반 프로세스가 정형화된 단계
1 도 입	데이터 품질관리의 문제점과 필요성을 인식하고 있으며, 부분적으로 데이터 품질관리 활동을 시행하는 단계

데이터 품질기준별 관련 프로세스 및 성숙수준은 다음과 같다.

품질 기준	품질관리 프로세스	성숙수준				
		1	2	3	4	5
정확성	데이터 활용 관리(업무규칙 검증)	○	○	○	○	○
	데이터 표준 관리(도메인, 코드 표준 관리)		○			
	데이터 오너십 관리			○	○	
일관성	데이터 구조 관리(중복 관리)	○	○	○	○	○
	데이터 구조 관리(참조 무결성 관리)	○	○	○	○	○
	데이터 흐름 관리(흐름대사 관리)	○	○	○	○	○
	데이터 표준 관리(용어 표준 관리)		○	○		
	데이터 표준 관리(도메인, 코드 표준 관리)		○	○		
	데이터 오너십 관리			○	○	
유용성	요구 사항 관리(기능적 관리)	○	○	○	○	○
	데이터 구조 관리(유연성 관리)			○		
	데이터 활용 관리(활용 모니터링)		○			
접근성	사용자 뷰 관리	○	○	○	○	○
	구조 관리(통합 관리)	○	○	○		
적시성	요구 사항 관리(비기능적 관리)	○	○	○	○	○
	데이터 흐름 관리(흐름 주기 관리)	○	○	○	○	○
	데이터베이스 관리(성능 관리)		○	○		
보안성	데이터베이스 관리(보안 관리)	○	○	○	○	○

E • 데이터베이스 품질

3.2.4 데이터 품질관리 성숙 모형 활용 방안

첫째 품질 기준별로 관련 프로세스의 품질관리 수준을 점검하여 성숙수준을 측정하고, 둘째 특정품질 기준을 향상시키기 위한 개선 프로세스 도출하며, 마지막으로 특정 프로세스를 도입했을 때의 가시적인 데이터 품질 개선 효과 예측이 가능하다.

4 데이터 품질관리 활동 시 고려 사항

DQC
DQC(데이터품질인증제도, Data Quality Certification)란 공공·민간 등에서 개발하여 활용 중인 정보시스템의 데이터품질을 확보하기 위해 Data value, Data management, Data security 등을 심사·인증하는 제도로서 범국가적 데이터 품질제고 및 고도화를 목적으로 함
https://www.dqc.or.kr 참조

기업이나 조직은 내부 데이터 품질관리를 위해 주기적으로 Data Profiling이나 Data Cleansing 등의 방법으로 품질관리 활동을 한다. 또 본사와 지사 간 데이터 정보의 일관성을 유지하기 위해 기준 정보를 구성하여 데이터 품질을 관리한다.

이러한 활동들을 시스템적 차원에서 지원하기 위하여 다양한 DQMData Quality Management, MDMMaster Data Management 등의 솔루션이 시장에 출시되어 있다. 솔루션 도입을 검토해 적합한 솔루션을 선정하는 것도 효과적인 데이터 품질관리의 방안이 될 수 있을 것이다.

참고자료
데이터 품질관리 성숙모형 (Ver 1.0) 한국데이터진흥원
데이터베이스 구축 운영 종합정보 DBGuide.net(http://www.dbguide.net/)

기출문제
95회 응용 데이터 품질관리 프로젝트의 수행 방안에 대하여 설명하시오. (25점)
87회 관리 기업에서 데이터의 품질을 확보하기 위한 '데이터 품질관리'에 대해 다음 물음에 답하시오. (25점)
(1) 데이터 품질관리의 개념과 장단점을 설명하시오.
(2) 관리 대상 및 관리 조직을 기본 축으로 하는 데이터 품질관리 프레임워크를 설명하시오.
(3) 관리 조직의 역할을 설명하시오.
86회 관리 데이터 품질관리 성숙모형인 DQM3에 대해 설명하시오. (10점)

E-3

데이터 품질관리 프레임워크

한국데이터진흥원에서는 체계적인 데이터 품질관리 및 데이터 품질개선을 위한 방법론을 2000년대 초반부터 연구했으며, 데이터 품질관리 지침을 통해 품질관리의 기본 개념과 데이터 품질관리 프레임워크를 소개했다. 데이터 품질관리 프레임워크는 데이터 품질을 관리하기 위한 대상을 명시하고 대상에 대한 조직 내 담당자의 역할을 제시하여 데이터 품질관리 활동 계획 시 이를 참고할 수 있도록 했다.

1 데이터 품질관리 프레임워크의 개요

1.1 데이터 품질관리 프레임워크의 정의

데이터 품질관리의 대상이 되는 구성 요소와 요소들 간의 관계를 정의하는 데이터 품질관리의 기본 개념 틀을 의미한다.

1.2 데이터 품질관리 프레임워크의 목적

데이터 품질관리 프레임워크는 기업이나 조직이 데이터 품질관리 활동 수행 시 보편적으로 활용 가능하도록 하기 위한 목적으로 개발되었다. 따라서 기업이나 조직은 데이터 품질관리 계획 시 해당 프레임워크를 참조하여 각 관점별 상세 내역에 대한 관리 계획을 수립하는 것이 가능하다.

> 데이터 관리의 네 가지 주요 관심사
> ① 데이터 모델링
> ② 데이터 아키텍처
> ③ 데이터 참조 모델
> ④ 데이터 품질관리
> 상기의 네 가지 주요 관심사 중 데이터 품질관리를 위해 데이터 품질관리 프레임워크가 있음

2 데이터 품질관리 프레임워크의 구성

데이터 품질관리 프레임워크는 관리 대상과 관리 조직을 기본 축으로 한다.

데이터 품질관리 대상의 3가지 관점

- 데이터 값
  - ·데이터 현상적 값
  - ·데이터 구조적 값
- 데이터 구조
  - ·각 단계별 데이터 구조
  - ·각 조직 단위별 데이터 구조
- 데이터 관리 프로세스
  - ·데이터 정의 프로세스
  - ·데이터 변경 프로세스
  - ·데이터 평가 프로세스

2.1 데이터 품질관리 프레임워크 관리 대상

대상	설명	비고
데이터 값	• 기업이나 조직의 비전 또는 목표를 달성하기 위해 사용되는 전산화된 데이터 또는 전산화에 필요한 데이터	data value
데이터 구조	• 데이터가 담겨 있는 모양이나 틀로 데이터를 취급하는 관점에 따라 구조가 달라짐	data hierarchy
데이터 관리 프로세스	• 데이터 및 데이터 구조의 품질을 안정적으로 유지·개선하기 위한 활동 • 절차와 조직, 인력 등을 포함	data manage-ment process

2.2 데이터 품질관리 프레임워크 관리 조직

CIO(Chief Information Officer)
최고 정보관리 책임자

DA(Data Administrator)
데이터 관리 책임자

DBA(Database Administrator)
데이터베이스 관리자

조직	역할
CIO / EDA	• 데이터 관리를 총괄하고 데이터 관리정책 및 지원을 마련 • 데이터 관리자 간 이슈 사항을 조정
DA	• 표준 개발 및 형상 관리, 검증/표준화 절차를 수립하고 운영 • 전사 데이터 모델을 통합하고 데이터 요구 사항에 대한 정리 및 기능별 데이터 관리자를 지원
Modeler	• 해당 기능 영역의 데이터 요구 사항 및 이슈 사항을 조정·통합 • 해당 기능 영역의 비즈니스 요건을 토대로 데이터 모델링을 수행하고 데이터 표준을 확인 및 적용
DBA	• DB를 설계 • DB와 데이터의 형상관리를 수행하고 DB의 모니터링, 튜닝, 보안 관리를 수행
User	• 데이터 소스, 운영 데이터 및 분석 데이터를 사용 • 데이터에 대한 추가 요건을 요청하고 데이터 활용도를 개선

3 데이터 품질관리 프레임워크 상세

3.1 데이터 품질관리 프레임워크

조직 \ 대상	데이터 값	데이터 구조	데이터 관리 프로세스
CIO / EDA (개괄적 관점)	데이터 관리정책		

조직 \ 대상	데이터 값	데이터 구조	데이터 관리 프로세스
DA (개념적 관점)	표준 데이터	개념 데이터 모델 데이터 참조 모델	데이터 표준 관리 요구 사항 관리
Modeler (논리적 관점)	모델 데이터	논리 데이터 모델	데이터 모델 관리 데이터 흐름 관리
DBA (물리적 관점)	관리 데이터	물리 데이터 모델 데이터베이스	DB 관리 DB 보안 관리
User (운영적 관점)	업무 데이터	사용자 View	데이터 활용 관리

표준 데이터 유형
① 표준 단어사전
② 표준 도메인 사전
③ 표준 용어사전
④ 표준 코드

모델 데이터 관리기준
① 완전성
② 일관성
③ 추적성
④ 상호 연계성
⑤ 최신성
⑥ 호환성

관리 데이터 유형
① 사용관리 데이터
② 장애/보안 관리 데이터
③ 성능 관리 데이터
④ 흐름 관리 데이터
⑤ 품질관리 데이터

업무 데이터 유형
① 소스 데이터
② 운영 데이터
③ 분석 데이터

3.2 데이터 품질관리 프레임워크 데이터 값

데이터 값	설명
표준 데이터	• 정보 시스템에서 사용하는 용어, 도메인, 코드 및 기타 데이터 관련 요소를 공통된 형식과 내용으로 정의하여 사용하는 표준 관련 데이터
모델 데이터	• 데이터 모델을 운용 및 관리하는 데 필요한 데이터 • 데이터 참조 모델, 개념 데이터 모델, 논리 데이터 모델, 물리 데이터 모델에 대한 메타데이터 및 DBMS 객체 정보가 포함
관리 데이터	• DB를 효과적으로 운영·관리하는 데 필요한 데이터 • 사용관리 데이터, 장애 및 보안 관리 데이터, 성능 관리 데이터, 흐름 관리 데이터, 품질관리 데이터 등이 포함
업무 데이터	• 기업이나 조직의 업무 및 비즈니스를 수행하는 데 필요한 데이터 • 일반적으로 데이터 흐름에 따라 소스 데이터, 운영 데이터, 분석 데이터로 구분

3.3 데이터 품질관리 프레임워크 데이터 구조

데이터 구조	설명
개념 데이터 모델	업무 요건을 충족하는 데이터의 주제영역과 핵심 데이터 집합을 정의하고 상호 간의 관계를 정의한 모델
데이터 참조 모델	데이터 아키텍처의 구축·유지·관리 및 조직에서 사용하는 데이터 모델의 상호 운영과 타 조직 데이터 모델의 참조와 재사용을 목적으로 업무영역별, 주제영역별로 표준 데이터 집합과 관리항목들을 정의한 데이터 모델
논리 데이터 모델	개념 데이터 모델을 상세화하여 논리적인 데이터 집합, 관리항목, 관계를 정의한 모델
물리 데이터 모델	DBMS의 특성과 성능을 고려하여 논리 데이터 모델을 구체화시킨 모델
데이터베이스	물리 모델을 구현한 결과물이며 구축된 실제 데이터가 저장되는 데이터 저장소
사용자 View	데이터를 제공하는 정보 시스템상의 화면이나 출력물

3.4 데이터 품질관리 프레임워크 데이터 관리 프로세스

프로세스	설명
데이터 표준 관리	• 데이터 표준화 원칙에 따라 정의된 표준 단어사전 및 도메인 사전, 표준 용어사전, 표준 코드, 데이터 관련 요소 표준 등을 기관에 적합한 형태로 정의, 변경 및 관리하고, 데이터 표준의 준수 여부 체크 등을 통한 데이터 정제 및 개선 활동 등
요구 사항 관리	• 데이터를 비롯하여 관련 애플리케이션 및 시스템 전반에 걸친 사용자의 요구를 수집하고 분류하여 반영하는 작업
데이터 모델 관리	• 데이터 요구 사항 관리에 의해 변경되는 데이터 구조를 모델에 반영하는 작업 절차 • DB 시스템 구조와 동일하게 데이터 모델을 유지하도록 하는 작업 절차
데이터 흐름 관리	• 소스 데이터(문서, Text, DB 등)를 수기로 생성하거나 추출, 변환, 적재를 통해 생성하여 타깃 DB에 저장하고 가공하는 작업에 대한 관리
DB 관리	• 원활한 데이터 서비스를 위해 필요한 데이터베이스를 안정적으로 운영, 관리하는 데 필요한 작업을 체계화하는 것 • 백업, 보안, 튜닝, 모니터링 등의 작업이 포함
DB 보안 관리	• DB 및 적재된 데이터를 허가받지 않은 일련의 행위로부터 안전하게 보호하는 것으로 인적·정책적·물리적·논리적 대응체계가 포함
데이터 활용 관리	• 데이터의 활용 여부를 점검하거나 활용도를 높이기 위해 측정 대상 데이터와 품질 지표를 선정하여 품질을 측정하고 분석하여 품질을 충족시키지 못하는 경우 원인을 분석하여 담당자로 하여금 조치하도록 하는 작업

4 데이터 품질관리 프레임워크 현황 및 전망

데이터 품질관리 프레임워크는 현(現)한국데이터진흥원에서 제시한 '데이터 품질관리 지침'에 명시되어 있다. 데이터 품질관리 지침은 2004년에 최초 버전 1.0이 개발되어 배포되었으며, 2005년에 버전 2.0, 2006년에 버전 2.1로 수정·보완되었다. 한국데이터진흥원에서는 데이터 품질관리 지침이 실무에 도움이 될 수 있도록 지속적으로 수정·보완할 예정이다.

참고자료
한국데이터진흥원 홈페이지(http://www.kdb.or.kr/).

기출문제
87회 정보관리 기업에서 데이터의 품질을 확보하기 위한 '데이터 품질관리'에 대해 다음 물음에 답하시오. (25점)
(1) 데이터 품질관리의 개념과 장단점을 설명하시오.

(2) 관리 대상 및 관리 조직을 기본 축으로 하는 데이터 품질관리 프레임워크를 설명하시오.

(3) 관리 조직의 역할을 설명하시오.

E-4

데이터 아키텍처 Data Architecture

데이터 아키텍처는 엔터프라이즈 아키텍처(EA: Enterprise Architecture)의 하위 개념으로 데이터 영역에서 엔터프라이즈와 아키텍처 부문의 연계를 통한 효율적인 정보 시스템 활용으로 조직의 목표 달성 및 전략적 우위 선점을 목적으로 한다. 시스템을 데이터 측면에서 전체적으로 조명한 개념으로 기존의 데이터 모델링과 표준화 데이터 운영에 대한 프로세스 등을 포함한 데이터에 대한 청사진이다.

1 데이터 아키텍처

1.1 데이터 아키텍처 정의

데이터 아키텍처
기업이 업무를 수행하기 위해 필요한 데이터들을 어떻게 제공하고 유지·관리할 것인지 정의하는 것

데이터 아키텍처는 기업의 핵심 자산인 데이터를 전사적인 관점에서 구조적으로 조망하고, 기업의 업무 수행에 필요한 데이터 구조를 체계적으로 정의하는 것이다. 즉, 기업이 업무를 수행하기 위해 필요한 데이터들을 어떻게 제공하고 유지·관리할 것인지 정의하는 활동을 말한다.

데이터 아키텍처는 데이터에 대한 접근, 공유 활동, 운영 관리를 중심으로 원활하고 안정적인 정보공유 및 교환을 가능하게 하는 제반 기술적 환경이라 할 수 있다. 이를 위한 데이터 표준, 데이터 모델, 데이터 관리 및 운영 프로세스, 데이터 저장소 등을 수반한다.

1.2 데이터 아키텍처 필요성

데이터 아키텍처를 활용하면 비즈니스를 지원하는 데이터를 식별하고 표준화하여 데이터 사전을 구축하고 이를 제공하게 된다. 이를 통해 개념적 모델부터 물리적 모델까지 데이터 모델의 일관성을 보장하고 무결성을 향상시킬 수 있다.

　데이터 아키텍처는 데이터 표준화 및 중복 제거 등 품질 향상을 통해 전략적 의사결정의 자산으로 활용할 수 있으며, 데이터의 재사용성을 증가시키고 데이터 통합을 쉽게 한다. 또 응용 시스템 요구 사항을 정의하고 구축하기 위한 기본정보로 활용할 수 있다.

1.3 데이터 아키텍트Data Architect

데이터 아키텍트는 데이터에 대한 기획, 구축, 관리체계 및 품질보증을 포함하는 데이터 아키텍처 영역을 리드하는 사람이다. 전사 관점의 데이터 아키텍처 사상에 기반을 두고 데이터 모델링 원칙과 표준을 제시하며, 기업 전체의 데이터를 통합적인 측면에서 체계적으로 관리하여 최적의 데이터베이스 품질이 유지되도록 업무를 수행한다. 데이터 아키텍트는 일반적으로 다음과 같은 역할과 책임을 갖는다.

- 데이터 아키텍처 전략 수립, 정의, 가이드
- 데이터 모델링(개념, 논리, 물리) 방향 수립 및 리딩
- 데이터 참조 모델 및 패턴의 확보, 적용
- 데이터 모델의 진단, 평가, 대안 제시
- 통합 데이터 모델 구축, 운용
- 데이터 품질점검, 개선방향 수립 및 리딩
- 데이터 통합, 이행전략 수립 및 가이드

2 데이터 아키텍처 구성

2.1 데이터 아키텍처 구성 요소

데이터 아키텍처 구성 요소

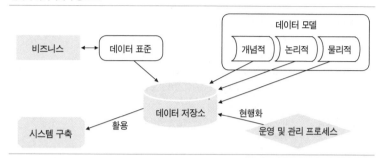

구성 요소	내용
데이터 표준	비즈니스 규칙을 데이터 모델화하기 위해 공통적인 규칙이 우선 정의되어야 하는데 이를 위한 기본 원칙을 데이터 표준이라고 하며 용어와 설명을 등록하여 관리
데이터 모델	데이터 표준에 따라 만들어진 모델로 개념적 → 논리적 → 물리적 단계로 진행되며 데이터 모델을 개별 시스템 단위로 작성한 후 전사적 관점에서 통합된 모델을 완성
데이터 아키텍처 관리 프로세스	데이터 아키텍처의 효용성은 실질적인 운영조직을 통한 데이터의 현행화에 달려 있으므로 이를 위하여 유지·보수 조직을 구성하고 주기적인 현행화 프로세스, 표준 관리 프로세스를 수립하는 것이 중요
데이터 저장소	데이터 표준과 데이터 모델을 저장하여 필요한 경우 손쉽게 접근해서 활용할 수 있도록 지원하는 저장소

2.2 데이터 표준

데이터의 표준화는 조직에서 사용되는 데이터의 의미Semantic, 구문Syntax, 표현Representation의 불일치를 해결하고 일관성을 확보하는 것으로 데이터 표준화를 위해 다음과 같은 요소가 필요하다.

- 데이터 명세와 표준화를 위한 프레임워크
- 데이터 요소의 명명과 식별 원칙
- 메타모델

2.3 데이터 모델

단계	수행 내용
개괄적 모델	• 건축물의 조감도에 해당하는 데이터의 최상위 집합으로 전사적 차원에서 관리 • 각각의 집합을 상세화 또는 추상화하여 개괄적 모델 작성
개념적 모델	• 주요 키 엔티티와 핵심 행위 엔티티로 구성 • 데이터 모델의 골격을 구성함 • 데이터 영역, 데이터 클래스와 엔티티의 구체적인 연결
논리적 모델	• 모든 논리적 객체의 도출 • 최종 식별자가 확정된 데이터 모델 • 정규화와 반정규화를 수행하여 정제된 모델
물리적 모델	• 논리적 모델과 독립적임 • 테이블 칼럼, 각종 제약사항, 성능을 위한 물리 구성 고려 • 인덱스, 뷰, 파티션 등의 정의

2.4 데이터 프로세스

대표적인 데이터의 운영 및 관리와 관련된 프로세스는 다음과 같다.

데이터 프로세스	설명
정보전략계획 수립 프로세스	경영전략분석, 데이터 연관성 분석, 데이터 분산 분석에 대한 프로세스
메타데이터 관리 프로세스	메타데이터 모델링, 데이터 저장소 관리에 대한 프로세스
데이터 표준 관리 프로세스	데이터 이행, 정의, 표준화, 코드화에 대한 프로세스
데이터 활용 프로세스	다차원 모델링, 데이터 마이닝, 데이터 클렌징에 대한 프로세스

3 데이터 아키텍처 구축 시 고려 사항 및 접근전략

3.1 데이터 표준화 측면

데이터 표준은 개발자, 사용자, 데이터 아키텍트 간의 의사소통을 용이 하게 하여 시스템 개발 효율성을 증대시킨다.

표준화 시 점검해야 할 표준화 항목으로는 Naming 규칙, Full Name과 약어, 상세한 설명, 유사어·유의어, 정규화 등이 있다. 하지만 데이터 표준을 정하는 것보다 이를 적용하고 관리하는 것이 더욱 어려운 과제이다. 따라서 이를 효과적으로 지원하기 위해 프로그램에서의 필수 입력사항을 정의하고 중복검사를 통한 피드백이 가능한 지원 시스템을 구축하는 것이 필요하다.

3.2 데이터 모델 구축 측면

데이터 모델을 구축 운영하면서 초기 모델만 작성되거나 누락된 경우, 기존에 작성된 모델들이 있어도 현행화가 진행되지 않은 경우, 실제 테이블은 있으나 모델이 정의되지 않은 경우, 변경된 이력들을 확인할 수 없는 경우 등이 발생하는데 이를 최소화하는 것이 필요하다.

이러한 오류들은 불필요한 커뮤니케이션을 증가시키고, 시스템의 유지·보수 비용을 키운다. 따라서 이를 최소화하기 위해 데이터 아키텍처 구축과정의 품질 활동과 이를 운영하는 전담 조직이 요구된다.

또 데이터 모델링을 효과적으로 구현하기 위해 Reverse 및 Forward Engineering 기법을 적극 활용할 필요가 있다. 초기 개발 시점에는 데이터 모델을 생성하기 위해 Reverse Engineering을 활용하고 신규 개발이나 유지·보수 시 Forward Engineering을 활용하도록 하며 모델링을 위한 CASE 도구를 사용하는 것이 바람직하다.

3.3 데이터 저장소 관리 측면

데이터 저장소의 구축은 데이터 모델링 도구의 저장소를 활용하는 방법과 별도로 개발하는 방법이 있다. 어느 방법을 사용하든지 저장소의 저장 구조를 정확히 이해해야만 효과적인 활용이 가능하다.

우선 데이터 모델링 도구의 저장소는 벤더가 지원하는 저장소를 활용하므로 구축이 쉬울 수 있으나 데이터 표준에 대한 정보는 별도 관리해야 하는 단점이 있다. 그리고 저장소 내용 변경이 설계에 영향을 줄 수 있으므로 관리에 세심한 주의를 요한다.

자체 저장소를 개발하는 방법은 데이터 표준과 데이터 모델을 하나의 저장소로 일관되게 관리할 수 있고, 엔터프라이즈 아키텍처EA의 다른 영역과 통합하여 상호 운영성을 향상할 수 있는 장점이 있다. 그러나 벤더의 데이터베이스 내부 정보를 이용하여 생성해야 하는 경우 두 저장소 간의 시점차가 발생할 수 있다.

4 데이터 아키텍처 구축의 기대효과

전사적 통합 데이터 아키텍처는 사업장 간 시스템의 상호 운용성을 향상시켜 인터페이스 개발을 용이하게 해주며, 신규 개발 시스템이나 현재 운영 중인 시스템의 업무분석 시 소요되는 비용과 납기를 단축하는 데 기여한다. 또 현업 사용자, 분석·설계자, 개발자, DBA 등 업무 담당자 간의 의사소통을 원활하게 하여 업무 효율을 향상시킬 수 있으며, 신규 ISP를 통한 정보화 전략 수립 시 기존에 구축된 데이터 아키텍처를 활용하면 분석이 용이해진다.

데이터 아키텍처 구축 효과
① 시스템 간 상호 운용성 향상
② 개발 및 운영 시스템 분석 용이
③ 업무 담당자 간 의사소통 향상
④ 업무 효율 증대

기출문제

9회 관리 전통적인 데이터 모델링과 데이터 아키텍처의 차이점을 비교하고 데이터 아키텍처 수립 방안을 설명하시오. (25점)

E-5

데이터 참조 모델

DRM: Data Reference Model

데이터 참조 모델은 전체 조직 차원의 표준화된 데이터 모델로 기능 및 데이터 요구 사항을 정의하기 위한 개념적·논리적 데이터 모델이다. 즉, 데이터 아키텍처 구축에 참조 및 재사용을 할 수 있도록 표준화시킨 데이터 모델이라고 생각할 수 있다.

1 데이터 참조 모델

1.1 데이터 참조 모델의 정의

데이터 참조 모델(DRM)
데이터 표준화, 재사용, 데이터 관리 지원을 위해 데이터를 분류하고 표준 데이터 구조를 정의한 체계

데이터 참조 모델은 데이터 표준화 및 재사용, 데이터 관리를 지원하기 위해 데이터를 분류하고 표준 데이터 구조를 정의한 체계이다. 이는 조직의 비즈니스를 해석하고 표현하기 위한 구조와 규칙을 종합적이고 표준화된 방법으로 표현한 것이다. 이해관계자 간의 모델 이해도를 높이고 일정 수준 이상의 품질이 보장되는 데이터 구조 및 내용을 공유하여 재사용성과 생산성을 향상시킨다.

1.2 데이터 참조 모델의 관리 목적

큰 기관이나 기업은 필요에 따라 단위 시스템 구축을 진행하다 보니 중복 투자 및 지원 낭비가 발생해 종합적인 시스템 구축을 위한 기준이나 접근

방법이 필요해지고, 이기종 시스템 간 연계 및 통합에 대한 문제가 대두되었다.

이런 이유로 데이터 아키텍처 및 데이터 참조 모델이 기업 및 공공기관 시스템 도입에 필요한 전략이 되었으며, 데이터의 표준화, 재사용, 참조의 목적으로 데이터 참조 모델에 대한 구축 및 관리가 필요하게 되었다.

목적	설명
데이터 표준화	• 데이터 표준화 가이드 제공 • 기업의 표준 데이터 모델 제공
데이터 재사용	• 데이터 재사용 및 공유 지원 • 기업 내 데이터 중복 관리 방지
데이터 참조	• 데이터 아키텍처 구축에 필요한 표준 사례의 식별 및 참조 지원 • 신규 데이터 모델 정의 시 시간 및 비용 감소

2 데이터 참조 모델의 관리 기준 및 구성 요소

2.1 데이터 참조 모델의 관리 기준

데이터 참조 모델은 만드는 기업이나 기관에 따라 방법에 차이가 있을 수 있으나 국내 정부기관의 경우 범정부 DRM을 통해 관리하고 있으며 다음과 같은 프레임워크를 갖고 있다.

데이터 참조 모델 프레임워크

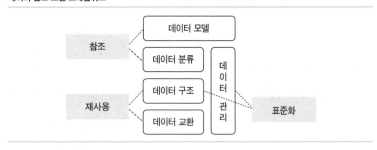

　　　　　　　　　　　　　　E • 데이터베이스 품질

2.2 데이터 참조 모델의 구성 요소

구성 요소	설명
데이터 모델	• 데이터 분류체계를 기반으로 데이터를 식별하고 도식화함 • 개념·논리·물리 데이터 모델을 모두 포함
데이터 분류	• 의미 기반 데이터의 영역 분류체계
데이터 구조	• 엔티티의 속성, 단어사전, 데이터에 대한 설명 • 데이터의 구조 및 표준화 항목 정의
데이터 교환	• 데이터의 교환을 위한 메시지 항목 명세, 참조 권한, 교환 정보 속성
데이터 관리	• 데이터 관리를 위한 주요 원칙 및 가이드

3 데이터 참조 모델의 활용

범정부 DRM 활용 목적
① 각 기관에서 좋은 품질의 데이터 아키텍처를 수립하게 하여 그 기관 내의 데이터 중복성을 없애고 데이터 일관성을 높이는 것
② 범정부 차원에서 각 기관의 데이터를 표준화하여 기관 간의 공유 데이터를 식별하고, 범정부 차원에서 데이터 활용 및 재사용을 촉진시키는 것

데이터 참조 모델이 데이터 교환을 위한 표준을 제시한다고 하지만 웹서비스와 같은 데이터 상호 운영을 위한 기술 표준을 말하는 것은 아니다. 다만 중앙기관이나 부서의 하부기관, 부서에서 다른 기관이나 부서와 정보 교환이 필요한 경우 데이터 참조 모델을 참조할 수 있다. 데이터 참조 모델은 하부기관이나 부서의 데이터 아키텍트가 데이터 아키텍처를 수립하는 데 중요한 참고자료가 된다. 데이터 참조 모델 기반의 데이터 품질관리체계를 수립하여 하부기관이나 부서의 데이터 품질개선도 가능하다. 또 데이터의 재사용과 공유를 지원하므로 기업 내 데이터에 대한 중복을 방지하고 관리를 쉽게 하며, 정보의 누락을 예방한다.

◀◀ 기출문제
87회 관리 데이터를 관리, 운용하는 데 중요한 데이터 참조 모델에 대하여 설명하시오. (10점)
(1) 데이터 참조 모델의 정의와 관리 목적에 대해 설명하시오.
(2) 데이터 참조 모델의 관리 기준을 설명하시오.
(3) 기업을 대상으로 한 데이터 참조 모델과 공공기관을 대상으로 한 데이터 참조 모델의 관리 및 활용 측면에서의 차이점을 설명하시오.

데이터 프로파일링

Data Profiling

데이터 프로파일링은 데이터 소스에 대해 일련의 데이터 검사 절차를 수행하여 데이터에 대한 중요한 정보와 통계치를 수집하는 것이다. 나아가 데이터의 구조, 내용, 품질을 발견하기 위해 다양한 분석 기술을 활용한다.

1 데이터 프로파일링

데이터 프로파일링은 정형 데이터의 품질을 위해 데이터베이스 내의 부정확한 것들을 발견하는 프로세스로 유효하지 않은 데이터, 데이터 구조 위반, 데이터 값이 업무규칙에 어긋나는 사례 등을 찾아낸다.

데이터 프로파일링은 현재 운영되는 시스템의 데이터에 대한 오류 발생 현상을 파악하기 위해서 활용될 수 있다. 시스템의 데이터와 관련된 오류를 발견하고 발견된 현상을 토대로 관리 문서와 시스템 간의 불일치 사항을 수정하여 고품질의 데이터를 확보할 수 있는 기반을 마련한다.

데이터 프로파일링은 오류 가능성이 있는 부정확한 데이터를 발견하는 과정과 발견된 부정확한 데이터 규칙을 토대로 오류 데이터를 추출하거나 검증하는 과정으로 진행된다. 프로파일링 기법으로 추출된 오류 데이터와 데이터 규칙은 데이터 현행화라는 품질개선 활동의 기초 작업이 되는 동시에 향후 품질관리 활동의 핵심 업무영역이 된다.

데이터 프로파일링
정형 데이터의 품질을 위해 데이터 베이스 내의 부정확한 것들을 발견하는 프로세스

데이터 프로파일링 목적
① 데이터 정확성
② 데이터 제어
③ 데이터 모니터링

2 데이터 프로파일링의 절차

데이터 프로파일링은 일회성 활동으로는 데이터의 품질을 보장할 수 없기 때문에 메타데이터 수집 및 분석, 데이터 프로파일링 수행, 데이터 정제의 순환이 이루어져야 한다.

2.1 메타데이터 수집 및 분석

메타데이터는 데이터를 위한 데이터로 프로파일링 수행 이전에 수집 및 분석이 이루어져야 한다. 메타데이터는 데이터의 부정확성을 판단하는 데 중요한 기초가 되므로 가능한 한 정확한 정보를 수집해야 한다.

우선 테이블 및 칼럼 정의서, 도메인 정의서, 데이터 사전, ERD 등 데이터 관리 문서를 수집하고 데이터베이스에 접속하여 실제 테이블 및 칼럼의 레이아웃, 제약조건Constraint 정보를 추출한다.

데이터 관리 문서와 실제 시스템에 정의된 구조를 비교하여 누락된 데이터 구조와 불일치 유형을 파악한다. 이러한 메타데이터 분석을 통하여 테이블명 누락 및 불일치, 칼럼명 누락 및 불일지, 자료형 불일치 등을 분석할 수 있다.

2.2 데이터 프로파일링

다양한 프로파일링 기법을 통해 부정확한 데이터 및 데이터 규칙을 찾아내는 과정이다. 칼럼 속성 분석으로 대상 칼럼의 데이터를 확인하여 유효 범위 내에 존재하는지 여부를 일차적으로 판단하고, 도메인의 유효성 확인 절차를 수행한다.

프로파일링 기법을 활용해 칼럼 분석을 실시하기 이전에 분석을 위해 활용할 기초 데이터가 필요하다. 이는 주로 칼럼의 총건수, NULL 값의 개수,

공백 및 0 값의 개수, 최댓값, 최솟값, 유일한 값의 개수, 최대 빈도 값, 최소 빈도 값 등이 이에 해당한다.

　사용된 값의 종류가 한정된 코드성 칼럼이나 구분 칼럼, 여부 칼럼 등의 검사는 육안 검사를 수행하고, 유일한 키 칼럼, 값의 종류 또는 분포가 다양한 경우에는 샘플링하여 패턴 분석을 수행하는 것이 바람직하다.

2.3 데이터 정제

프로파일링으로 찾은 오류 데이터나 규칙 등을 바로잡는 단계로 데이터 수정뿐만 아니라 필요에 따라 데이터의 삭제, 입력이 발생할 수도 있다.

3 데이터 프로파일링 기법

구분	설명
누락 값 분석	• 반드시 입력되어야 하는데 값의 누락이 발생한 칼럼 분석 • NULL 값의 분포와 공백 값, 숫자 0 등의 분포를 파악하여 실시
값의 허용범위 분석	• 칼럼의 속성 값이 가져야 할 범위 내에 값이 존재하는지 여부 파악 • 해당 속성의 도메인 유형에 따라 범위가 결정됨 • 측량 단위, 자료형의 크기, 실수형의 경우 자릿수 및 소수점이 대상이 됨
허용 값 목록 분석	• 해당 칼럼의 허용 값 목록이나 집합에 포함되지 않는 값을 파악 • 분석 대상 칼럼의 개별 값과 발생 빈도를 조사 • 값의 유무, 여부를 나타내는 칼럼 및 코드성 칼럼이 분석 대상임
문자열 패턴 분석	• 칼럼 속성 값의 특성을 문자열로 도식화한 칼럼 패턴에 대한 분석 • 대용량 데이터의 모든 칼럼 레코드에 대한 육안 검사는 현실적으로 불가 • 특정 번호(주민등록번호, 사업자등록번호 등 숫자와 하이픈으로 표현), 코드성 칼럼(대문자만 사용) 등 문자로 정형화되어 발생 유형을 단일화할 수 있는 칼럼에 대한 분석을 수행
날짜 유형 분석	• 일반적으로 날짜 유형은 DBMS에서 제공하는 DATETIME 유형을 사용하거나 문자형에 날짜 패턴을 적용하여 활용하는 두 가지 방법을 사용 • DBMS 제공 DATETIME을 이용하는 경우 유효성 검사는 불필요함
기타 특수 도메인의 분석	• 주민등록번호, 사업자등록번호, ISBN 등 특정 번호 형식이 있고 별도의 검증 로직이 존재하는 경우 • 문자열 패턴 분석을 통해 일차적인 비유효 패턴을 발견하고 오류 데이터의 검증은 칼럼 속성 값의 특수 도메인 검증 로직을 통하여 검증
유일 값 분석	• 업무적 의미에서 유일해야 하는 칼럼에 중복이 발생했는지 파악 • 테이블의 식별자로 활용되는 칼럼 속성의 값들이 주요 유일 값 분석 대상
구조 분석	• 구조 결함으로 인한 일관되지 못한 데이터를 발견하는 분석 기법 • 관계 분석, 참조 무결성 분석, 구조 무결성 분석 등으로 불리기도 함

참고자료

한국데이터진흥원. 2009. 『데이터 품질진단 절차 및 기법(Ver 1.0)』.

기출문제

83회 관리 데이터 프로파일링(Data Profiling)에 대하여 설명하시오. (10점)

데이터 클렌징 Data Cleansing

기업에서 중요한 의사결정을 할 때는 불완전한 정보 때문에 비즈니스 결정에 오류를 미칠 가능성을 사전에 제거할 필요가 있다. 데이터베이스의 데이터를 정화해야 할 뿐만 아니라 타 데이터베이스로부터 인터페이스 되는 이종의 데이터에 대해서도 일관성을 부여하는 역할이 필수이다.

1 데이터 클렌징의 개요

1.1 데이터 클렌징의 정의

데이터베이스에서 불완전하고 오류가 있는 데이터를 검출·정정·변환 등의 보정하여 정제된 데이터를 만드는 과정 또는 방법을 말한다. 데이터 클렌징을 위해서는 업무에 맞는 규칙을 제공하고, 수학적 알고리즘 등을 적용해 데이터에 대한 신뢰성을 높이는 작업을 필수적으로 수행한다.

데이터 클렌징
불완전하고 오류가 있는 데이터를 보정하여 정제된 데이터를 만드는 과정 또는 방법

1.2 데이터 클렌징 필요성

프로그램오류, 원본데이터손실, 이력관리오류, 데이터 이관 시 매핑 오류 등 다양한 오류로 인한 비즈니스 결정의 오류 방지하고, 전사적 관점의 데이터 통합에서 단위 시스템 간에 다르게 표현된 값을 표준화하기 위한 수단으로 정확성과 일관성을 보장을 위해 필요하다. 이는 Data Scientist 들의

주요 일과 중 60%를 차지하는 시간이 많이 들며 중요한 작업이기도 하다 (Forbes 2016).

2 데이터 클렌징 방법

2.1 변환 Conversion

다양한 값들을 동일한 형태의 일관된 표현으로 변환하는 작업으로 남녀의 성별 값, 연월일 표기, 단위 변환 등에 많이 활용된다.

변환 유형	내용	예시
코드체계 변환	다양한 형태의 남녀 성별 표기	mail/femail, 0/1, x/y → m/f 단일
형식 재구성	다양한 날짜의 단일 형식 표기	mm/dd/yy, yy/mm/dd → yyyy/mm/dd
수학적 변환	단위의 변환	$100 → 120,000원 2.5hr → 150min

2.2 파싱 Parsing

파싱은 데이터 정제 규칙을 적용하기 위한 의미 있는 최소 단위로 분할하는 작업으로 유효성 체크를 위해 많이 사용하는 기법이다.

예를 들어 주민등록번호 체크를 위해 자릿수(13자리) 체크 및 불필요한 글자 제거, 생년월일의 숫자가 유효한 값인지, 성별 값이 맞는지의 유효성을 확인할 수 있다.

2.3 보강 Enhancement

변환, 파싱을 통해 수행한 클렌징 작업에서 추가적으로 보완을 수행하는 방법이다. 이에는 부서 코드 이상 여부, 성별 체크, 결혼기념일 값을 통해 결혼 여부 상태 반영 등의 부가작업을 할 수 있다.

3 데이터 클렌징 활용 및 고려 사항

3.1 데이터 클렌징 활용

데이터 클렌징은 DW Data Warehous 구축 시 필수적이며, DQM, MDM 구축, DB 통합 구축 및 마이그레이션 시 활용되는 기법이다.

    최근에는 빅 데이터 분석의 정확도 향상을 위해 데이터 클렌징을 활용하기도 한다.

3.2 데이터 클렌징 적용 시 고려 사항

데이터 클렌징을 위한 초기 계획 수립 시 데이터 클렌징의 기준, 범위, 주기를 관련 부서와 함께 정의하도록 한다. 데이터 클렌징 수행 시 데이터 모델링을 고려하고 As-Is 분석과 To-Be에 대한 절차를 수립해야 한다. 최종 데이터 클렌징을 완료한 후에도 오류 점검, 중복 데이터 점검 등을 통해 데이터 클렌징의 효과를 높이도록 세심한 주의가 필요하다.

참고자료
Cleaning Big Data: Most Time-Consuming, Least Enjoyable Data Science Task, Survey Says, FORBES, MAR 23, 2016

메타데이터

다양한 정보를 효과적으로 검색 및 식별하고 이를 활용하기 위해 구축된 정보로, 일반적으로 메타데이터는 데이터를 표현하기 위한 목적과 데이터를 관리·활용하기 위한 목적으로 사용한다.

1 메타데이터 개요

1.1 메타데이터 정의

정보를 효과적으로 정의, 검색, 식별, 활용하기 위해 일정 규칙이 부여된 가장 기본적인 정보의 단위이다. 메타데이터는 데이터에 관한 구조화된 데이터로 정보의 내용과 다른 자원과의 관계, 속성 등 자원을 식별할 수 있는 데

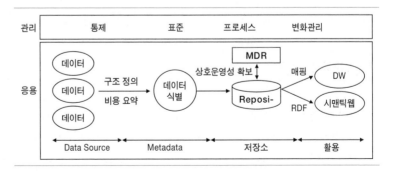

이터 요소로 구성되어 있다.

1.2 메타데이터의 특징

상호 운용성을 확보하여 상호 연관된 부서 또는 개별적 지식 정보 자원의 활용이 가능하며, 웹 자원의 폭발적 증가 및 검색의 정확성 향상을 위해 통합검색 기능을 제공한다. 콘텐츠 개발 시 중복 개발, 비용 낭비 등을 사전에 방지할 수 있다.

2 메타데이터 레지스트리

2.1 MDR MetaData Registry의 개요

대용량 데이터에 대한 정보공유 및 데이터 교환을 극대화하고 일관된 데이터 운용성 향상을 위해 체계적으로 분류·정의된 정보 저장소이다. 즉, 메타데이터를 식별하고 일관된 품질을 유지하기 위한 데이터베이스이다. 메타데이터의 등록과 인증을 통해 표준화된 메타데이터를 유지·관리하며, 메타데이터의 명세와 의미 공유로 호환성을 높일 수 있다.

2.2 MDR의 필요성

하나의 메타데이터 형식으로 모든 자원을 기술할 수 없으며, 이미 다양한 형식의 메타데이터 표준들이 개발되어 있어서 앞으로 더 광범위한 분야의 메타데이터가 필요할 것이다.

2.3 MDR의 기능

데이터의 요청과 등록을 유용하게 하고, 데이터의 접근과 사용을 촉진한다. 메타데이터에 의해 기술된 특징을 이용하여 데이터의 조작을 가능하게 함으로써 지능적 소프트웨어에 의한 데이터 조작을 용이하게 할 수 있다. 또

CASE 툴과 저장소Repository를 위한 데이터 표현 메타모델의 개발을 가능하게 한다. 전자 데이터 교환과 데이터 공유를 유용하게 하는 데도 MDR이 도움을 준다.

3 MDR 표준 ISO/IEC 11179

3.1 ISO/IEC 11179의 정의

ISO/IEC 11179은
전체 6개 부분으로 구성

메타데이터를 명명하고 식별하고 관리하는 방법론에 대한 권고안이다. 데이터의 의미, 구문, 표현을 표준화 할 수 있는 프레임워크를 제시하고, MDR를 활용해 메타데이터를 등록·인증한 표준화된 메타데이터를 유지·관리하고, 데이터 통합, SOA Service-Oriented Architecture 구축 지원 등 정보 시스템 전반의 활용성 강화를 지원한다.

3.2 ISO/IEC 11179의 구성

부분	명칭	설명
11179-1:2015	Framework	6개 표준들의 유기적 관계와 데이터 요소, 값 영역, 데이터 요소 개념, 개념 영역, 분류스킴 등을 설명
11179-2:2005	Classification	관리항목들을 분류하고 분류 스킴들을 등록하기 위한 절차와 기술
11179-3:2013	Registry metamodel and basic attributes	MDR의 구조, 메타데이터 항목들의 기본 속성, 11179 표준의 범위
11179-4:2004	Formulation of data definitions	데이터와 메타데이터의 정의에 필요한 필수요건 및 권고요건을 기술
11179-5:2015	Naming and identification principles	관리항목에 이름과 식별자(identifier)를 부여하는 원칙을 제공
11179-6:2015	Registration	관리항목에 관한 메타데이터의 등록에 관한 표준

◀◀ 기출문제
83회 관리 전사적 데이터베이스 통합 프로젝트환경에서 데이터 중복 및 오류 문제를 줄이고자 데이터품질 개선을 위해 요구되는 품질기준 4가지 이상을 제시하고, 데이터 표준화 및 메타데이터 구축방안을 설명하시오. (25점)

MDM Mater Data Management

기업 내에는 다양한 시스템이 있고, 업무별로 서로 다른 시스템이지만 통합적으로 관리되어야 할 데이터가 필요하다. 만약 전사 관점에서 동일한 기준으로 바라볼 수 있는 관리 데이터가 없다면 어떻게 되겠는가? 전사에서 사용하는 기준 데이터를 하나의 저장소에서 일관되게 관리하기 때문에 기업 전체의 데이터 정합성을 유지할 수 있는 것이다.

1 MDM의 개요

1.1 MDM의 정의

기업 비즈니스 프로세스의 전반에 사용되는 중요 공통 데이터인 기준정보 Master Data를 관리하여 데이터 중복을 방지하고, 일관된 기준 정보를 제공해 효율적이고 안정적인 시스템 운영이 가능하게 하는 관리체계 및 솔루션이다.

업무적·시스템적으로 기준이 되는 기준 데이터를 데이터의 정제와 머지를 통해 하나의 저장소에 통합해 업무지원 시스템과 의사결정 시스템에 하나의 Master Data를 제공한다.

기준정보(Master Data) 정의 기업의 모든 비즈니스 활동 및 경영진의 비즈니스 의사결정에 근간이 되는 기준 데이터

1.2 MDM의 등장 배경

기준 정보의 불일치로 업무 시스템에 데이터 신뢰도를 저하시키는 원인을 제공하고, 기준 데이터를 각 시스템별로 독자적으로 관리하기 때문에 인터

페이스 비용도 증가한다. 또 동일 정보를 사용해야 하는 이해관계자들 사이에 정보 활용이 어렵고 의사소통에서도 문제점을 일으켜 각 기업에서는 독자적인 MDM 시스템을 관리·운영하고 있다.

1.3 MDM의 주요 역할

주요 역할	설명
데이터 통합	• 기업내 공통 사용 데이터의 통합 및 일관성 제공 • 전사적 공통 속성 관리, 마스터 및 기초 코드의 단일 등록 창구, 통합 Repository 관리
데이터 관리	• 분류 모델 및 관계 모델, 데이터 품질관리 및 등록/수정에 대한 승인 workflow와 lifecycle 관리
품질유지	• 데이터의 중복성, 부정확성, 불일치성 제거
협업지원	• 마스터 데이터를 관리하기 위한 프로세스 협업 지원
Publishing 기능	• 외부 시스템에 Interface 및 MDM Global Operations

2 MDM의 구성

2.1 MDM의 구성도

Master Data Management를 위해 데이터 모델, 프로세스, 관리 조직이 필요하며, 이에 따라 IT 인프라를 통해 MDM을 지원하게 된다.

2.2 MDM의 구성 요소

MDM 구성 요소
① 데이터 모델
② 데이터 관리 프로세스
③ 데이터 관리 조작
④ MDM 인프라

광범위한 MDM 구성과 기준 데이터 제공을 위해 다음과 같은 주요 구성 요소가 있다.

구성 요소	내용	사례
데이터 모델	데이터의 표준을 정의, 준수, 관리 할 수 있도록 분류체계, 코드체계, 속성체계 등을 정의	개념/논리/물리적 모델링
데이터 관리 프로세스	마스터 데이터를 수집하고 활용하는데 필요한 모든 절차	• 소스데이터 파악 • 스테이징, 표준화, 입증 및 증명 • 매칭 및 분류, 연결 및 전달

구성 요소	내용	사례
데이터 관리 조직	마스터데이터의 수집, 표준화, 검증, 관리, 감시를 수행하는 전사 조직	• 표준화팀, 경영혁신팀 • 각종 단위 정보 관리팀 • 전사 마스터데이터 관리팀
MDM 인프라	마스터데이터를 저장, 관리, 활용하기 위한 데이터 저장소, M/W 등의 인프라	• 데이터 Repository • Work flow, 데이터 방화벽

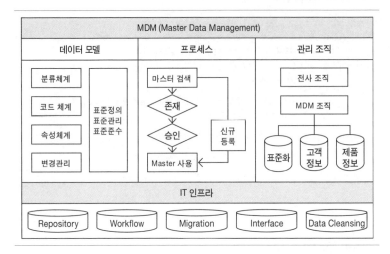

3 MDM의 구축 유형

3.1 분리 관리방식 Consolidation

마스터 데이터는 MDC Master Data Client 에 있고 중앙에서는 관련 매핑 정보만 유지하는 방식이다. 각 기준 정보를 MDC에서 생성하면 중앙의 MDS Master Data Server 에 통보한다. 기존 시스템에는 영향이 적으나 중앙에서 관리하기가 복잡하고 통제가 어려운 단점이 있다.

3.2 집중 관리방식 Central Master Data

마스터 데이터 자체는 중앙인 MDS에서 관리하고, 추가 및 변경 발생 시 각 MDC에 변경사항을 배포한다. MDS에 생성한 후 메타데이터로 매핑된 MDC에 배포하는 방식이다. 기업 측면에서 단일 View가 가능하여 중앙통

E • 데이터베이스 품질

제가 가능하다.

3.3 혼합 관리방식 Harmonization

가장 현실적인 관리방법으로 분리 관리방식과 집중 관리방식을 혼합했다. 마스터 데이터는 MDS에서 관리하지만 일부 속성들은 MDC에서 관리하는 방식을 취한다. MDS에서 신규 생성이 이루어진 후 각 MDC에서 Local 속성 값을 생성한다.

4 MDM 도입 효과

4.1 구축 측면

신규 응용 시스템 구축 시 마스터 데이터 활용 측면에서 데이터베이스 설계 시간을 절약할 수 있으며, 데이터베이스 설계 오류로 인한 위험 요소를 줄일 수 있다. 또 이기종 시스템 간 손쉬운 인터페이스 환경 및 효율적인 프로세스 통합이 가능하다.

4.2 유지·보수 측면

서비스의 재사용성을 통한 유지·보수 소요 자원이 감소하고 프로세스 유연성에 대한 IT 서비스 Delivery 시간을 획기적으로 단축할 수 있다. 체계적인 프로세스 기반의 MDM을 통해 전사 시스템에 대한 만족도가 높으며 유지·보수에 대한 부담을 덜 수 있다.

4.3 사용자 측면

동일 기준의 데이터 관리로 데이터 일관성 및 정확성이 확보되므로 시스템을 통한 데이터 관리, 지표 추출 등의 정보 불일치가 없다. 따라서 부서 간 의사소통 및 협업이 용이하고 시스템 활용률이 높아진다. 특히 지표의 신뢰성을 바탕으로 BAM Business Activity Monitoring 지표를 실시간 모니터링해서 업무 효율의 향상을 가져온다.

◀◀ 기출문제

98회 관리 정부, 공공기관 및 기업의 데이터는 소중하게 보관되어야 할 중요한 자산이다. 데이터 관리를 통해 다양한 통계를 추출하고, 미래 예측을 위한 중요한 의사결정을 할 수 있다. 이를 위한 체계적이고 효과적인 데이터 이력관리(Data History Management)가 요구된다.
다음에 대해 설명하시오.
가. 이력 데이터(History Data) 종류
나. 데이터 이력관리(Data History Management)의 유형 및 특성 (10점)

F

데이터베이스 응용

F-1

데이터 통합 Data Integration

이미 대부분의 기업에서는 여러 IT 솔루션을 도입하여 다양한 기능의 시스템을 사용하고 있다. 이러한 시스템은 기간계와 연계되어 사용되는 경우도 있고, 독자적으로 운영되는 시스템도 있다. 그러나 기업의 업무가 서로 통합되고, 의사결정을 위한 다양한 데이터가 필요하면서 상호 다른 솔루션의 데이터베이스에 접근해야 하는 일들이 발생하게 된다. 이렇게 기업 내 산재한 다양한 시스템으로부터 데이터를 모으고, 이 데이터들이 가치 있고 재사용 가능한 정보가 되도록 만들어주는 과정을 데이터 통합이라고 한다.

1 데이터 통합 개요

1.1 데이터 통합 정의

기업 내 산재한 다양한 시스템의 데이터를 물리적·논리적으로 통합하여 마치 하나의 데이터소스에 접근하는 것과 같이 만드는 과정이다.

데이터 통합은 데이터의 가치와 활용을 향상시키는 과정이다.

데이터 통합의 필요성
① 산재된 시스템 내에 존재하는 유효한 데이터의 일관된 정보 제공 요구
② 의사결정을 위한 다양한 관점의 Dashboard 구축을 위한 데이터 필요

1.2 데이터 통합 방법

데이터를 통합하는 방법에는 여러 가지가 있지만 일반적으로 실무에 구현되는 방법을 구분해보면 대략 3가지 정도의 방법이 있다.

이 중 물리적 통합 방법과 애플리케이션을 이용한 방법은 DW, ETL, EAI 등의 장에서 자세한 내용을 확인할 수 있으므로 여기에서는 주로 논리적인 통합 방법인 EII 위주로 설명하려고 한다.

통합 방법	설명	관련기술
물리적 통합	다양한 데이터베이스로부터 필요한 데이터를 추출하여 하나의 데이터베이스로 통합하는 방법	DW, ETL
애플리케이션을 이용한 방법	사용자가 데이터 Handle 시 Broker 또는 미들웨어를 이용해 이기종의 다양한 데이터베이스의 데이터를 처리하는 방법	EAI
논리적 방법	물리적인 데이터 통합 없이 논리적으로만 데이터를 통합하여 사용자가 마치 하나의 데이터베이스에 접근하는 것처럼 느끼도록 하는 방법	EII

2 논리적 데이터 통합 EII의 개요

기업 내 다양한 시스템에 대한 데이터를 물리적으로 통합하기란 현실적으로 매우 어렵다. 이기종 데이터베이스를 사용하고 있다면 더더욱 어려운 상황일 것이다. 데이터베이스뿐만 아니라 애플리케이션도 변경해야 하기 때문이다. 시간과 비용 측면에서 의사결정하기 매우 어려운 방법이다. 그래서 물리적인 통합 없이 논리적으로만 하나의 데이터베이스인 것처럼 구성하여 시간과 비용을 줄이자는 의도로 EII가 등장했다.

2.1 EII Enterprise Information Integration 의 정의

EII의 장점
① 물리적 데이터 이동 불필요
② 실시간 정보 통합
③ 이기종의 콘텐츠 통합
④ 단일한 데이터 뷰 제공
⑤ 유연한 확장성 제공
⑥ Tool을 활용한 관리 효율성 향상

EII는 물리적인 통합 없이 다양한 애플리케이션이 여러 데이터에 자유로이 접근할 수 있는 가상의 데이터 통합기술이다. 각 데이터의 원위치를 유지한 상태로 통합하고 필요에 따라 데이터에 접근하는 인터페이스를 단일화하는 형태이다.

2.2 EII의 개념 모델과 구성 요소

주요 구성 요소	설명	주요 기능
Connectivity Layer	• 다양한 데이터베이스, 애플리케이션, 파일 등에 접근 가능하도록 지원하는 adapter	각 DB에 물리적 연결
Federated and Distributed Layer	• 쿼리를 분해하여 원천 소스에 서브쿼리를 수행하는 역할 • 각 쿼리 결과는 메모리에 저장되며, 조인이나 매핑 작업을 통해 전체 뷰가 만들어짐	각 DB별 쿼리 분해 및 결과 취합

주요 구성 요소	설명	주요 기능
Cache Layer	• EII 성능 향상을 위해 전체 또는 일부 쿼리 결과를 저장	결과 저장
Consumption Layer	• 사용자나 애플리케이션의 쿼리를 표현하고 결과를 제공하는 계층	요청한 형태로 결과 제공
Meta Data Repository Layer	• 각 계층별로 논리적 매핑을 위해 지원하는 역할을 수행 • 요청된 질의의 실행계획 설계나 실제 실행이 가능하도록 다른 아키텍처 영역을 지원	논리적 매핑

EII의 개념 모델

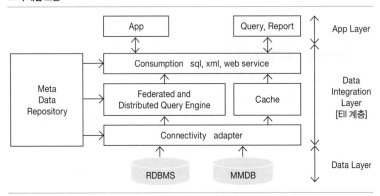

Meta Data Repository를 기반으로 이기종 데이터베이스의 데이터를 실시간으로 연동하는 개념 모델이다.

EII의 주요 구성 요소

항목	ETL	EAI	EII
주요 기능	DW로 데이터 이동	App 간 연계 수행	최신 통합정보
데이터 적시성	배치방식, 이력정보	없음	운영 시스템 최신정보
통합유형	중앙통합저장소	App 간 1:1 통신	분산된 정보조회
Data 수정	불가능(단방향)	메시지를 통한 수정	정보 원천 일부수정
Data 이동	대용량 데이터 이동	App 간 메시지 전달	물리적 이동 없음

2.3 EII와 타 데이터 통합 방법 간 비교

ETL Extract, Transform, Load도 실시간으로 데이터를 적재하는 방식이 데이터 통합 방법으로 일부 쓰이고 있으나, 비용이 매우 높아진다. 따라서 ETL은 실시간보다는 주기적인 배치 작업으로 데이터를 타깃 Target 데이터베이스에 적재하는 것이 일반적이다.

◀◀

기출문제

87회 조직응용 데이터의 물리적 이동 없이 여러 플랫폼에 산재한 정형/비정형 데이터를 실시간으로 자유로이 접근할 수 있는 가상의 데이터 통합기술인 EII (Enterprise Information Integration)를 ETL(Extract Transform & Load)과 비교 설명하시오. (25점)

F-2

데이터 웨어하우스

대량의 데이터와 각종 외부 데이터들로부터 의미 있는 정보를 찾아내 기업 활동에 활용하는 비즈니스 측면과, 전사에 걸친 업무계 시스템의 분산 데이터베이스를 통합하고 효율적인 의사결정 지원정보를 제공하는 측면에서 데이터 웨어하우스가 강조되고 있다. 데이터 웨어하우스는 기업의 전체 조직에 걸친 주제 중심적·통합적·시계열적이며 비휘발성을 띠는 영구적인 데이터 저장소이다.

1 데이터 웨어하우스의 등장 배경

기업들이 업무의 효율성과 생산성 향상을 위해 IT 시스템을 도입한 것은 이미 오래전 일이다.

IT 시스템 도입 후 지금까지 이미 대부분의 기업들은 방대한 양의 업무데이터를 보유하게 되었고, 업무의 다양성도 증가하여 이기종의 솔루션 도입도 늘어났다.

이제 의사결정을 위해 월별·분기별·반기별·연도별 데이터를 추출하고 가공하여 보여주기에는 매우 부담스러운 데이터양이 된 것이다.

이러한 문제들을 해결하기 위해 빠르고, 주제 지향적으로 요청자에게 정보를 제공할 수 있는 데이터 웨어하우스가 등장하게 되었다.

2 데이터 웨어하우스 개요

2.1 데이터 웨어하우스의 정의

데이터 웨어하우스는 의사결정 지원이라는 특별한 목적에 맞게 설계된 주제 지향적·통합적·시계열적·비휘발성의 데이터 집합체이다.

기업 내의 의사결정 지원 애플리케이션을 위한 정보 기반을 제공하는 통합된 데이터 공간이라고도 해석된다.

기업 내 여러 곳에 분산되어 운용되는 트랜잭션 위주의 시스템에서 필요한 정보를 추출한 후 하나의 중앙 집중화된 저장소에 모아놓고, 이를 여러 계층의 사용자들이 손쉽게 이용하기 위하여 만든 데이터 창고이다.

2.2 데이터 웨어하우스의 특징

특징	설명	비고
주제 지향적	• 일상적인 트랜잭션 프로세스 중심의 시스템과 달리 일정한 주제별로 구성 • 관심 주제별로 구성되어 빠른 성능으로 정보를 제공할 수 있음	subject-oriented
통합성	• 이기종의 다수 데이터베이스로부터 하나의 데이터베이스로 데이터를 통합할 수 있음 • ETL 시 동일 의미의 다른 표현(예: 성별을 F/M 또는 1/0, female/male 등으로 서로 상이하게 표현)을 동일한 형태로 일관성 있게 통합함	integrated
시계열성	• 운영계 데이터베이스는 항상 정보를 최신 값으로 유지하나, 데이터 웨어하우스의 데이터는 '스냅숏'의 개념으로 데이터를 쌓아간다. 따라서 시간 변화에 따른 데이터의 축적으로 시계열적인 조회가 가능함	time-variant
비휘발성	• 데이터 웨어하우스에 한 번 적재된 데이터는 삭제되지 않음 • 기본적으로 데이터 웨어하우스는 read만 가능하며, delete/update 등의 기능은 제공하지 않음	non-volatile

3 데이터 웨어하우스 구조

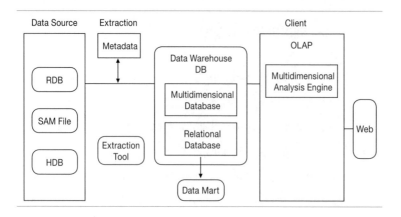

3.1 ETL Extract, Transform, Load

기존의 다양한 시스템과 파일에 저장된 데이터를 하나의 데이터 웨어하우스로 통합하기 위해 데이터를 추출·가공·적재하는 일련의 과정을 말한다.

ETL은 ETT라는 용어로 사용되기도 함(ETT: Extract, Transformation, Transportation)

단계	서비스 내용
추출 (Extraction)	• 원본 파일과 트랜잭션 데이터베이스로부터 데이터 웨어하우스에 저장될 데이터를 추출하는 과정 • 추출의 기준이 명확해야 함 • 초기 추출(migration): DW에 최초로 데이터를 구축할 때 사용 • 주기적 추출(batch): DW Mig. 후에 일/월 단위의 주기적인 보완
가공 (Transform)	• 질적으로 문제가 있는 데이터를 정제(cleansing) • 열 수준(Column Level): 남/녀 구분 등 Value Set의 정제 • 레코드 수준(Record Level): 선택(selection), 결합(join), 집단화 기능 이용
적재 (Load)	• 선택된 데이터를 데이터 웨어하우스에 전송하여 저장하고, 필요한 색인을 만드는 과정

EII Enterprise Information Integration 는 물리적인 데이터 이동 없이 논리적으로만 데이터를 통합하는 반면 ETL은 실제 데이터를 원본 Source 데이터베이스로부터 목표 Target 데이터베이스로 적재한다.

3.2 데이터 마트

데이터 마트는 전사적으로 구축된 데이터 웨어하우스 Warehouse 로부터 특정 주제나 부서 중심으로 구축된 소규모 단일 주제의 웨어하우스이다.

데이터 마트는 전사적 정보라기보다는 특정 주제, 특정 업무 중심이며, 주로 다차원 데이터 형태의 정보를 제공한다.

데이터 웨어하우스보다 빠른 시스템 응답속도를 제공하며, 규모, 비용 등에서 구축이 용이하다.

데이터 웨어하우스와의 비교

구분	데이터 마트	데이터 웨어하우스
구축 기간	수개월	수개월, 수년
데이터양	대량	초대량
DB 유형	다차원	다차원, 관계형
질의 형태	읽기, 쓰기	읽기
데이터 범위	과거, 현재, 미래	과거, 현재

3.3 OLAP Online Analytical Processing Tool

OLAP는 분석가, 관리자, 임원의 다차원 분석을 지원하는 소프트웨어 기술이다. 비정형 검색과 다차원 분석을 위한 사용자 분석도구와 데이터베이스 서버로 구성된 소프트웨어이며, 의사결정과 중역 정보를 검색·저장·관리하기 위한 다차원 분석 도구이다.

– 시스템 구성 요소
- 데이터 저장
- 데이터 관리
- 다차원 관리와 계산
- 다차원 인터페이스

4 기존 업무 시스템과 데이터 웨어하우스의 차이

구분	기존 업무 시스템	데이터 웨어하우스
용도	업무처리 중심 (transaction-intensive)	질의 중심 (query-intensive)
기능	데이터 처리, 업무 프로세스 지원	의사결정지원
범위	현재 데이터	현재 및 과거 데이터

구분	기존 업무 시스템	데이터 웨어하우스
통합도	업무 프로세스 중심으로 데이터 통합	주제 중심으로 데이터 통합
모델	정규화 모델	다차원 모델
갱신	주기적·지속적·실시간적 갱신	계획된 갱신
프로세싱	데이터 입력, 수정, 삭제 중심 Batch 및 OLTP	데이터 검색 및 분석 중심 OLAP

5 데이터 웨어하우스 구축

5.1 데이터 웨어하우스 구축 시 고려 사항

대부분의 데이터 웨어하우스가 구축 이후 사용률이 떨어지는 것은 요구한 정보의 누락 및 원하지 않는 정보의 제공 때문이다. 따라서 사용자의 요구 사항을 명확히 분석한 후 구축해야 한다.

사용자가 요구한 정보를 제공한다고 해도 조회 시간이 오래 걸린다면 사용자는 조회 버튼을 누르는 것이 두려워질 것이다. 효과적인 모델링을 통한 성능 고려 또한 중요한 사항이다. 사용자의 요구는 구축 이후 운영 상황에서도 지속적으로 변경될 것이다. 따라서 사용자의 변화하는 요구를 수용할 수 있도록 유연하고, 확장 가능한 구조를 고려해야 한다.

5.2 데이터 웨어하우스 구축 단계

단계	설명	비고
사용자 요구조건 정의	• 의사결정을 위한 사용자 요구 확인 • 조회 조건 및 결과 양식에 대한 상세한 정의	인터뷰, 기존 출력물 검토
데이터 분석	• 기업 내 보유 데이터 분석 (이기종 시스템의 동음이의어 및 이음동의어 확인) • 최종 적재될 데이터 형식 결정	실무 담당자 협업
모델링	• 업무에 적절한 다차원 모델링 결정 및 정규화 수준 정의	Star / Snowflake Schema 검토
메타데이터 생성·관리	• 어떤 데이터를 어떻게 저장할 것인지 세부적 검토 및 이를 토대로 메타데이터 생성 • 관리 주체 지정 및 관리 Tool 검토	시스템, 프로세스, 관리 조직 검토
분석 도구 선택	• OLAP Tool 검토 및 선정 • 각 기업 업무 목적에 맞는 Tool 선정	가격, 성능 고려

6 데이터 웨어하우스 구축 시 주요 성공 요인과 향후 전망

6.1 데이터 웨어하우스 구축 시 주요 성공 요인

성공적인 데이터 웨어하우스 구축을 위하여 우선 구축하려는 목표를 명확하게 설정해야 한다.

일회성 프로젝트가 아닌 지속적인 관리가 가능하도록 체계를 구성하고, 지속적인 데이터 정합성 검증 체계도 함께 고려한다.

확장성과 관리의 용이성 제공을 통한 비즈니스 변화에 대응할 수 있는 구조로 구축한다. IT 주도가 아닌 비즈니스 주도에 의한 프로젝트 수행 및 관리가 수행되어야 한다.

전사적 관점에서 데이터 표준화 및 주제영역 선정 등 일련의 표준화 및 데이터 품질 향상을 통해 정보에 대한 신뢰성을 확보한다. 또 전사 차원의 단일 버전 관리로 중복 관리를 방지하고 고급정보의 획득 장소로 인식되게 해야 한다.

6.2 데이터 웨어하우스 향후 전망

데이터 웨어하우스에 대한 관심은 예전부터 많았고, 많은 산업분야(금융, 제조, 서비스 등)에서 구축이 이뤄진 상태이다. 그러나 구축 후 활용률이 높은 곳은 그리 많지 않은 것이 현실이다.

하지만 최근 운영계 데이터가 방대해지면서 더 이상 운영계를 통한 데이터 통계가 쉽지 않아 다시 데이터 웨어하우스에 대한 관심이 높아지고 있다.

과거에는 주로 특정 산업분야에서 구축된 데이터 웨어하우스는 이제 전 산업으로 확대되는 양상이다. 그 예로 CDW Clinical Data Warehouse, 즉 의료에 대한 데이터 웨어하우스를 들 수 있다.

또 결과를 보여주는 데이터 시각화 Data Visualization 에 대한 관심도 매우 높아졌으며, 일체형의 데이터 웨어하우스 제품 DW Appliance 들도 시장에 나타났다.

데이터 웨어하우스는 빅 데이터 시대에 맞게 개념을 확장하여 발전할 것으로 예상된다.

F-3

데이터 웨어하우스 모델링

데이터 웨어하우스는 데이터를 보는 관점을 중요시하며 이를 위해 다차원적이고 주제 중심적으로 정보를 제시한다. 이러한 특성을 만족시키기 위해 데이터를 보는 관점에 주력하여 모델링을 수행한다.

1 모델링 관련 주요 용어

데이터웨어 하우스 모델링 시 주로 사용되는 다차원 모델링의 정의
Fact와 Dimension을 활용해 다양한 View를 제공, 효과적인 분석을 지원하는 모델링 기법

단계	주요 의미	예
모델	• 주제영역 또는 사용자가 관심을 가지는 정보 • 다차원의 경우는 큐브(cube)에 해당	계약모델
사실 (Facts)	• 사업의 특정 단면이나 활동을 수치로 표현한 값 • 사실 테이블(fact table)에 저장	납입 보험료 신규 계약
차원 (Dimensions)	• 주어진 사실에 대한 추가적인 관점을 제공하는 특성 • 차원 테이블(dimension table)에 저장 • 한 개의 사실 테이블에 여러 차원 테이블이 연결되어 분석에 사용	지역, 연월
속성 (Attributes)	• 각 차원 테이블이 가지고 있는 속성 • 사실을 검색·여과하고 분류할 때 사용	본부, 지점, 영업소
속성 계층 (Hierarchies)	• 차원 내에 정의된 속성들 간에 존재하는 속성 • 아래로 가기(drill-down) 및 위로 가기(drill-up) 등 기능 이용	지점의 Parent는 본부

데이터 웨어하우스 모델링 시 우리는 다차원 모델Multi-dimensional Model 을 사용한다.

데이터 웨어하우스는 사용자가 보려는 관점에서 데이터를 조회할 수 있

어야 하는데, 이때 사용자가 보려는 관점을 차원 Dimension이라고 한다.

다차원 모델을 지원하는 구조를 스키마Schema라고 하며, 다차원 모델링 기법에는 스타 스키마Star Schema와 스노플레이크 스키마Snowflake Schema가 있다.

2 모델링 기법

2.1 스타 스키마

- 스타 스키마의 정의

다차원 모델링은 다양한 View와 관점을 제공하여 사용자에게 여러 관점별 분석이 가능하게 함

- 스타 스키마라는 용어는 구성된 데이터 모델의 모양에서 비롯됨
- 데이터 모델의 한가운데에 사실 테이블이 있으며, 그 주위를 많은 수의 차원 테이블이 둘러싸는 형태임
- 사실 테이블과 차원 테이블 사이는 ER 다이어그램과 관계 표시선을 연결해 상호관계를 표시함
- 사실 테이블과 차원 테이블 간에는 Foreign Key를 이용하여 상호 연결되어 있음

스타 스키마의 구성

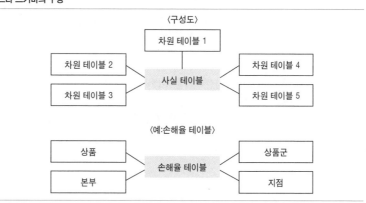

- 사실 테이블이 중앙에 위치하고, 기본키는 모든 차원의 키를 결합한 키가 됨
- 사실 테이블은 일반적으로 매우 규모가 큰 테이블임(수만에서 수백만 개

의 Row를 갖고 있음).
- 운영 데이터로부터 필요한 정보들을 모아놓은 테이블로 RDBMS에서 View를 생성하듯 만든 테이블임. 다만 View보다는 성능이 매우 빠른 테이블이라고 생각하면 됨
- 차원 테이블은 사실 테이블 주변에 있으며, 규모가 일반적으로 작음
- 스타 스키마 모델링에서 차원 테이블은 정규화를 하지 않음
- 차원 테이블은 사실 테이블과 달리 정보의 입력·수정·삭제가 이루어지지 않는 정적인 구조를 갖는 테이블임
- 스타 스키마의 특징
  - 사실 테이블만 정규화하고 차원 테이블은 정규화하지 않음
  - 그 결과 스노플레이크 스키마 모델보다 join 횟수를 감소시켜 검색 성능이 좋음
  - 단순한 형태의 모델로 이해하기 쉬우며, 사용자 중심의 모델임
  - 다만 중복된 데이터를 갖게 되므로 데이터의 일관성 유지 문제가 발생할 수 있음

2.2 스노플레이크 스키마

스노플레이크 스키마의 구성

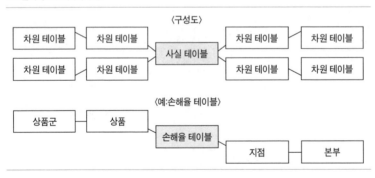

- 스노플레이크 스키마의 정의
  - 스타 스키마의 차원 테이블을 정규화한 다차원 스키마임
  - 스타 스키마와 동일하게 규모가 큰 사실 테이블이 중앙에 위치하고 규모가 작은 차원 테이블들이 주변에 위치함
  - 스타 스키마와 달리 차원 테이블을 정규화하여 모델 구조가 마치 눈꽃

다차원 모델링 시 검토사항
① 데이터 변화 정도가 크지 않은 경우 최적의 성능을 위해 Bit-map Index 활용 검토 필요
② 다양한 관점 제공을 빌미로 무분별한 View 남용 시 유지·보수상의 문제가 발생할 가능성 검토

의 형태를 띠어서 Snowflake Schema라고 명명됨

- 스노플레이크 스키마의 특징
  - 정규화를 통해 차원 테이블에 중복된 데이터를 제거하여 저장 공간을 절약할 수 있음
  - 그러나 차원 테이블의 크기가 크지 않아 저장 공간의 절약 실효성은 높지 않음
  - 차원 테이블의 정규화에 따라 join 횟수가 많아져 스타 스키마 대비 검색 속도가 떨어짐

2.3 스타 스키마와 스노플레이크 스키마의 장단점 비교

	스타 스키마	스노플레이크 스키마
장점	• 복잡한 구조를 쉽게 모델링 가능 • join을 줄여서 성능이 향상됨	• 유연성 제공 • 저장 공간의 효율적 활용 • 데이터 중복성 제거 • 데이터 관리 용이
단점	• 데이터 중복성 발생 가능 • 유연하지 못하며 확장성 제한 • 사실 테이블 간 join이 어려움	• 복잡한 구조로 이해하기 어려움 • 추가적인 join 발생으로 성능에 영향을 미칠 수 있음

기출문제

93회 정보관리 귀하가 A 기업의 분석용 정보 시스템 고도화 프로젝트에 EDW (Enterprise Data Warehouse) 설계자로 참여하게 되었다고 가정하고 다음의 물음에 대하여 설명하시오. (25점)
가. EDW 설계를 위해 E-R 모델링 기법을 적용하는 데 있어 Reverse Modeling의 목적과 과정
나. 다차원 분석을 위한 Multi Dimensional Modeling 기법과 적용 시 고려 사항

F-4

OLAP

OLTP에 상대되는 개념으로 1993년 E. F. 코드가 처음 사용한 용어이며, 최종 사용자가 다차원 정보에 직접 접근하여 대화식으로 정보를 분석하고 의사결정에 활용하는 과정을 의미한다. OLAP는 데이터 웨어하우스에 체계적(주제 중심, 시계열)으로 쌓여 있는 데이터 속에 담긴 정보를 효과적으로 끌어내어 분석할 때 요구된다.

1 OLAP Online Analytical Processing 개요

1.1 OLAP의 출현 배경

기업의 대부분 활동에 IT 시스템들이 지원을 하면서 기업 내 주요 데이터들이 IT 시스템에 축적되었다.

축적된 데이터에서 양질의 데이터를 얻기 위해 복잡한 데이터를 분석하는 활동이 요구되었고, 대용량 데이터로부터 의사결정에 필요한 경영 정보의 신속한 제공 요청에 대응할 필요성이 높아졌다.

또 다양한 소스에서 추출된 데이터를 여러 각도로 분석할 수 있는 새로운 도구가 필요해 OLAP가 출현하게 되었다.

> **OLAP Tool의 주요 기능**
> ① Drill up / down: 동일 차원에서 데이터의 합산 및 분해를 통한 분석 지원
> ② Pivot: 분석 관점(x, y, z 축)의 교체를 통한 분석 지원
> ③ Slice / Dice: 분석 목적에 맞는 다양한 각도의 Data 상세 분석

1.2 OLAP의 정의

OLAP는 최종 사용자가 다차원 모델링된 데이터에 직접 접근하여 대화식으

로 정보를 분석하여 의사결정에 활용할 수 있는 분석처리과정 또는 분석처리 시스템을 의미한다.

2 OLAP 특징과 OLTP와의 비교

2.1 OLAP의 특징

특징	설명
Multi Dimension	• 기본적으로 기업의 업무구조는 다차원이며 비즈니스 사용자가 필요로 하는 정보 또한 다차원 정보 • 사용자는 단순히 '매출액이 얼마인가'를 알려는 것에서 벗어나 '이번 달 매출이 지난달에 비해 어느 정도 상승했는가?' 또는 '경쟁사의 매출과 비교해서 어떠한가?' 등의 자료를 얻으려고 함
Direct Access	• 과거에는 사용자가 정보를 필요로 하는 경우 이러한 요구 사항을 먼저 정보 시스템 부서에 의뢰하고 원시 데이터를 추출한 뒤, 추출된 데이터가 사용자에게 넘겨져 정보로 가공되는 절차를 거치므로 시간 소요가 많고 적절한 정보 제공이 어려웠음 • OLAP는 이러한 중간 절차 없이 정보에 직접 접근하는 것을 의미함 • 기존 시스템에서의 정보 접근 정보원 (Information Source) → 정보매개자 (Information Broker) → 수요자 (Information Consumer) • OLAP 시스템에서의 정보 접근 정보원 (Information Source) ----------→ 수요자 (Information Consumer)
Interactive Processing	• 대화식 질의란 시스템이 사용자의 계속되는 질의에 끊임없이 연속적으로 그리고 신속하게 결과를 제시해야 함을 의미 • 즉, '이번 달 매출액은 목표를 달성했는가?' 만일 달성하지 못했다면 '어떤 제품이 목표를 달성하지 못했는가?' 같은 연속되는 질문에 사용자의 사고 흐름이 중간에 끊어지지 않도록 신속하게 제시해야 함
Decision Support	• OLTP는 매일매일 기업 운영을 가능하게 하는 반면 OLAP는 기업이 나아가야 할 방향을 설정할 수 있도록 의사결정을 지원함

2.2 OLTP와 OLAP 비교

구분	OLTP	OLAP
사용자	단순 조작자	전문가
사용 형태	온라인 조회, 워크플로 기반	Ad-hoc 분석, 사용자 분석(주제 중심)
트랜잭션당 데이터양	적음	많음
데이터 관점	레코드 중심	속성 중심

구분	OLTP	OLAP
주요 용도	데이터 수정, 조회	데이터 분석, 예측
업무 형태	정적(structured)·정형적	동적·비정량적
외부 데이터	불필요	필요
데이터 라벨	상세	통합 요약정보
데이터 기간	과거, 현재	과거, 현재, 미래를 잇는 시계열 데이터
데이터 완결성	정합성 위주, 중복성 배제	정보 위주, 중복성 수용
문제의 복잡도	단순한 문제의 해결	복잡
분석 기능	거의 요구하지 않음	주된 요구 사항
사용 빈도	항시	요구 시
운영상 어려움	데이터 가공	데이터 수집
기술	2차원, 정규화, 커스터마이징 용이	다차원, 계층구조, 커스터마이징 용이

3 OLAP 구현 모델

3.1 MOLAP Multi Dimensional OLAP or MDB-based OLAP

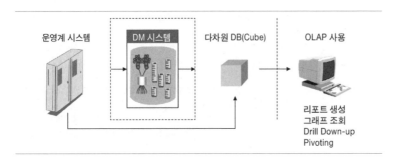

다차원 데이터베이스(일명 큐브)는 2차원 테이블 형식인 관계형 DB와 달리 필요한 차원만큼 데이터를 저장하여 분석하고 조회하는 데이터 형식이다.

MOLAP의 특징은 분석을 위해 다차원 데이터베이스를 사용하기 때문에 사용자 질의에 빠른 응답 성능을 제공한다는 것이다.

MOLAP는 앞의 그림과 같이 2계층2-tier 서버 아키텍처이다.

이 구조에서 다차원 데이터베이스 서버는 데이터의 저장 액세스, 조회 프로세서 등을 수행하는 데이터베이스 레이어와 OLAP 분석 요구, 최종 사용자의 뷰 인터페이스를 제공한다.

F · 데이터베이스 응용

이러한 클라이언트·서버 구조는 많은 사용자가 동시에 다차원 데이터베이스에 접근하는 것을 가능하게 한다.

이런 MOLAP는 직관적인 뷰 제공, 관리의 용이성, 좋은 실행 성능 등의 장점이 있다. 그러나 실제 구축할 수 있는 차원의 한계와 차원이 많은 경우 실행 성능의 급격한 하락, 상세 데이터 조회의 한계 같은 문제점이 있다.

3.2 ROLAP Relational OLAP or RDB-based OLAP

ROLAP는 데이터 웨어하우스에서 직접적으로 데이터를 액세스하는데, 이 구조의 주요 전제는 관계형 데이터베이스를 이용하는 데 있다.

데이터 모델에 의해 운영계 자료는 데이터 웨어하우스에 저장되고, 이 자료들은 사용자 질의에 따라 ROLAP 엔진으로 다차원 분석이 가능해진다.

ROLAP 구조는 데이터 웨어하우스에서 직접 데이터를 조작하고 이에 따라 빠른 응답시간을 주며 Batch Window Requirement를 충족시키는 최적화 기술을 지원한다.

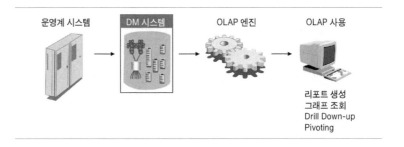

이런 최적화 기술은 일반적으로 애플리케이션 레벨의 테이블 분할과 모집 추론, 비규격화 지원, 다중 테이블 연결 등을 포함한다.

ROLAP는 3계층3-tier의 클라이언트/서버 구조로 되어 있으며, DW 시스템이 데이터의 저장과 액세스, 조회 프로세스를 담당하고 OLAP 층은 다수의 최종 사용자들에게 다차원 리포트를 제공하는 엔진을 탑재해 다양한 분석과 자료를 제공한다.

ROLAP는 데이터 웨어하우스 DB에 직접 접근해 사용하므로 차원의 한계가 없고, 상대 데이터를 바로 조회할 수 있어서 DB 마케팅 지원에 용이하다.

또 분석을 위해 따로 큐브를 만드는 작업이 필요 없어서 데이터의 확장에 따른 추가 작업이 없다는 장점이 있으나 MOLAP보다 상대적으로 성능이 떨어진다는 단점이 있다.

새로운 차원이 발생할 경우 MOLAP는 반드시 새 큐브를 생성해야 하지만, ROLAP는 기존에 있는 차원과의 연관성에 따라 코드code 성 테이블의 추가만으로도 가능하다.

3.3 HOLAP Hybrid Online Analytical Process

HOLAP는 ROLAP와 MOLAP의 장점을 혼합한 형태의 OLAP이다.

요약정보는 MOLAP의 큐브에 저장하여 빠른 수행을 지원하고, 세부 내용의 정보가 요구될 때는 관계형 데이터베이스에서 드릴 스루Drill Through를 수행하게 된다.

3.4 DOLAP Desktop Online Analytical Process

다차원 데이터의 저장 및 분석 프로세싱이 모두 클라이언트의 데스크톱에서 실행되는 제품이다. 분석에 필요한 데이터는 데이터베이스에서 추출되어 데스크톱에 특수한 파일 형태로 저장되므로 설치와 관리가 쉽다. 하지만 필요한 데이터를 모두 데스크톱으로 이동해야 하고 대용량 데이터일 경우 데스크톱의 성능에 제약을 받을 수 있다.

또 사용자의 데스크톱에 데이터를 저장하고 분석하기 때문에 데이터의 일관성 유지와 관련한 문제점이 있다.

 키포인트
OLTP와 OLAP의 특징

OLTP	OLAP
• 갱신	• 분석
• 유한한 프로세서	• 반복적 프로세서
• 'what'에 초점	• 'why'에 초점
• 평면적	• 다차원
• 데이터 처리, 관리	• 데이터 통합
• 비즈니스 운영	• 비즈니스 방향 설정

기출문제

87회 정보관리 HOLAP (10점)

80회 정보관리 데이터 웨어하우스에서의 OLAP(On-Line Analytical Processing)의 개념, 그리고 OLAP의 종류인 MOLAP과 ROLAP를 설명하시오. (25점)

F-5

데이터 마이닝 Data Mining

데이터 마이닝은 기존의 단순한 요약 및 사실적 분석에 사용되던 정보의 숨은 가치를 찾아내고, 이를 경영활동에 적극 활용해 전략적 우위를 확보하려는 기업의 주요한 정보획득 과정이다. EDW와 같은 기업 솔루션 적용 시 구축되나 전문가의 확보가 어렵고 데이터 품질 등의 문제로 가치에 비해 인정받지 못하고 있다.

1 데이터 마이닝 개요

1.1 데이터 마이닝의 정의

데이터 마이닝은 데이터 웨어하우스에 보관 중인 데이터 집합에서 사용자의 요구에 따라 유용하고 가능성이 있는 정보를 도출하기 위한 지식의 발견 과정이며, 의사결정을 위한 정보를 얻어내는 과정이다.

<aside>
데이터 마이닝의 특징
① 대용량의 데이터를 분석
② 경험적 분석 적용 (패턴 분석)
③ 컴퓨터 중심적 분석 (자동화)
④ 일반화를 통한 미래 결과 예측
  (Forecast)
</aside>

1.2 데이터 마이닝의 목적

핵심 목적은 대용량 데이터로부터 알고리즘에 의한 규칙을 발견하고 학습하여 숨은 정보를 찾아냄으로써 의사결정을 위한 정보로 활용하는 것이다.

일반적으로 다루기 어려운 선형 또는 비선형 분석 등 다양한 문제에 대한 분석기법을 제공한다.

2 데이터 마이닝 프로세스

프로세스	수행활동	활용도구
Data Extract (Sampling)	운영 시스템에서 분석 대상의 Source Data 추출	ETL, Trigger, Batch script 등
Cleansing & Transformation	추출된 데이터를 Mapping Rule 또는 기준에 적합하도록 변환	Cleansing Tool, Mapping Rule
Data Modeling	데이터 마이닝 기법을 적용해 데이터 모델링을 수행	star schema, snow-flake schema
Data Analysis	모델링된 데이터를 관점과 목적에 따라 분석하고 확인하는 과정	OLAP, Mining Tool
Reporting & Visualization	분석 내용을 시각화하고 결과 보고서를 작성하는 과정	VA 활용

3 데이터 마이닝 주요 기법

3.1 연관성 분석 기법

- 연관성Association 분석 기법의 정의
  - 하나의 거래나 사건에 포함된 항목들의 관련성을 파악해 두 사건 사이의 연관성 여부를 분석하는 방법을 의미함
- 연관성 분석 기법의 탐사 유형
  - 장바구니 분석Market Basket Analysis : 동시에 구매되는 품목들 간의 연관성을 분석함
  - 시계열 분석Time Series Analysis : 시간의 흐름에 따라 발생하는 사건들 간의 특성을 파악해 연관성을 분석함

연관성 분석 기법의 척도

척도	설명	관계식
지지도 (Support)	전체 사건 또는 거래 중에서 아이템 X와 Y를 동시에 포함하는 사건 또는 거래의 비율	$P(X \cap Y)$
신뢰도 (Confidence)	아이템 X가 구매되었을 때 아이템 Y가 함께 구매될 확률	$\dfrac{P(X \cap Y)}{P(X)}$
향상도 (Lift)	아이템 X와 Y의 상관관계를 나타내는 척도 Lift = 1, 두 아이템은 서로 독립적 Lift 〉 1, 두 아이템은 서로 양의 관계 Lift 〈 1, 두 아이템은 서로 음의 관계	$\dfrac{P(X \cap Y)}{P(X)P(Y)}$

3.2 군집 Cluster 분석

- 군집분석의 정의
  - 개인 또는 개체 중에서 유사한 집단을 그룹화하여 집단의 성격을 파악함으로써 전체에 대한 이해를 돕는 분석방법임
- 군집분석의 목적
  - 군집을 이루는 집단의 성향 및 특성을 파악하는 데 그 기본적인 목적이 있음
  - 최근 SNS와 같은 Social Data들이 급증하면서 고객들을 분류하고 특성을 파악하여 마케팅에 활용하는 사례가 늘고 있음

군집분석의 유형

유형	기법	설명
계층적	단일연결법	• 두 군집의 유사성 평가를 가장 짧은 거리에 있는 객체 쌍으로 평가하는 방법 (최단거리법)
	완전연결법	• 두 군집의 유사성 평가를 가장 먼 거리에 있는 객체 쌍으로 평가하는 방법
	중심연결법	• 두 군집의 유사성 평가를 두 군집의 중심 간 거리로 평가하는 방법
비계층적	K-means clustering	• 가장 흔히 사용되는 군집분석 기법 • 군집의 중심좌표를 선정한 후 가장 가까운 군집에 객체를 배정하는 방식
	K-medoids clustering	• 군집의 대표 객체(medoid)를 활용 • 대표 객체와의 거리 총합을 최소로 하는 방법
	Fuzzy K-means clustering	• K-means 방법과 유사 • 하나의 객체가 여러 군집에 속할 가능성을 허용하는 확률(퍼지 개념)을 적용

3.3 신경망 Neural Networks 모형

- 신경망 모형의 정의
  - 인간의 두뇌가 경험과 반복 학습을 통해 발전해나간다는 개념을 토대로 데이터로부터 반복적 학습과정을 통해 패턴을 찾아내고 이를 일반화하여 예측 가능한 정보를 도출하는 과정임
- 신경망 모형의 특징
  - 신경망 모형은 입력변수와 결과 값의 속성이 연속형이나 이산형인 경우를 모두 다룰 수 있어 유연함. 하지만 결과 값이 산출되는 과정에 대한

설명이 어려워 Black Box라 불리기도 함
- 신경망 모형의 내부 은닉층은 지속적인 개선을 통해 결과 값에 대한 신뢰성을 높일 수 있음
- 신경망 모형의 구조
  - **입력층**Input Layer : 입력변수에 대응되는 노드로 구성되며 노드의 수는 입력변수의 개수와 같음
  - **은닉층**Hidden Layer : 입력층으로부터 전달받은 변수들의 선형결합을 비선형함수로 처리하여 다른 은닉층 또는 출력층으로 전달함
  - **출력층**Output Layer : 출력변수에 대응되는 노드로 결과 값 또는 다른 변수로 결과를 나타낼 수 있음

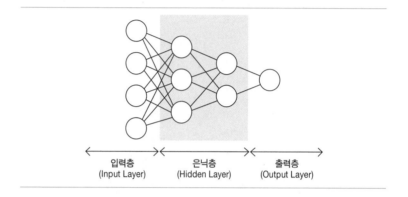

입력층　　　　　은닉층　　　　　출력층
(Input Layer)　(Hidden Layer)　(Output Layer)

4 데이터 마이닝 구축 시 고려 사항

앞서 언급했듯이 데이터 마이닝은 방대한 데이터 웨어하우스 속에 숨어 있는 더 심층적인 의미를 추출하는 데 목적이 있다.

많은 데이터를 여러 번 계산·비교·분석하기 때문에 많은 컴퓨터 자원을 요한다.

데이터 마이닝은 DB 엔진기술을 활용하는 기법과 인공지능을 활용하는 기법이 있는데 DB 엔진기술을 활용하는 기법이 상대적으로 속도가 빠르고 데이터 간 연관성을 더 조직적으로 관리해주는 경우가 많다.

데이터의 성격이 시계열 개념의 통계 데이터베이스가 대상이 되는 경우가 많아 기존의 개념과 다른 검색방법이 필요하다.

기출문제

9101회 정보관리 데이터 마이닝에서 프로토타입 기반의 군집기법인 k-means 알고리즘을 설명하시오. (25점)

99회 정보관리 데이터 마이닝(Data mining)의 기법 다섯 가지에 대해 설명하시오. (10점)

98회 정보관리 일반적인 데이터 마이닝(Data Mining)의 수행단계를 설명하시오. (10점)

96회 정보관리 데이터 마이닝(Data mining)의 과정, 기법 및 활용사례에 대해 설명하시오. (25점)

96회 컴퓨터 시스템 응용 데이터 마이닝 기술에서 연관규칙을 찾아주는 Apriority 알고리즘을 예를 들어 설명하시오. (10점)

95회 조직응용 BI에서 Data Mining과 Text Mining을 비교 설명하시오. (25점)

92회 조직응용 텍스트 마이닝(Text mining) (10점)

84회 조직응용 Web Mining (10점)

G

데이터베이스 유형

—

계층형·망형·관계형 데이터베이스

데이터베이스가 사용되기 이전에는 저장하기 위해 파일 시스템을 이용해 데이터를 유지·관리하였다. 파일 기반의 데이터 관리는 데이터 중복·불일치 등의 문제점이 발생하였고, 이것을 극복하기 위해 데이터베이스 개념이 등장해 초기에는 계층형·망형 데이터베이스가 주로 사용되었다. 현재는 엔티티와 엔티티 간의 관계를 표현하는 관계형 데이터베이스가 주로 사용되고 있다. 그리고 최근에는 빅데이터 처리를 위해 NOSQL 등 다양한 데이터베이스가 등장하였다.

1 DBMS Database Management System 개요

1.1 DBMS 개념

Database는 현실 세계의 데이터를 저장하고 처리기를 통해 정보를 생성/저장된 데이터의 집합이다. DBMS는 이러한 database와 응용 프로그램 간 중재 역할을 통해 응용 프로그램들이 데이터를 공유하도록 하는 소프트웨어 시스템이다.

1.2 DBMS 발전 과정

- 1960년대
  - 파일 시스템: 1960년 GE의 찰스 바크만이 MIACS Manufacturing Information And Control System을 구축하면서 프로그램 로직과 데이터를 별도로 관리하는 IDS Integrated Data Store를 만들었다. 이 IDS가 최초의 상용 DBMS임. 디

스크 기반 가상 메모리 개념을 도입해 데이터 처리 성능을 높임

- 1970년대
  - **계층형 DBMS**: 데이터를 트리 형태로 저장하는 데이터베이스로 메인 프레임 컴퓨터에서 주로 사용되었다. 미국 항공 우주국(NASA)에서 아폴로 우주선의 부품 관리를 위해 개발됨
  - **시스템 R 프로젝트**: W.F. 킹, 짐 그레이 등이 RDBMS 프로토타이핑 프로젝트인 시스템 R프로젝트를 시작하였고, SQL이 처음 만들어졌으나 상용되지 못함
  - **RDBMS의 태동**: 1970년대 중반 밥 마이너, 래리 앨리슨, 에드 호츠가 E.F. 코드 박사의 논문을 접하고 RDBMS 개발에 착수해 밥 마이너가 오라클 DBMS 버전 1을 완성함

- 1980년대~1990년대
  - RDBMS의 아키텍처적인 특성을 모두 갖춘 오라클 7이 발표되면서 DBMS 사용이 확대되었고, 오라클은 사이베이스, IBM, 마이크로소프트 등 경쟁사 대비 우위를 점유하게 됨
  - 컬럼스토어 방식 DBMS 등장: 1995년 사이베이스IQ가 분석용 DBMS에서 성공을 거둠
  - 객체지향 DBMS: 표준 SQL이 지원되지 않음(ObjecStore, Versant, O2)
  - 객체관계 DBMS: 객체지향 모델+ SQL3, UniSQL
  - 주요 제품: Oracle, Informix, Sybase, MS-SQL

- 2000년대
  - 1996년 발표된 MySQL 1.0을 필두로 오픈소스 DB가 등장하면서 주목을 받게 됨. MySQL과 PostgreSQL의 소스 코드가 공개되면서 다양한 오픈소스 DB의 시초가 됨
  - 주요 제품: MySQL, PostgreSQL, Netezza, Greenplum, MariaDB

- 2010년대
  - 1998년 RDBMS의 복잡한 트랜잭션과 저장 구조를 단순화한 NoSQL이 발표되었으나, 발표 당시에는 주목을 받지 못하다가 2000대 중반 이후, 페이스북, 트위터 등 SNS 서비스가 등장해 급속도로 확산됨에 따라 다양한 형태의 NOSQL DBMS가 등장하였고, 하둡 기반의 Map Reduce 서비스와 결합해 활용성이 증대되었으며, 최근에는 RDBMS 쿼리를 사용할

수 있는 SQL on Hadoop 기술도 개발되어 활용되고 있음

- 주요 제품: HiveQL, REDIS, Cassandra, MongoDB 등 다수

2 자료 모형에 따른 DBMS 종류

2.1 계층형 DBMS

- 계층형 DBMS 개념
  - 1 : N의 부모/자식의 관계로 자료구조를 트리 형태로 저장/표현하는
    DBMS를 계층형 DBMS라 함. 계층형 DBMS는 아폴로 우주선의 부품
    을 관리하기 위해 개발됨

계층형 DBMS의 데이터 구조

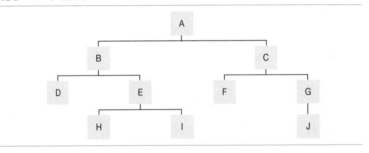

- 계층형 DBMS 특징
  - 개체 간 관계가 부모와 자식 관계로 표현되며 1 : N 관계만 존재함
  - 계층형 DB를 구성하는 관계는 개체와 그 개체를 구성하는 속성의 관계
    를 나타내는 속성관계, 개체와 개체 간의 연결을 링크로 표시한 개체관
    계가 있음
  - 개체 집합에 대한 속성관계를 표시하기 위해 개체를 노드로 표현하고
    개체 집합들 사이의 관계를 링크로 연결
  - 개체 삭제 시 연쇄 삭제되며 두 개체 간의 관계는 하나의 관계만 허용하
    고 관계의 순환은 허용하지 않음
  - 계층형 DB는 관계를 하나만 표현하는 방식으로 유연성이 부족하여 망
    형DB, 관계형DB가 등장하게 되었음

계층형 DBMS 장단점

장점	단점
• 간단한 구조, 판독 용이	• 데이터 표현의 유연성 부족
• 구현, 수정, 검색 용이	• 한정된 검색 경로
• 1 : 대(多) 구조의 대용량데이터 처리 용이	• 계층 구조 표현에 따른 복잡한 삽입/삭제
• 데이터 무결성 및 성능 관리 용이	• 다(多) : 다(多) 관계 처리 복잡

2.2 망형 DBMS

- 망형 DBMS 개념
  - 망형 DBMS는 Network형 DB라고도 하며 현실 세계의 복잡한 데이터를 가장 잘 표현할 수 있는 데이터 모델로, 1971년 CODASYL의 DBTG에서 제안됨
  - 개체를 노드로 표현하고 개체와 개체 간의 관계를 간선으로 표현하는 DBMS임
  - 집합을 구성하는 요소들은 오너와 멤버의 두 가지 레코드형으로 구분됨. 오너 레코드형과 멤버 레코드형은 각각 계층형 모델의 부모와 자식 세그먼트와 같은 역할을 함. 다만 계층형 모델과 다른 점은 하나의 멤버가 여러 개의 집합에 속할 수 있다는 것임. 즉, 멤버 레코드형은 하나 이상의 오너 레코드형을 가질 수 있음. 다음 그림은 전형적인 영업조직에 대한 망형 모델의 예임

망형 모델의 예: 영업조직

- 망형 DBMS 특징
  - 개체와 개체 간 관계를 노드와 간선으로 표현해 모델링에 용이함(계층형 모델과 유사)
  - 각각의 노드는 시스템이 아니라 자료를 의미하며, 간선은 서로 대등한

관계를 표현함

- 데이터 간 관계를 다多 대 다多 관계로 표현할 수 있으며 기본적으로 순환을 허용함
- 망형 DBMS는 계층형 DB의 유연성 부족을 해결하려 했으나 이해 및 유지·보수의 어려움으로 인해 활성화되지는 못하였고 이어 등장한 관계형 DBMS로 대체됨

- 망형의 장단점

장점	단점
• 계층 구조에 링크를 추가하여 유연성과 접근성이 높음(계층형 DB와 유사) • 데이터 추출이 빠르고 효과적	• 유지·보수 비용이 높음 • 프로그램 작성 시 데이터의 구조를 이해해야 프로그램 작성이 가능 • 데이터베이스 구조 변경 시 참조한 모든 응용 프로그램의 수정이 필요함

2.3 관계형 DBMS

- 관계형 DBMS 개념
  - 관계형 DB모델은 E.F. 코드 박사가 개발하였고, 속성Attribute으로 이루어진 릴레이션Relation과 릴레이션 간의 관계relationship로 현실 세계를 표현하는 데이터베이스 모델임. 관계형 DBMS에서는 릴레이션은 테이블table, 속성Attribute은 테이블의 칼럼column, 릴레이션은 제약조건constraint로 표현이 됨. 각 릴레이션의 실제 데이터들의 집합은 투플tuple이라고 함
  - 관계형 DB모델의 구축은 개념모델링, 논리모델링, 물리모델링 순서로 진행이 되며, 모델링 시에는 릴레이션을 엔티티로 표현함. DB모델링은 이 엔티티를 상세화해 정규화를 통하여 중복을 제거해나가는 과정이며 마지막 물리 모델링에서는 엔티티가 테이블로 구현이 됨
- 관계형 DBMS 특징
  - 관계형 DBMS는 현재 상용 DBMS들이 대부분 구현하고 있고, 엔티티와 속성을 모델링하며, 트랜잭션의 직렬성 보장을 위한 동시성제어 기술, 성능 향상을 위한 옵티마이저와 인덱스 등을 구현하고 있음

일반 속성	RDBMS특징	구현 사례 및 설명
구조	엔티티, 속성, 관계	테이블, 속성, 제약조건
모델링	엔티티/속성 상세화 정규화 통한 중복제거	개념/논리/물리 모델링 함수종속성 분석에 따른 정규화 (1차/2차/3차/BCNF/ 4차/5차 정규화)
트랜잭션	ACID 특성 구현 직렬성 보장	트랜잭션 고립도(Isolation level) 의 readcommitted이 상 지원
동시성 제어	데이터 정합성 보장	Locking, 2phase Locking, timestamp기법, 낙관적 검증, MVCC 등 다양한 기법제공
성능	비용/룰 기반 옵티마이저, 인덱스	테이블 구조, 데이터 볼륨을 고려한 실행계획 수립 과 검색 효율 향상
질의어	SQL (Structured Query Languate)	DB관리용 DCL, DDL, DML 제공. ANSI에 의해 최초 제정(SQL-86), 임시DB지원 향상시킨 SQL 2011 제정

관계형 데이터베이스 구조

고객번호	이름	전화번호	영업번호		영업번호	사원이름
A1207703	홍길동	02-111-1234	1445		1445	이순신
A1207704	이수일	031-1341-1134	1235		1235	권율
A1207705	김영구	042-111-1234	2354		2354	김시민
A1207706	김좌진	02-2435-1234	1445			
A1207707	이승만	02-5678-1234	2354			
A1207708	박정희	053-143-1234	1235			
A1207709	안중근	062-872-1234	1235			
A1207710	김한국	041-23-1234	9234			

- 관계형 DBMS 주요 제품
  • Oracle, DB2, Informix, Sysbase, MS-SQL 등 상용DBMS와
    PostgreSQL, Greenplum등 오픈소스 기반 DB가 있음

3 DBMS의 기술 발전 및 산업 동향

3.1 DBMS의 기술 발전

- 처리 속도 향상을 위한 MMDB 기술
  • RDBMS가 기존 디스크 기반의 스토리지 환경에서 구현되어 디스크와
    메인 메모리 간 데이터 이동에 따른 비효율을 극복할 수 없음. 컴퓨터

와 주변 장치 HW들의 발전으로 대용량화되고 바이트byte당 가격이 내려감에 따라 메인 메모리상에 데이터를 저장해 I/O 성능을 극대화시킨 MMDB Main Memory DataBase가 등장함

- 초기의 MMDB는 다른 DB에 비해 상대적 고가이고, 확장성 제약 등으로 대기업의 Mission Critical System 위주로 사용되었으나 최근에는 오픈소스 기반의 NoSQL DB에서도 메모리상에서 동작하도록 지원하고 있는 추세임

- SNS의 확산, IoT의 발전과 빅데이터 기술

- 페이스북, 트위터, 인스타그램 등 사회 관계망 서비스SNS의 발전과 확산, IoT의 대중화 등으로 인해 이전과는 비교할 수 없을 정도의 대용량 데이터의 실시간 처리가 중요해짐

- 자율주행차, 스마트 팩토리, 스마트 의료 등 초저지연, 실시간 데이터 수집 및 처리에 기반을 둔 기술들이 등장하고 있으며, 최근 5G 기술과 함께 발전이 가속화되고 있는 실정임

- 최근의 빅데이터 기술은 3V를 넘어 5V 속성을 요구하고 있으며, 이를 만족시키기 위한 다양한 기술과 데이터베이스들이 등장함

  3V: Velocity(증가 속도), Variaty(다양한 데이터 유형 처리), Volume (Terabyte 단위 데이터베이스 크기)

  5V: 3V + Value(데이터의 가치), Veraicty(데이터의 정확성)

- 기존 RDBMS의 동시성제어 기능으로는 대용량 실시간 데이터 처리에 한계가 있음. 고비용 인프라 아키텍처를 극복하기 위해 NOSQL DBMS가 등장함. key-Value 기반의 Map/Reduce와 HDFS는 데이터 분석 및 저장의 기반 인프라이며, 기존 RDBMS와 인터페이스, 개발자 활용성 제고를 위해 SQL on Hadoop 기술이 개발됨. 빅데이터 처리를 위해 PolyGlot 프로세싱이 있으며 이는 람다, 카파, 제타 아키텍처로 구성 가능함. 스트리밍 처리와 마이크로 배치 등을 이용해 실시간 처리, 대용량 배치 처리를 위한 구조를 제시함. 람다 아키텍처는 실시간 처리를 위한 스피드 레이어, 대용량 배치 처리를 위한 배치 레이어, 사용자 뷰 생성을 위한 서비스 레이어가 있으며, 카파 아키텍처는 람다 아키텍처에서 배치레이어를 제거해 단순화한 아키텍처임. 제타 아키텍처는 빅데이터로 처리해 서비스하기 위한 구성 요소들을 제시하고 있음

- 정합성 중심의 데이터베이스에서 성능/효율을 중시하는 NOSQL 기술 발전
  - 기존의 RDBMS가 가용성Avaliablity, 일관성Consistency가 중요한 특성이었다면 NoSQL은 분리 내구성Partition Tolerance 기반으로 가용성과 일관성 둘 중 하나만 만족시킴
  - 데이터베이스의 특성을 일관성, 가용성, 분리 내구성으로 구분하고, 이 중 두 개의 특성을 최소한 만족시켜야 한다는 것이 CAP 이론임. CAP 이론에 따른 데이터베이스 유형은 다음과 같음

유형	설명	사례
A + P	가용성을 중심의 데이터베이스	Cassandra, CouchDB, MySQL NDB 등
C + P	일관성 중심의 데이터베이스	MongDB, BigTable, Hbase, Redis 등
A + C	가용성과 일관성 모두 만족	Oracle, DB2, Greenplum, Vertica 등

3.2 데이터 산업 동향*

- 국내 데이터 산업의 동향
  - 2016년 국내 데이터 산업의 규모는 약 13.7조 원으로 2015년 대비 2.5% 성장함
  - 데이터 산업은 데이터 솔루션, 데이터 구축/컨설팅, 데이터서비스로 구분됨. 빅데이터, 모바일, IoT, 인공지능 등에 의한 ICT 환경 변화로 2020년까지 연평균 3.5%로 성장할 것으로 전망됨
- 해외 데이터 산업 동향
  - 세계 데이터 산업 시장은 2015년 696달러 규모에서 연평균 14%가량 성장해 2020년 1323억 규모에 도달할 것으로 예상되며 시장의 49.9%는 미국이 차지함. 특히 빅데이터 시장은 해외에서 원천 기술을 보유하고 있어 단기간에 이를 따라 잡기는 쉽지 않을 것으로 보임. 기술 격차를 해소하기 위해 민간 시장 활성화 및 개발에 대한 적극적 투자가 필요한 시점임

---

* 자료: 한국데이터베이스진흥원, 2017년도 데이터산업 백서.

G-2

분산 데이터베이스 Distributed Database

네트워크상의 여러 노드에 분산되어 있으나 단일의 데이터베이스 관리 시스템으로 제어되는 데이터베이스이다. 지리적으로 분산되어 있는 데이터가 실제로 어느 위치에 저장되어 있는지를 의식할 필요 없이 사용자는 필요한 데이터를 검색하고 갱신할 수 있다. 즉, 물리적으로는 분산되고, 논리적으로는 집중된 형태이다.

1 분산 데이터베이스 개요

1.1 분산 데이터베이스 정의

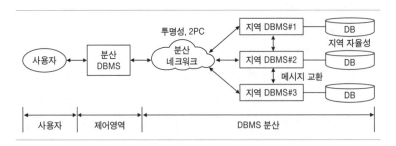

컴퓨팅 네트워크를 통하여 타 지역의 다양한 데이터베이스를 하나의 논리적인 데이터베이스로 만든 가상의 데이터베이스를 말한다. 중앙의 하나의 데이터베이스가 각 지역 노드의 데이터베이스를 제어하여 각 지역의 사용자들에게 동일한 데이터와 서비스를 제공할 수 있다. 사용자 입장에서는 데이터가 어느 노드에 있는지, 어떤 위치에 있는지 등은 신경 쓰지 않고 사용이 가능하다.

1.2 분산 데이터베이스 등장 배경

기업이 성장함에 따라 본사에서 여러 지역 사업을 연결해 통합뷰를 보고자
하였다. 기술적으로도 네트워크 속도가 증가하고 분산 처리 기술이 발전해
이를 뒷받침하게 되었다. 분산 데이터베이스의 목적은 비용 측면과 관리 측
면으로 나누어 생각할 수 있다.

구분	목적	설명
비용 측면	데이터 처리 비용 절감	인터페이스 최소화로 통신 비용 절감
	지역화된 데이터 처리	분산 소용량 처리로 컴퓨팅 비용 절감
관리 측면	데이터 처리 속도 향상	부하 분산 및 병렬 처리 효율 향상
	데이터 운영/관리 지역화	데이터 이해도가 높은 집단이 관리

2 분산 데이터베이스의 종류

2.1 동질 분산 데이터베이스

모든 사이트는 동일한 DBMS를 소유하는 방식으로 각 DBMS는 서로의 존
재를 알고 있으며 사용자의 요구를 처리하는 데 서로 협력한다. 그러나
Local 사이트는 스키마나 DBMS의 변경을 자치적으로 수행할 권한을 갖지
못한다. 분산 데이터베이스 시스템을 사용하려는 목적을 미리 설정해 하향
식으로 설계하고, 모든 사용자는 지역 사용자Local User가 필요 없이 전역 인
터페이스를 통해 액세스한다.

2.2 이질 분산 데이터베이스

각 사이트는 서로 다른 DBMS와 서로 다른 스키마를 사용할 수 있으며, 이들
은 서로의 존재를 알지 못하며 협력적 트랜잭션을 위한 제한된 기능만을 제
공한다. 상향식Bottom Up 설계 방식으로 이질 분산 데이터베이스를 설계한다.

3 분산 데이터베이스 주요 특징 및 장단점

3.1 분산 데이터베이스 주요 특징

주요 특징	내용
Multiplicity	자원(resource)을 각 노드에 분산
Message Passing	분산된 요소들은 네트워크를 통해 메시지 교환
Local Autonomy	시스템 구성 요소들은 어느 정도 자율성 보장
System Transparency	사용자는 물리적 위치를 알지 못하고도 자원 사용
Unified Control	자율성을 보장하면서 전체 policy의 통합적인 제어 기능

3.2 분산 데이터베이스 장점

장점	내용
자원의 분산	자원 및 부하의 분산으로 성능 향상이 가능
지역 자치성	자신의 데이터를 지역적으로 제어함으로써, 원격 데이터 처리에 대한 의존도를 줄일 수 있음
신뢰성	특정 시스템 장애가 전체 시스템과 무관
가용성	데이터 중복으로 가용성 증가
효율성·융통성	데이터를 주로 사용하는 위치 근처에 둘 수 있음
확장성	기존 시스템에 새로운 사이트 추가가 용이

3.3 분산 데이터베이스 단점

단점	내용
복잡성 증대	• 사이트 간 조정을 위한 복잡성 증대, 통제기능 추가 부담이 필요. 보완, Dead Lock, 회복, 통제기능 취약
성능 저하	• 통신 부담으로 인한 성능 저하 가능성
비용	• 전문 인력·기술·경험이 부족해 개별 비용 과다 소요 • 중앙 데이터베이스에서 분산 데이터베이스로 변경하는 작업이 복잡함

3.4 일반 데이터베이스와 특징 비교

항목	분산 데이터베이스	일반 데이터베이스
데이터 형태	데이터 독립성 및 분산 투명성	데이터 독립성
데이터 구조	사이트 간의 물리적 구조를 이용한 효율적 액세스	데이터 액세스를 위한 복잡한 구조
데이터 중복성	중복성 및 지역성 허용	데이터 공유를 통한 중복성 감소
통제방식	지역 DBA에 의한 지역자치	전역 DBA에 의한 중앙통제

4 분산 데이터베이스의 투명성

4.1 위치 투명성 Location Transparency

사용자나 응용 프로그램이 접근할 데이터의 물리적 위치를 알아야 할 필요가 없다. 사용자는 데이터가 어느 위치에 있더라도 동일한 명령을 사용하여 데이터에 접근할 수 있어야 한다.

4.2 복제 투명성 Replication Transparency

사용자, 응용 프로그램이 접근할 데이터가 물리적으로 여러 곳에 복제되어 있는지 아닌지를 알 필요가 없다.

4.3 병행 투명성 Concurrency Transparency

여러 사용자나 응용 프로그램이 동시에 분산 데이터베이스에 대한 트랜잭션을 수행하는 경우에도 그 결과에 이상異狀이 발생하지 않는다.

4.4 실패 투명성 Failure Transparency

데이터베이스가 분산되어 있는 각 지역의 시스템이나 통신망에 이상이 생겨도 데이터의 무결성을 보존할 수 있어야 한다.

구분	투명성	설명
자원의 효율적 이용	규모(Scaling)	시스템 구조와 애플리케이션에 영향 없이 리소스 확장이 가능함을 보장
	병행(Concurrency)	다수의 프로세스가 병렬 수행됨을 클라이언트는 그 사실과 프로세스 구분을 하지 못함을 보장
	성능(Performance)	부하대비 성능을 증가시키기 위해 시스템을 재구성할 수 있음을 보장
	위치(Location)	로컬 또는 원격 서비스나 객체에 대한 위치 정보가 없이 접근 가능함을 보장
장애 대응	고장(Failure)	시스템 내부에 오류가 발생 시 클라이언트는 이에 상관 없이 자신의 작업을 정상적으로 완료할 수 있음을 보장
	복제(Replication)	다수의 복제된 인스턴스가 운영되더라도 클라이언트에게는 단일 객체로 인식됨을 보장

구분	투명성	설명
접근 용이성	접근(Access)	서비스나 객체 등의 접근에 대해 언제나 동일한 경로를 갖도록 보장
	이주(Migration)	시스템 내부 리소스의 위치 변경이 클라이언트의 작업 수행에 영향을 미치지 않음을 보장

4.5 분할 투명성 Fragmentation Transparency

하나의 논리적 릴레이션이 여러 단편으로 분할되어 각 단편의 사본이 여러
지역 데이터베이스에 저장되어 유지될 수 있어야 한다.

4.6 지역사상 투명성 Local Mapping Transparency

지역 DBMS와 물리적 데이터베이스 사이의 Mapping을 보장하여 각 지역
시스템과 무관한 이름의 사용이 가능해야 한다.
　분산 데이터베이스와 같은 분산 처리 시스템에서 사용자로 하여금 네트
워크로 연결된 복잡한 분산 자원에 대한 정보를 인지하지 못하게 함으로써,
자원의 효율적인 사용과 편리한 이용을 지원하기 위한 투명성을 다음과 같
이 8개로 분류하기도 한다.

5　분산 데이터베이스 구성 및 분산 정책

5.1 분산 데이터베이스 구조

분산 데이터베이스 구조

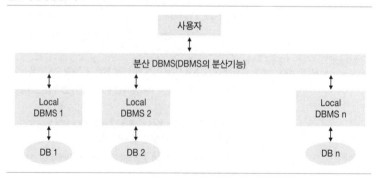

　　　　　　　　　　　　　　　　G · 데이터베이스 유형

Local DBMS는 질의 처리기, 동시 처리기, 보안 처리기, 복구 관리기, 저장 장치 관리기 등 크게 5개 모듈로 구성되어 OLTP 기본 성질인 ACID를 지원한다. 또 분산 DBMS는 여러 지역에 나뉜 Local DBMS를 하나의 커다란 논리적인 광역 DBMS로 관리할 수 있게 한다.

분산 데이터베이스의 핵심 기능 중 지역 DBMS 간 데이터 동기가 중요하다. 이를 만족하기 위해서는 2-Phase Commit, 3-Phase Commit이다. 2-Phase Commit은 Prepare → Commit의 2단계로 이루어지고, 3-Phase Commit은 CanCommit → PreCommit → DoCommit의 3단계로 이루어지는 Commit이다. 단계가 증가할수록 신뢰성은 높아지나 부하 증가로 성능은 저하되므로 신뢰성과 성능 간의 Trade-Off와 트랜잭션 동시성제어에 대한 요구 수준을 고려하여 설계해야 한다.

5.2 데이터베이스 분산 정책

분산 규칙은 완전성, 재구축성, 비중복성으로 다음과 같은 분산 결정 요소를 가진다.

결정 요소	내용
분산 지향	• 지역 내 활용 데이터 • 네트워크 전송이 복잡하거나 전송 비용이 큰 데이터
집중 지향	• 공동 사용 데이터 및 고도의 보안성을 요구하는 데이터
중복 지향	• 전송속도, 응답속도, 데이터 활용도, 안정성을 요구하는 데이터

데이터베이스 분산 배치 형태는 다음과 같다.

배치 형태	내용
수평분할	• 테이블의 행을 분리하여 서로 다른 장소에 보관하는 방법 • 장점: 자료를 사용하는 지역에 저장하기 때문에 사용자가 빠른 속도로 이용 가능 • 단점: 여러 지역에 분할된 자료를 동시에 필요로 할 경우 지역 간 통신 때문에 반응시간이 길어짐
수직분할	• 테이블의 열을 분리하여 서로 다른 장소에 보관하는 방법
자료 중복	• 같은 데이터베이스를 두 장소 이상에 저장하여 관리하는 방법 • 장점: 한 장소의 자료나 데이터를 사용하지 못하는 상황에서도 다른 장소의 데이터 사용 가능 • 단점: 중복을 위한 메모리가 더 소용되고 수정이 복잡함

배치 형태	내용
집중화	• 중앙에 마스터 테이블을 두고 상세 테이블은 각 장소에 분리 보관하는 방법
혼합 방식	• 여러 방식을 혼합하는 형태 • 어떤 테이블은 2개 이상의 지역에 중복 저장하고 다른 테이블은 수직분할 또는 수평분할을 하는 방식

6 분산 데이터베이스 설계

6.1 분산 데이터베이스의 설계 방식

분산 데이터베이스 설계 방식은 설계 방향에 따라 하향식, 상향식, 혼합식 Hybrid가 있으며, 일반적으로 하향식의 경우 제약 사항이 적고 복잡도가 낮아 신규 구축 시에 많이 활용되고, 상향식 설계 방법은 기존 지역 데이터베이스를 통합할 때 많이 사용한다.

항목	Top-Down	Bottom-Up	Hybrid
개념	전체 데이터베이스 설계 후 지역 데이터베이스를 설계하는 전략	지역 데이터베이스를 설계한 후 전체 데이터베이스를 통합 구축하는 전략	Top-Down과 Bottom-Up을 혼합한 전략
데이터베이스 환경	동질 데이터베이스	이기종 데이터베이스	동질 데이터베이스, 이기종 데이터베이스 모두
고려 사항	수평 분할, 수직 분할, 완전 중복, 부분 중복	유사성 문제, 충돌문제, 불일치성	분할, 중복, 통합, 유사성 문제, 충돌 문제, 불일치성
활용	주로 신규 분산 DB 구축 시 활용	기존의 데이터베이스의 통합 연계 시 활용	기존 이기종 분산 데이터베이스에 신규 분산 동일
공통	분할과 할당, 복제 등의 방법으로 데이터 관리가 이루어지도록 설계됨		
제약 사항	적음 ──────────────────────→ 많음		
복잡성	낮음 ──────────────────────→ 높음		

6.2 분산 데이터베이스의 지원 기술 및 설계 주안점

지원 기술	설계 주안점
• 2 Phase Commit (2PC) • 분산 쿼리 최적화 • Remote Procedure Call (RPC) • 이질 분산 DBMS	• 지역 처리 (processing locality) • 분산 데이터의 가용성 및 신뢰성 • 업무량 분산 • 저장 용량 분산

105회 정보관리 1교시 분산컴퓨팅(Distributes Computing) 및 분산처리(Distributed Processing)를 각각 정의하고 투명성(Transparency)에 대하여 설명하시오.

102회 정보관리 2교시 분산 데이터베이스의 3가지 설계 전략을 비교하고, 분산 데이터베이스가 갖추어야 할 4가지 특성에 대하여 설명하시오.

81회 조직응용 분산 시스템은 여러 가지 투명성(Transparency)을 유지해야 한다. 이들 각각의 투명성을 설명하시오. (25점)
① Access, ② Location, ③ Concurrency, ④ Replication, ⑤ Failure, ⑥ Migration, ⑦ Performance, ⑧ Scaling

80회 정보관리 중복 투명성(Replication Transparency). (10점)

80회 정보관리 전국 단위 금융 분산 시스템을 구축하려는 은행이 분산 데이터베이스의 참조구조에 대해 자문했다. 분산 데이터베이스 참조구조에 대해 자문할 내용을 정리하여 기술하시오. (25점)

객체지향 Object-Oriented 데이터베이스

기존 관계형 모델은 새로운 응용 영역에 부적합하다고 판단하여 새로운 모델과 질의어, 트랜잭션 모델이 요구되었다. 그 결과 객체지향 언어의 개념에 기반을 둔 데이터와 관련 코드를 결합한 객체 기반, 클래스, 인스턴스 등으로 구성된 객체지향 데이터베이스가 등장했다. 관계 모델을 기반으로 RDBMS 또는 SQL-DBMS는 SQL과 같은 데이터베이스 언어 표준에 의해 사전에 규정된 제한도나 데이터 형식의 집합에 대해서는 효과적으로 처리할 수 있지만, 객체지향 데이터베이스에서는 개발자가 스스로 데이터 형식과 기법 등을 자유롭게 정의해 데이터베이스에 통합시킬 수 있다.

1 객체지향 DBMS 개요

1.1 객체지향 DBMS 출현 배경

상용화된 많은 관계형 DBMS가 출현했으며, 관계형 데이터베이스가 DB의 표준이 되었다. 그러나 관계형 데이터베이스는 업무 위주의 데이터를 처리하는 데 주로 사용되지만 다음과 같은 문제점이 있었다.

- 데이터 타입이 제한적이고 확장 불가능
- 테이블을 이용하여 복합 개체를 표현하는 것이 어려움
- 값에 의해 데이터 관계가 표현되므로, 복합객체에서 관련 객체를 찾기 어려움

관계형 데이터베이스의 이와 같은 문제점을 해결하기 위해 1990년대 들어 DB 분야에서 자연스럽게 객체지향 DBMS가 발전하게 되었다.

객체지향 기술을 DBMS에 접목하기 위해 OOPL Object Oriented Programming

Language 측면과 데이터베이스 측면에서 접근하고, OOPL과 RDBMS 간 의미 불일치로 RDBMS를 통하지 않고 객체지향 모델을 직접 제공하는 객체지향 DBMS가 나타났다.

1.2 객체지향 DBMS 기본 개념

데이터와 관련 코드를 결합한 객체 기반, 클래스, 인스턴스 등으로 구성되고 지속적 프로그래밍으로 데이터 모델과 프로그래밍 타입 시스템이 동일하게 유지된다.

질의어를 이용하지 않고 응용 프로그램에서 직접 데이터를 조작하고 검색이 가능하며 객체 식별자를 이용한 포인터 개념의 객체를 참조할 수 있다. 객체지향의 개념으로 캡슐화, 상속성, 다형성, 객체 식별자 등의 객체 개념이 포함된다.

2 객체지향 DBMS의 구성과 특성

2.1 객체지향 DBMS 구성

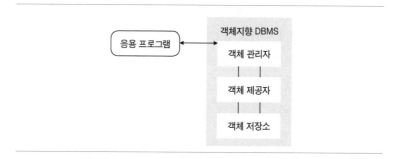

- 객체 관리자: 객체의 생성 및 수정 관리와 객체 서비스
- 객체 제공자: 트랜잭션의 관리 및 물리적인 자료 형태 번역
- 객체 저장소: 물리적인 데이터 저장
- ODL(객체정의언어): 클래스, 속성, 관계성, 기본키, 절차 등을 정의
- OQL(객체질의언어): 객체 생성, 데이터 검색, 경로 표현

2.2 객체지향 DBMS 특징

특징	내용
객체 식별 (Object Identification)	• 객체의 존재를 객체가 갖는 값과 독립적으로 관리 • 삭제 시 참조(reference)만 제거 • 객체의 존재를 객체식별자를 이용하여 식별하며 객체는 상태를 의미하는 속성과 상태를 조작하는 메소드로 구성
계승과 재사용 (Inheritance & Reusability)	• 이미 정의된 상위 클래스의 모든 자료(속성)와 연산을 하위 클래스가 상속 받음 단일 상속: 하위 클래스가 단 하나의 상위 클래스로부터 상속 다중 상속: 하위 클래스가 여러 개의 상위 클래스로부터 상속 • 기존의 클래스를 확장하여 새로운 클래스를 생성하여 재사용함
사용자 타입 정의 지원	• 사용자가 임의 형태로 정의한 사용자 정의 타입 지원
지연 바인딩(Late Binding)	• 실행시간에 연산명을 바인딩해 융통성 제공 • 메소드 호출에 대한 응답을 사전에 결정하지 않고 실행 시점에 결정하는 특성으로 동적 바인딩이라고도 함

- 주요 개념 설명

객체지향 DB는 객체지향 프로그래밍을 기반으로 탄생한 DB이므로 아래와 같은 객체지향 개념들을 이용함

- 객체|Object: 현실 세계에 존재하는 개체를 추상적으로 표현한 객체지향 데이터 모델 기본요소로서 객체 식별자를 가짐, 객체 간의 관계는 객체 식별자를 사용해 참조할 수 있음
- 속성 Attribute: 관계데이터 모델의 속성과 같은 의미이나 객체지향 모델의 속성은 값을 여러 개 가질 수 있음-Overriding, Overloading
- 복합 객체: 다른 객체를 속성으로 가지는 객체
- 메소드 Method: 객체가 수행하는 연산으로 객체의 속성 값을 변경한다.
- 메시지 Message: 특정 객체의 속성과 메소드에 접근하기 위한 공용 인터 페이스 역할
- 클래스: 속성과 메소드를 공유하는 유사한 성질의 객체들을 하나로 그룹화해 추상화한 것으로 하나의 클래스가 구체화된 것이 인스턴스이며 여러 개를 만들어낼 수 있음

2.3 객체지향 DBMS 장점

장점	내용
다양한 데이터 처리	사용자 정의 데이터 타입을 이용하여 다양한 형태의 데이터를 처리(입력/수정/삭제/조회)가 가능함
비정형 데이터 모델링	멀티미디어(음성, 영상, 이미지 등), 이메일 등과 같은 데이터에 대한 모델링 가능
접근성	객체의 참조 구조를 이용한 접근이 가능함(인터페이스 클래스 정의)
프로그래밍 용이성	객체지향 프로그래밍과 개념 및 스키마 구조와 유사해 프로그래밍 용이

- 기존 관계형 데이터베이스 모델의 유연성, 확장성 등에 대한 문제점에 대한 해결책으로 등장하였으나, 트랜잭션 처리, 백업 및 복구 등의 성능이 기존 데이터베이스 대비 낮아 활성화되지 못함

2.4 객체지향 DBMS 단점

단점	내용
낮은 성능	검색 성능이 느리고 대규모 트랜잭션 처리 효율이 낮음 질의에 대한 최적화 복잡(라이브러리 형태로 내장)
호환성 부족	SQL 질의어 사용 불가, 기존 DB 설계 변경
높은 유지 보수 비용	스키마 변경 시 다른 모든 사용자에게 영향

- 객체지향 DBMS는 SQL과 유사한 OQL을 제공해 질의 편의성을 높이고, B+ 인덱스를 이용한 색인을 제공하였으나 당시 널리 사용되던 관계형 DBMS의 한계를 넘지 못함

2.5 관계형 DBMS와 객체지향 DBMS의 비교

항목	객체지향 데이터베이스	관계형 데이터베이스
기반 이론	객체지향 설계 5원칙	선형 대수 기반 알고리즘(관계 대수, 관계 해석)
구성단위	객체, 클래스, 인스턴스	테이블, 튜플, 속성
모델링	객체지향 모델링 (캡슐화, 추상화, 다형성, 정보 은닉, 상속)	함수 종속성 기반 정규화(중복 제거) 암스트롱 공리
질의어	OQL, ODL	SQL(DDL, DML, DCL)
데이터 유형	정형 데이터, 비정형 데이터(사용자 정의 유형 가능)	정형 데이터 (데이터 유형은 DBMS에서 정의)
성능 최적화	B+ 기반 인덱스 기반 검색 성능 향상	옵티마이저를 통한 쿼리 최적화 (인덱스, 조인 등 활용)

3 객체지향 DBMS 현황

객체지향 데이터베이스 구축 방법은 순수 객체지향 방식, 관계형 데이터베이스 확정, 객체지향과 관계형의 혼합 형태가 있다. OODBMS는 SQL을 이용한 쉬운 조회 기능, OLTP 업무의 빠른 속도 등에서 어려움이 발생하여 현재는 거의 사용되지 않고 있다.

객체관계형 DBMS는 RDBMS가 갖고 있는 제약을 해결하기 위해 RDBMS 개념을 기반으로 OODBMS 개념을 통합하여 만든 것이다. 객체지향 DB가 출시된 이후 오라클과 같은 거대 기업이 객체지향 DBMS에 대응하기 위해 만들어낸 개념이며, Oracle 8i를 객체관계형 데이터베이스로 시장에 출시하였다. 실제로 Oracle 8i에는 대용량 멀티미디어 데이터를 지원하는 LOB 유형이 처음 소개되었고, 이후 버전에는 PL/SQL을 통해 사용자 지정 데이터 유형을 생성하여 사용할 수 있도록 지원하였다. 이러한 전략으로 인해 객체지향 DBMS에 대한 시장의 관심은 급속도로 식었고, 객체지향 DBMS 업체들은 거의 남아 있지 않은 상태이다.

⏪ 기출문제
114회 면접 객체지향 DB의 개념을 설명하고 활성화되지 못한 이유를 설명하시오.

G-4

객체관계 Object-Relation 데이터베이스

객체관계형 데이터베이스는 관계형 데이터베이스의 모델링 유연성 및 확장성 부족 문제점을 객체지향의 개념을 적용하여 개선한 데이터베이스이다. 관계형 데이터베이스는 2차원 테이블 중심의 설계로 DBMS 내부에 사전 정의된 데이터 유형에 대한 처리만 허용해 멀티미디어 데이터, 이메일과 같은 비정형 데이터 처리 과정이 복잡하였다. 이에 객체지향 프로그래밍의 객체 개념을 접목하여 자유도를 높이고 관계형 데이터베이스의 견고성은 그대로 가져가는 구조를 취한 데이터베이스로 2000년 이후 가장 보편적으로 사용되고 있는 데이터베이스였다. 최근에는 대용량, 실시간, 비정형 데이터 처리에 특화된 NOSQL 등장으로 위상이 많이 약화되었다.

1 객체관계 DBMS ORDBMS

객체관계 DBMS(ORDBMS)
객체지향 개념과 관계 개념을 종합한 모델로 관계 테이블뿐만 아니라 객체, 메소드, 클래스 등을 지원하는 데이터베이스 관리 시스템

객체지향 개념과 관계 개념을 종합한 모델로 관계 테이블, 질의어, 객체, 메소드, 클래스, 계승, 캡슐화, 복합 객체 등을 지원하는 데이터베이스 관리 시스템을 객체관계 DBMS ORDBMS라고 한다.

DBMS의 요구기능이 텍스트뿐만 아니라 오디오, 비디오, 공간과 지리, 시간 시리즈 데이터와 같은 복잡한 데이터가 필요해지면서 이를 극복하기 위해 객체지향 DBMS OODBMS가 나왔다. 그러나 OODBMS는 데이터베이스 기본 기능의 미비라는 치명적인 제약 때문에 고객에게 안정성 있고 쓸 만한 상품이라는 이미지를 심어주지 못했다. 그 결과 관계 개념이 추가된 객체관계 DBMS가 등장하게 되었다.

2 객체관계 DBMS의 주요 특징

객체관계 DBMS ORDBMS는 다음과 같은 특징이 있다.

주요 특징	내용	사례
사용자 정의 타입 지원	사용자가 정의한 임의의 타입 정보를 데이터베이스 내에 저장 및 검색 가능	Oracle type, Domain Index
참조 타입 지원	객체들로 이루어진 객체 테이블의 경우 하나의 객체 레코드가 다른 객체 레코드를 참조 가능	참조 함수, 외래키
중첩된 테이블	중첩된 테이블은 테이블 안에 하나의 칼럼이 또 다른 테이블로 구성되는 구조를 말함. 이를 통해 테이블을 구성하는 레코드상의 한 항목이 다른 레코드들의 집합(테이블)으로 구성되는 복합 구조를 모델링하는 것이 가능	Nested table
대단위 객체 지원	대용량 Binary, Text 데이터를 저장하는 데이터 타입임. 이미지, 오디오 및 비디오 등의 대규모 비정형 데이터들을 저장할 수 있도록 LOB(Large Object: 대단위 객체) 타입이 기본 타입으로 지원	BLOB, CLOB
테이블 사이의 상속 관계	객체들 사이의 상속성을 표현하기 위해 객체들로 구성된 테이블들 사이에 상속성 관계를 지정하는 것이 가능 (엔티티 간 상속 관계 지정 가능)	Supertype, Subtype

대부분의 상용 관계형 DBMS는 객체관계 DBMS로 발전되었으며 Oracle 8i, Illustra, Informix Universal Server, MS SQL Server, Sybase Adaptive Server, DB2 Universal Database 등이 이에 해당된다.

3 관계형 DBMS, 객체지향 DBMS와의 비교

3.1 RDBMS·OODBMS·ORDBMS 특징 비교

객체관계 DBMS ORDBMS의 특징을 관계형 DBMS RDBMS 및 객체지향 DBMS OODBMS와 비교해보면 다음과 같다.

구분	RDBMS	OODBMS	ORDBMS
저장 단위	데이터	데이터 + 프로그램 (Method)	데이터 + 프로그램 (Method)
모델링	테이블 구조에 한정	엔티티 간 포인팅 방식으로 실세계 모델링에 유리	RDBMS + OODBMS

구분	RDBMS	OODBMS	ORDBMS
데이터 타입	정의된 데이터 타입	사용자 정의 및 비정형 복합 타입 지원	사용자 정의 및 비정형 복합 타입 지원
대규모 정보처리 능력	탁월	보통	탁월
사용 언어	SQL	OQL	SQL3
시스템 안정성	탁월	보통	탁월
장점	검증된 시스템 안정성 및 대규모 정보처리 성능	복잡한 정보구조 모델링	RDBMS + OODBMS의 장점
단점	제한된 형태의 정보만 처리 가능	기본적인 DB의 안정성 및 성능검증 미비	표준화 지연으로 인한 제품 간 차이 발생

3.2 ORDB와 OODB의 객체에 대한 관점의 차이

객체지향 DBOODB와 객체관계 DBORDB에서 객체를 바라보는 관점에는 차이가 있다. 우선 데이터의 저장 및 접근 방법에 대한 관점의 차이가 존재한다. 객체지향 DB에서는 모든 정보를 객체 형태로만 저장하므로 모든 객체 정보의 접근을 유일한 객체 식별자OID: Object Identifier로 사용할 것을 주장한다. 반면 객체관계 DB에서는 정보를 테이블 형태와 객체 형태로도 저장할 수 있다. 따라서 기존의 관계형 데이터베이스처럼 기본키를 이용한 값 기반의 데이터 접근을 원칙으로 하고, 그것이 없을 때에만 유일한 객체 식별자를 사용할 것을 주장한다.

프로그래밍 언어와 데이터베이스 언어에 대한 관점에도 차이가 있다. OODB는 C++, Smalltalk, 오늘날의 자바와 같은 객체지향 프로그래밍 언어에 지속성Persistence을 도입하는 방식의 프로그래밍을 지원한다. 이는 데이터베이스 언어를 따로 두지 않고 기존의 프로그래밍 언어에 지속성을 부여하여 이를 그대로 데이터베이스 언어로 사용한다는 입장이다. 따라서 OODB에서는 객체에 접근하거나 다른 객체로 옮겨갈 때 객체지향 프로그래밍 언어에서 제공하는 포인터 또는 다른 참조 기법을 이용하여 객체 간의 포함 관계를 갖는 복합 객체를 효율적으로 저장할 수 있다.

이와 달리 ORDB는 값에 기반을 둔 데이터 접근을 취한다. 따라서 원하는 데이터에 접근할 때 별도의 데이터베이스 언어로서 기존의 SQL과 같은 질의어를 사용하는 것을 주된 데이터 접근 방법으로 쓴다. 하지만 기존 질의어에는 복합 객체의 검색을 지원하는 기능이 없기 때문에 복합 객체 검색을 위해 SQL을 확장하여 값에 기반을 둔 접근과 참조 기반의 접근을 모두 지원한다.

기출문제
63회 응용 DBMS의 변천 과정과 RDBMS, ORDBMS 및 OODBMS를 비교 설명하시오. (25점)

G • 데이터베이스 유형

G-5

메인 메모리|Main Memory 데이터베이스

파일 시스템에서 발전되어온 전통적인 DBMS는 디스크에 데이터를 저장하고, 자주 참조하는 데이터를 메인 메모리 영역에 올려 성능을 개선시켜왔다. 기술과 산업이 발전함에 따라 대용량의 데이터를 더 빠르게 처리하기 위한 다양한 알고리즘, 기술들이 개발되었고 그중 하나가 메인 메모리 데이터베이스이다. 데이터를 디스크 대신 메인 메모리상에 상주시키고, 데이터 처리로 인한 Disc I/O를 최소화하여 검색·비교·분석 작업의 효율을 수십 배에서 수백 배까지 증가시킨 데이터베이스이다.

1 메인 메모리 데이터베이스

메인 메모리 데이터베이스
모든 데이터가 메인 메모리에 상주하고 트랜잭션 처리가 일어나는 데이터베이스 관리 시스템

데이터베이스의 모든 데이터가 메인 메모리에 상주하고 데이터 트랜잭션 처리가 일어나는 데이터베이스 관리 시스템을 메인 메모리 DBMSMMDBMS라고 하며, 트랜잭션 처리 시 디스크 입출력이 발생하지 않는다. 주기억장치에 모든 데이터가 보관되므로 MRDBMSMemory Resident DBMS라고도 한다. e-Business 환경에서 고속 데이터 처리에 대한 요구가 증가하고 실시간 처리의 중요성이 대두되면서 등장하게 되었다.

2 메인 메모리 데이터베이스 구조 및 특징

2.1 메인 메모리 데이터베이스의 구조

전통적인 데이터베이스는 속도가 느린 디스크에 저장된 데이터를 메모리

에 효율적으로 로딩하고 메모리상의 데이터의 Hit Ratio를 높이기 위한 구조와 알고리즘이 발달한 반면 메인 메모리 데이터베이스는 메인 메모리상의 데이터에 대한 질의 처리와 변경된 데이터의 영속성을 보장하기 위한 구조로 발전하였다. 일반적인 MMDBMS의 구성 요소를 먼저 알아보고 각 구성 요소들이 어떻게 실제 구현되는지 실제 구현 사례를 통해 알아보도록 하겠다.

일반적인 MMDBMS의 구성은 다음과 같다.

구성 요소	주요 내용
메모리	• 구동 시 디스크 데이터베이스에 존재하는 모든 데이터를 메모리에 위치시킴 • 데이터의 안전한 복구를 위해 디스크에 로그(log) 기록
저장 관리자	• 가장 중요한 요소 • 조정 기능, 데이터의 안전한 저장, 빠른 접근 기능 제공 • T-tree 인덱스 적용
질의 처리기	• 메모리 내에서 질의 처리를 위한 최적의 단계 계획
개발 환경	• 응용 프로그램의 손쉬운 개발을 지원하는 다양한 개발도구 제공
데이터베이스 유틸리티	• 데이터베이스를 쉽고 효율적으로 관리하는 도구

개별 DBMS마다 상세 구성 요소는 다를 수 있으나 공통되는 요소는 위와 같다. 이제 SAP HANA DB의 구조를 살펴보기로 하겠다.

분산 데이터베이스 구조

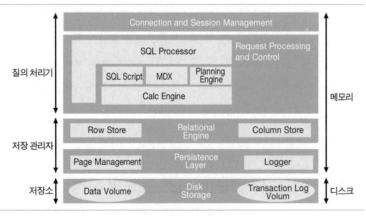

자료: http://saphanatutorial.com/an-insight-into-sap-hana-architecture/

앞의 그림은 SAP社의 HANA DBMS에서 인덱스 서버의 구조를 나타낸 것을 일반적인 요소와 매칭시킨 것이다. 질의 처리기 부분은 SQL 요청을 처리하는 SQL Processor, HANA DBMS에서 확장 SQL 제공하는 SQL Script, OLAP 데이터를 처리하는 MDX Multidimensional Expressions, 실행 계획을 수립하는 Planning Engine, 특정 도메인에 사용되는 모델, 스크립트 등을 정의한 Calc Engine으로 구성된다. 저장 관리자는 메모리상에서 실제 데이터가 저장되는 부분으로 column store와 row store로 구성이 되며 데이터의 영속성을 보장하는 Persistence Layer로 구성이 된다. Persistence Layer의 Page management는 데이터의 물리적 최소 저장 단위인 Page(일반적으로 4k)를 관리하며, Logger는 메모리와 디스크 Storage 간 데이터 동기화를 수행한다. Disk Storage 부분은 복구를 위해 데이터와 로그들이 저장된다. Transaction Log는 데이터와 데이터 스키마의 변경 사항들이 기록됨으로써 복구를 가능하게 한다. 개발 환경은 DBMS 제공 벤더사社의 특성과 장점을 반영하고 있으며, 기본적으로 개발자의 개발 생산성을 효율성을 향상시키기 위한 통합 IDE를 지원하는 형태로 발전하고 있다.

2.2 메인 메모리 데이터베이스 특징

메인 메모리 데이터베이스의 특징
① 디스크 입출력이 최소화
② 빠른 처리속도
③ 데이터의 휘발성으로 인한 일관성 문제 발생 가능

메인 메모리 데이터베이스는 데이터의 저장과 연산이 메모리에서 수행되므로 디스크 기반 Storage를 사용한 데이터베이스보다 I/O의 효율이 월등히 높다. 따라서 기존에 대용량 배치 프로그램의 경우나, 분석 목적의 그룹 함수를 사용하는 경우 응답 속도가 많게는 20배 이상 단축되기도 한다. 그러나 휘발성인 메모리에 저장하다 보니 트랜잭션의 견고성 Durability를 보장하기 위해 메모리의 데이터를 일정 주기로 비휘발성인 디스크 Storage로 기록해야 하는 부담을 안게 되었다. 이로 인해 메모리와 디스크 간의 데이터 동기화 주기가 이슈가 되며, 복구 시에 디스크의 데이터 파일을 사용하는 경우에 온라인 데이터의 유실이 발생할 수 있다. 실제 구축 시에는 데이터 유실을 최소화하기 위해 5분 또는 1분 주기로 메모리와 디스크 간의 데이터를 동기화하도록 한다. 메인 메모리 기반 DBMS의 특징을 디스크 기반 DBMS와 비교해보면 다음의 표와 같다.

메인 메모리 DBMS와 디스크 기반 DBMS

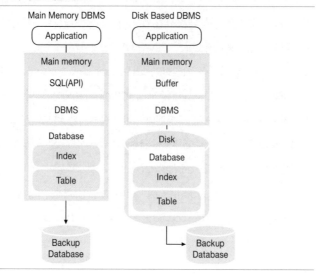

2.3 메인 메모리 DBMS의 핵심기술

메인 메모리 DBMS를 구현하기 위한 핵심 기술은 성능 향상, 안정화, 사용자 편의성 측면의 3가지로 분류해볼 수 있다. 메모리 사용으로 인한 성능 향상 효과는 매우 크다고 할 수 있다. 그러나 디스크 기반 DBMS 수준의 안정성 및 확장을 위해서는 일반적으로 3배 이상의 구축 비용이 필요하다.

항목	메인 메모리 기반 DBMS	디스크 기반 DBMS
저장 장치	메인 메모리	하드디스크
인덱스	T-Tree, Hasing	B Tree, B+tree, B*Tree
버퍼풀	불필요	필요
처리 속도	10~500배 빠름(DB 연산 시간)	1배(DB 연산+데이터 전송 연산)
목적	트랜잭션의 빠른 수행	데이터의 안정적 운영
회복 기법	로그 + 검사점 기반 하드웨어적 기법(메모리와 디스크 간 동기화)	로그 기반, 검사점 기반
백업매체	디스크	디스크
동시성제어	데이터 접근 트랜잭션 중심	인덱스에 대한 동시성제어

MMDB에서 성능에 가장 큰 영향을 미치는 부분은 로깅, 체크 포인트, 락이다. 초고성능을 요구하는 DB에서 성능 조건을 충족시키기 위해 로깅, 체

G · 데이터베이스 유형

크 포인트 락을 포기하고 레코드 저장 구조기능만을 사용하기도 한다.

핵심 기술 구분	기술 영역	주요 내용
성능 향상 기술	메모리 로드	초기 구동 시 메모리 로딩 및 병렬 적재 기술
	데이터 접근	T-Tree 기반 인덱스, 물리적 주소 직접 접근
	질의 처리	질의 최적화 알고리즘, 메모리 주소 공간 최적화 Cache Affinity Scheduling 적용
안정화 기술	데이터 백업	휘발성 메모리와 디스크 간 데이터 동기화
	데이터 복구	로그 기반, 검사점 기반 복구 기술
	이중화	멀티 노드를 통한 부하 분산 기술
사용자 편의 기술	응용개발	업계 표준 JDBC, ODBC 이용
	관리	DB 모니터링 및 관리 도구 지원
	투명성	메모리 Table, 디스크 테이블 상관없이 접근

3 메인 메모리 데이터베이스 구현 방식

3.1 기존 RDBMS와 연동하는 방식

기존에 구축된 DBMS에 추가적으로 메인 메모리 DBMS를 구축해 이를 상호 연동하는 방식이다. 실시간 데이터 처리가 필요한 분야에만 부분적으로 메인 메모리 DBMS를 사용하는 경우에 많이 쓰이며, 대부분의 메인 메모리 DBMS 제품이 RDBMS와의 연동을 위한 모듈을 제공한다.

3.2 메인 메모리 DBMS를 독립적으로 구현하는 방식

메인 메모리 DBMS를 독립적으로 구축하는 접근 방식으로 범용 DBMS 기능을 완벽하게 갖추고 있으며, 기존 DBMS와 연동이 필요 없는 경우에 적용한다. 실시간 데이터 처리가 업무에 중요한 경우 적용할 수 있으나 비용 문제나 메인 메모리 DBMS의 트랜잭션 로깅 및 복구 기능에 대한 불안감으로 실제 적용 범위는 넓지 않다.

4 메인 메모리 데이터베이스 활용

4.1 DBMS 시장 동향

- 오픈소스 메모리 DB의 약진

  고가의 상용 DBMS 중심으로 발전해온 메인 메모리 DBMS도 NoSQL 중심의 오픈소스 메모리 DB가 출시되고 있음. 대표적인 오픈소스 메모리 DB로는 Redis, VoltDB 등이 있다. 이 오픈소스 DB들은 특정 순간의 상태를 통째로 메모리에 올리고 변경 시마다 추가하는 형태임(Journal Logging). Pub-Sub 형태로 메시지 서비스에 특화되어 있음

- 미션 크리티컬 서비스 확대 적용 예상

  자율 주행 자동차, VR/AR/MR를 통한 원격 의료 서비스, 스마트 팩토리 등 실시간 데이터 처리가 필요한 미션 크리티컬 서비스가 대두되고 있으며 이에 대응하기 위해 5G 기술을 기반으로 한 IoT 네트워크 기술과 시스템 내 빠른 처리를 위해 MMDB, IMDG(In-Memory Data Grid) 기술들이 재조명되고 있음

- 국내 동향

  외산 DB의 강세 속에 국내 업체는 틈새시장을 공략해 나름대로 의미 있는 성과를 거두고 있으며, 인메모리 DB, XML DB에서 선전하고 있었음. 그러나 기업 내부 사정 및 경영 환경의 악화 등으로 대부분 명맥만 유지하고 있는 상태임. 글로벌 DBMS 시장에서 경쟁력을 갖추기 위해서는 원천 기술 개발·확보, 정부의 지속적인 SW 산업 생태계 개선 노력이 필요함

4.2 메인 메모리 DB의 활용 분야

메인 메모리 DB는 실시간, 고성능, 대규모 트랜잭션 처리가 필요한 다양한 분야에서 다음과 같이 활용되고 있다. 통신 분야에서는 사용자 단말의 실시간 위치 이동에 따른 서비스를 제공하는 LBS Location Based Service와 통신 장비 내에 활용되는 Embedded SW 모듈에 활용되고 있다. 증권업계에서는 시세 데이터 취합 및 조회 서비스, 주식 및 선물의 주문/체결 조회, 종목 분석 및 차드 서비스 등의 시스템에서 메인 메모리 DBMS를 이용하고 있다. 제

조 분야에서는 공장 자동화 시스템에서 대용량 데이터 처리에 사용하고 있으며, 보안 시스템에서 생체 인증을 위한 데이터 저장/검색에서도 사용되고 있다. 그리고 오디오 파일 시스템, 디지털 라디오 방송 DB등 디지털 콘텐츠의 빠른 처리가 필요한 방송 분야에서도 메인 메모리 DB 사용이 확산되고 있는 추세이다.

기출문제

102회 정보관리 2교시

6. IMC(In-Memory Computing)의 개념과 IMC에서 In-Memory Data Management에 대하여 설명하시오.

96회 관리 하이브리드(Hybrid) MMDBMS에 대하여 설명하시오. (10점)

92회 관리 주기억장치 데이터베이스(MMDBMS)에 대하여 다음 질문에 답하시오. (25점)

(1) MMDBMS의 등장 배경 및 특징을 설명하시오.

(2) 최근에 출시되고 있는 MMDBMS의 종류를 설명하시오.

(3) MMDBMS의 응용분야를 설명하시오.

87회 응용 메인 메모리 데이터베이스 관리 시스템(MMDBMS)을 디스크 기반 DBMS와 비교 설명하시오. (25점)

77회 응용 디스크 데이터베이스 관리 시스템과 메인 메모리 데이터베이스 관리 시스템에 대해 설명하시오. (25점)

실시간 Real-Time 데이터베이스

데이터의 일치성을 유지하면서 마감 시간을 만족하도록 트랜잭션을 스케줄링하는 기능을 가진 데이터베이스이다. 실시간 데이터베이스는 시간 제약에 따른 자원 스케줄링이 중요하며, 주식거래, 네트워크 관리, 멀티미디어 시스템 등에서 활용된다.

1 실시간 데이터베이스

실시간 데이터베이스는 데이터베이스와 실시간 시스템 기술을 결합한 것으로 실시간 제약조건과 데이터베이스 운영Operation을 함께 제공하는 데이터베이스이다.

여기에서 실시간의 개념은 단순히 '빠르다'는 것이 아니라 어떤 시스템에서 작업들을 수행할 때 구체적으로 '언제까지 종료되어야 한다'는 요구가 있다는 것을 의미한다.

따라서 실시간 데이터베이스 시스템RTDBS: Real-Time DataBase System은 트랜잭션이 마감 시간Deadline과 같은 시간적 제약조건을 갖는 데이터베이스 시스템을 말한다. 실시간 데이터베이스 시스템의 정확성Correctness에는 논리적인 결과뿐만 아니라 결과가 주어진 시간 내에 완료되었는지도 포함된다.

실시간 데이터베이스 시스템
트랜잭션에 시간적 제약조건이 있는 데이터베이스 시스템으로 주어진 시간 내에 트랜잭션이 완료되었는지가 중요함

1.1 실시간 데이터베이스 필요성

실시간 데이터베이스 트랜잭션
종류
① 경성 실시간 트랜잭션
② 연성 실시간 트랜잭션
③ 펌(준경성) 실시간 트랜잭션

실시간 시스템 데이터 볼륨이 점차 대량화되면서, 주기적이지 않은 사건 Event에 대한 대응이 필요해졌다. 그러나 트랜잭션 스케줄링이 응답시간 요구조건을 만족하도록 되어 있지 않아 실시간 트랜잭션의 응답시간을 예측하기 어렵다. 또 기존 DBMS는 트랜잭션 처리가 보조기억장치에 저장되어 있는 데이터베이스를 액세스하기 때문에 디스크 액세스 시간에 제약을 받게 되어 실시간 DBMS가 등장하게 되었다.

2 실시간 데이터베이스 트랜잭션 종류

2.1 경성 Hard 실시간 트랜잭션

트랜잭션이 주어진 마감 시간을 만족하지 못하면 막대한 재산 손실이나 인명 피해를 주는 경우를 말한다. 비행물체를 추적해 미사일을 발사하거나 날아드는 미사일에 대응하는 방어 미사일을 발사하는 등의 국방 시스템이 여기에 속한다.

2.2 연성 Soft 실시간 트랜잭션

트랜잭션이 시간 제약조건을 만족하지 못해도 경성의 경우처럼 치명적이지 않고, 마감 시간을 넘겨도 계산 결과가 의미 있는 경우이다. 연성 실시간 트랜잭션은 시간 제약을 고려해 스케줄링하지만, 마감 시간 내 연산 완료를 보장하지는 않는다. 실시간으로 주식정보를 분석하는 시스템을 예로 들 수 있다.

2.3 펌 Firm 실시간 트랜잭션

트랜잭션이 경성과 연성의 중간 형태이기 때문에 준경성 트랜잭션이라고도 한다. 마감 시간을 넘겨 마치는 것은 무의미하지만 손실이 치명적이지 않은 경우가 펌 실시간 트랜잭션에 해당한다. 따라서 마감 시간에 종료하지 못한 작업은 그 의미가 없어지므로 마감 시간을 종료하는 즉시 데이터베이스 시스템에서 제거된다. 그 예로 컨베이어의 물건 인식 트랜잭션을 들 수 있다.

3 실시간 데이터베이스 특성 및 주요 이슈

3.1 전통적 데이터베이스와 실시간 데이터베이스 특징 비교

구분	실시간 데이터베이스	전통적 데이터베이스
데이터	• 일시적 데이터	• 영구적 데이터와 논리적 일관성
트랜잭션	• 시간 제약	• 트랜잭션 지원 • 직렬성 우수
목표	• 시간 제약 준수	• 평균적으로 우수한 성능
알고리즘	• 우선순위 배정 • 스케줄링 알고리즘 • 자원 예약	• 동시성제어 • 질의 처리

- 실시간 시스템에서 사용하는 스케줄링 알고리즘에는 EDF Early Deadline First 와 RM Rate Monotonic이 있음

3.2 실시간 데이터베이스의 주요 이슈

하나의 트랜잭션을 처리하는 데 많은 DB의 프로토콜이 관여하므로 수행 시간을 예측하는 것은 매우 어렵다. 특히 디스크 기반 DBMS의 경우 I/O 서브시스템과 상호 연동이 많아 디스크 검색, 버퍼 관리, 에러 처리 등에서 일반적인 경우(평균값)와 최악의 경우(최댓값)의 수행 시간 차이가 매우 크다.

또 실시간 데이터베이스는 트랜잭션 수행이 데이터와 자원에 종속적이므로 최대 시스템 부하를 고려해 설계해야 하며, 이에 따른 과도한 자원이 요구된다.

4 실시간 데이터베이스의 구현 방법

4.1 디스크 기반 데이터베이스 이용

디스크 기반 데이터베이스의 기능을 축소 또는 변경하여 실시간 처리에 적합하도록 변경하는 방법이다.

트랜잭션의 직렬성을 완화하여 트랜잭션의 블로킹 또는 재시작 등으로 인한 성능 저하를 방지하고, 사용자 인터페이스 기능을 축소하여 직접 실시간 응용 시스템과 연결하여 성능을 향상시킨다.

4.2 메인 메모리 데이터베이스 이용

메인 메모리를 디스크로 사용하는 메인 메모리 DB를 이용하는 방법이다. 메인 메모리의 모든 데이터를 상주시키기에는 한계가 있으므로 선택적으로 저장할 필요가 있다.

5 실시간 데이터베이스의 적용 분야 및 연구 방향

5.1 실시간 데이터베이스 적용 분야

제조라인 제어 및 품질 제어, 작업 현장Shop Floor 제어를 위한 컴퓨터 통합생산 시스템CIM: Computer Integrated Manufacturing, 환거래 및 주식거래 처리를 위한 주식거래 서비스, 전산망 및 통신망 관리를 위한 네트워크 관리 시스템, 멀티미디어 스트림 동기화, 강의와 슬라이드 동기화, 비디오와 텍스트 동기화 등의 멀티미디어 시스템, 화학 처리 공장 제어 등의 실시간 전문가 시스템, 공장 로봇 제어, 항해 지원 등을 위한 내비게이션 시스템 등 많은 분야에 적용될 수 있다.

5.2 실시간 데이터베이스의 연구 방향

컴퓨팅 자원들이 많은 발전을 이루어냈고, 컴퓨팅 아키텍처도 병렬화를 통해 성능을 극대화할 수 있는 아키텍처를 구현해내고 있다. 메인 메모리 데이터베이스가 등장하면서 DB 성능에 가장 문제가 되었던 Disk I/O 문제는 해결되었다고 볼 수 있다. 그러나 데이터 변경에 대한 로깅, 체크 포인트, Lock에 의한 동시성제어는 여전히 성능에 영향을 미치는 가장 중요한 요소이다. 과거에는 트랜잭션의 직렬성과 ACID 특성을 보장하여 데이터 정합성을 유지하는 것이 주요 목표였으나, NoSQL의 기본 이론인 CAP 이론이 등장하면서 가용성과 일관성 중 하나를 포기해 성능을 극대화하는 방식의 DB들이 등장하고 있다. 따라서 실시간 데이터베이스의 연구 방향도 시스템의 목적을 유형별로 분류하고 각 유형에 대하여 구현 방법 및 가이드를 제시하는 방향으로 전개되어야 할 것이다.

상용 DBMS 업체와 클라우드 플랫폼을 제공하는 업체에서는 실시간 데이터 처리에 최적의 성능을 구현해내는 솔루션 및 아키텍처를 제시하고 있다. 최근에는 메인 메모리 DBMS도 오픈소스가 등장하게 됨으로써 과거와는 달리 실시간 데이터베이스 구축에 드는 비용도 많이 낮아진 것이 사실이다.

실시간 데이터베이스는 향후 5G 및 IoT 활성화로 인해 그 중요성이 더욱 부각될 전망이며, 과거와 같이 일률적인 구조의 데이터베이스 아키텍처를 가지는 것이 아니라, 시스템의 구축 목적, 제공 서비스 등에 최적화된 구조를 가지게 될 것이며, 이러한 DB를 설계하기 위해서는 기존 RDBMS의 모델링뿐만 아니라 NoSQL 모델링도 활용해야 한다.

기출문제

69회 응용 임베디드 데이터베이스(Embeded Database)와 실시간 데이터베이스 (Real-time Database) (25점)

G-7

모바일Mobile 데이터베이스

———

모바일 데이터베이스는 움직이는 데이터베이스로, 데이터베이스가 이동한다는 뜻을 내포한다. 이의 바탕은 통신기기의 발전으로 데이터베이스가 이동 컴퓨팅 기기 내의 저장 매체에서 작동하는 것이다. 이처럼 노트북, PDA, 휴대폰, 스마트폰, 차량 내비게이션 시스템 등 모바일 장치에서 동작하는 데이터베이스를 모바일 데이터베이스라고 한다. 모바일 환경은 사용자가 직접 휴대하는 단말의 환경이므로 기본적으로 자원의 제약이 심하고, 무선 통신에 적합해야 하며, 전력 소모를 최소한으로 하기 위해 불필요한 기능은 최소화해야 한다. 모바일 데이터베이스는 이러한 환경적 제약 사항과 트랜잭션 및 데이터에 대한 요구 사항을 만족시키는 데이터베이스이다.

1 모바일 데이터베이스의 개념

모바일 데이터베이스
이동형 단말기를 이용하여 업무처리를 할 수 있도록 데이터 저장 및 검색을 지원하는 데이터베이스

모바일 데이터베이스는 작업자가 이동단말기로 장소를 옮겨가면서 데이터를 저장하고 검색하는 등의 업무처리를 할 수 있는 시스템을 지원하는 데이터베이스이다. 무선 이동단말기의 증가로 이동단말기에서 데이터를 처리하고 검색하는 서비스에 대한 수요가 증가하게 되었다. 무선 인터넷은 대역폭이 작고 통신비용이 많이 들어 서버 DB와 항상 연결 상태로 있을 수 없는 문제가 있기 때문에 모바일 데이터베이스가 필요하게 되었다. 스마트폰의 대중적 사용과 다양한 애플리케이션의 등장으로 모바일 데이터베이스의 활용처가 증가되고 있다. 데이터가 발생한 시점에 해당 기기에서 가공한 후 중앙 서버와 통신을 통해 데이터를 동기화하는 이동형 기기에 최적화된 경량, 소형 데이터베이스로 트랜잭션 데이터의 처리가 가능하고, 개인 스마트폰 내 데이터에 대한 정보 유출 방지를 위한 보안 요소 등에 대한 중요성이 증가되고 있다.

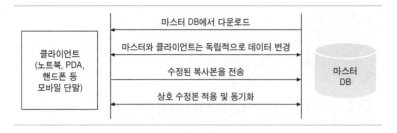

	마스터 DB에서 다운로드	
	마스터와 클라이언트는 독립적으로 데이터 변경	
클라이언트 (노트북, PDA, 핸드폰 등 모바일 단말)	수정된 복사본을 전송	마스터 DB
	상호 수정본 적용 및 동기화	

2 모바일 데이터베이스의 특징, 핵심 기술 요소

2.1 모바일 데이터베이스 특징

모바일 데이터베이스는 설치되는 환경적 특성으로 인해 다음과 같은 특징을 가진다.

환경 특성	모바일 DB 특징	설명
연결의 비지속성	통신 연결 단절 무선망 내 이동성 위치 기반 서비스	배터리 소비 전력 절감 위해 통신 시에만 연결 사용자 이동에 따라 클라이언트 이동 LBS 기반 위치 파악, 이동성 보장
데이터 중복	서버/클라이언트 데이터 중복 보관	서버 á 클라이언트로 정책 및 기본정보 전송 클라이언트 á 서버로 처리 결과 전송
경량 클라이언트	모바일 기기 전용	App과 함께 모바일 단말에 탑재 내장형 초소형 데이터베이스

2.2 모바일 데이터베이스의 핵심 기술요소

모바일 데이터베이스를 구현하기 위한 기술 요소는 다음과 같은 카테고리로 생각해볼 수 있다

우선 모바일에 특화된 기술은 이동성을 보장하는 모바일 트랜잭션 처리, 데이터 동기화 및 정확성 보장 기술이 있고, 일반 기능으로는 사용자 인증 및 데이터 보안 기술이 있다.

- 모바일 특화 기술

모바일 기기는 무선망 기반에서 동작하므로 약한 연결성을 통하여 이동 특성을 보장하여야 한다. 캥거루 트랜잭션 모델은 이동성 보장에 특화된

트랜잭션 모델이며, 개방형 중첩 트랜잭션 모델인 Reporting & Co-Transaction Model은 서브 트랜잭션이 이동 호스트에서 단독 실행이 가능하다. 데이터 동기화 기법으로는 버전 벡터 스키마 기법이 사용되며, 모바일 DB의 데이터 정확성을 보장하기 위해서 허브 우선, 멤버 우선, 시간 기반 해결 기법 등 다양한 충돌 해결 기법이 사용된다.

- 모바일 DB 보안 기술

모바일 환경은 개별 사용자가 사용하는 환경으로 개인 정보를 노리는 해커들의 표적이 된다. 그러므로 기본적인 사용자 인증 기능과 경량 암호화 기반의 데이터 암호화 기술은 기본적인 요구 사항이다. 모바일 DB에서는 SSO_{Single Sign On} 기능을 이용하여 보안과 편의성을 동시에 충족시킬 수 있다. 데이터 보호를 위해서는 경량 암호화 기술은 HEIGHT, 경량 AES, LSH 등이 사용 가능하며 모바일 개발 환경에서 API로 제공하기도 한다.

3 모바일 데이터베이스의 구현 사례*

안드로이드와 i-OS 위에서 동작하는 대표적인 모바일 데이터베이스는 SQLite가 있다. SQLite는 오픈소스로 사용은 자유로우나 Contribution은 오픈되어 있지 않다.

SQLite는 서버 기능을 탑재하지 않은 경량 환경에 적합한 데이터베이스 엔진이다. 주요 특징과 구성 요소는 다음과 같다.

- SQLite의 특징

SQLite는 스마트폰을 비롯한 다수의 임베디드 장비에서 사용되고 있는 경량 DBMS 라이브러리로서 특징은 다음과 같다.

특징	설명
Self-Contained	ANCI-C로 작성되어 OS 또는 외부 라이브러리 의존도 낮음 VFS 모듈을 이용해 필요시 OS등과 통신
Serverless	직접 데이터베이스 파일을 접근하여 서버 프로세스 불필요 여러 어플리케이션의 데이터베이스 접근 동시성 향상

* 정보과학회지 2016년 7월 참고.

특징	설명
Zero-Configuration	설정을 위한 설치, 구성, 초기화, 관리 등이 불필요 서버 프로세스 중지, 기동이 필요 없어 서비스 중단 최소화
Transactionnal	트랜잭션 특성(Atomicity, Consistency, Isolation, Duration) 구현 프로그램, Os, 전원 등 고장 시에도 트랜잭션 무결성 보장

SQLite는 소스 코드의 이용, 수정, 배포가 자유로운 OSS OpenSource Software
이다.

- SQLite의 구성 요소

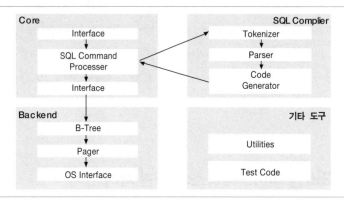

자료: https://www.sqlite.org/arch.html

SQLite는 임베디드 분야의 높은 안전성과 경량화 서비스 제공에 최적화
되어 있으며, IoT 디바이스에 적용되어 원격 센서, 드론, 모바일 디바이스
등 다양한 분야에서 활용되고 있다.

명령어를 처리하는 Core, 데이터 저장하는 Backend, 코드를 생성하는
SQL compiler, 기타 도구 등 4가지 요소로 구성되며 각 요소별 기능은 다
음과 같다.

구성 요소	세부요소	기능/설명
Core	Interface	SQLite 라이브러리 활용을 위한 인터페이스 라이브러리는 "sqlite3_" Prefix로 시작
	SQL Command Processor	SQL문을 제외한 모든 명령은 "."으로 시작 .table(테이블 나열) .exit(sqlite3 종료)
	Virtual machine	Code Generator가 만들어낸 프로그램을 실행

구성 요소	세부요소	기능/설명
Backend	B-Tree	데이터베이스로 B-Tree로 구현되어 디스크 파일로 저장
	Pager (Page Cache)	고정 길이 청크(chunk) 단위 데이터 파일 입출력 기본 청크 사이즈는 1024 bytes, 512~65536 bytes 지원 Rollback, commit과 데이터파일 locking의 단위 제공
	OS Interface	POSIX와 Win OS간 호환을 위한 추상화 계층
SQL Complier	Tokenizer	SQL 문을 Token으로 분리하고 parser에 전달 YACC과는 다른 방식으로 Tokenizer가 parser를 호출함
	Parser	Context기반으로 Token에 의미를 부여하고 SQL로 조합 SQLite parser는 Lemon LALR(1) 파서 기반
	Code Generator	가상 머신 코드 생성, 내부적으로 SQLite 파일과 함수 호출 Where.c delete.c insert.c select.c 및 build.c 등
기타 도구	Utilities	메모리 할당, 문자비교, 심볼 테이블, 유니코드, 컨버전, 자체 프린트 함수, 랜덤 넘버 생성기 등
	Test Code	주요 라이브러리, 함수 등에 assert() 구문 제공 순수 테스트를 위한 코드 test1.c~test5.c 제공

SQLite는 임베디드 분야의 높은 안전성과 경량화 서비스 제공에 최적화되어 있으며, IoT 디바이스에 적용되어 원격 센서, 드론, 모바일 디바이스 등 다양한 분야에서 활용되고 있다.

참고자료
DB 가이드넷(http://www.dbguide.net): 데이터베이스 관련 기술 동향

기출문제
77회 응용 모바일 환경에서 데이터 동기화 기법 (10점)

G-8

임베디드 Embedded 데이터베이스

모바일 데이터베이스는 움직이는 데이터베이스로, 데이터베이스가 이동한다는 뜻을 내포한다. 이의 바탕은 통신기기의 발전으로 데이터베이스가 이동 컴퓨팅 기기 내의 저장 매체에서 작동하는 것이다. 이처럼 노트북, PDA, 휴대폰, 스마트폰, 차량 내비게이션 시스템 등 모바일 장치에서 동작하는 데이터베이스를 모바일 데이터베이스라고 한다. 모바일 환경은 사용자가 직접 휴대하는 단말의 환경이므로 기본적으로 자원의 제약이 심하고, 무선 통신에 적합해야 하며, 전력 소모를 최소한으로 하기 위해 불필요한 기능은 최소화해야 한다. 모바일 데이터베이스는 이러한 환경적 제약 사항과 트랜잭션 및 데이터에 대한 요구 사항을 만족시키는 데이터베이스이다.

1 임베디드 데이터베이스

모바일 단말과 같은 제한된 자원과 성능을 이용하여 특정 기능을 수행하도록 임베디드 시스템상에서 구현된 데이터베이스를 임베디드 데이터베이스라 한다.

> **임베디드 데이터베이스**
> 임베디드 시스템에 장착되어 임베디드 애플리케이션 관리를 위해 사용되는 데이터베이스

통신기능을 가지는 휴대기기가 대중화되고 무선 환경에서의 서버 연결 지속에 대한 과다한 비용 문제로 임베디드 시스템이 장착된 내장 데이터베이스가 필요하게 되었다.

2 임베디드 데이터베이스의 특징 및 구조

2.1 임베디드 데이터베이스의 특징

임베디드 데이터베이스는 앞서 살펴본 모바일 데이터베이스의 특성을 가지

고 있다. 다만 모바일 데이터베이스에 비해 사용 목적이 제한적이고 그에
따라 필수 기능 구현에 좀 더 집중하였다고 볼 수 있다(Small FootPrint 지
향). 임베디드 시스템에 구현될 때 상호호환성, 이식성 등도 함께 고려하여
구현한다. 갑작스러운 오류에 둔감해야 하고, 다양한 플랫폼에 적용될 수
있어야 한다. 그리고 경량 데이터베이스로 메모리상에서 동작하도록 하여
메인 메모리 데이터베이스의 특징을 가지고 있기도 하다

2.2 임베디드 데이터베이스의 구조

임베디드 데이터베이스는 표준이 마련되지 못하였을 때 각 개발 업체들은
내부적으로 개발하기도 했고, 상용 DBMS를 도입하기도 하였다. PDA, 스
마트폰, 각종 통신 장비 및 셋톱박스 등에 적용되었고 주요 임베디드 데이
터베이스로는 SQLite, Berkerly DB 등이 있다. 이중 Oracle Berkerly DB
의 구조에 대해 알아보기로 하겠다.

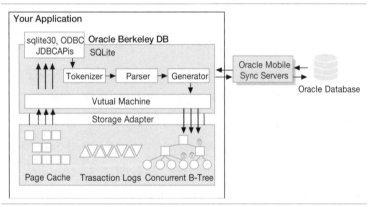

자료: http://www.oracle.com/technetwork/products/berkeleydb/overview/index-085366.html

　JDBC API를 통하여 SQLite, ODBC 연결을 통해 Application과 연결이
가능하며 기본 구성 요소는 앞서 살펴본 모바일 데이터베이스의 구성 요소
와 유사하다.

3 임베디드 데이터베이스의 핵심기술

임베디드 데이터베이스에서 메인 DB와 임베디드 DB 사이의 동기화 기술 및 변경된 내용에 대해 상호 동기화를 수행할 때 삽입, 삭제, 갱신에 대한 충돌을 방지할 수 있는 기술이 핵심기술이라고 할 수 있다.

3.1 데이터의 동기화 Synchronization

동기화 기능은 임베디드 DB 환경에서 데이터의 일관성을 유지하기 위한 핵심 기능이다. 따라서 동기화 수행 시 동기화를 위한 데이터 전송량을 최소화하여 오버헤드를 줄이는 것이 중요하다.

3.2 충돌 Conflict 방지 기술

임베디드 데이터베이스에서 충돌 방지 기술은 Time Stamp TS 방식과 Old Value OV 방식이 있다.

Time Stamp 방식은 메인 DB와 임베디드 DB의 동기화 대상 레코드에 타임스탬프 필드를 추가해 충돌을 방지한다. 서버의 메인 DB에 있는 레코드의 최종 변경 시점을 표현 TS 하고, 임베디드 DB로 데이터 다운로드 시에 Time Stamp도 함께 다운로드되며 이를 통해 충돌 감지기능을 수행한다.

Old Value 방식은 클라이언트가 서버로부터 다운로드한 변경 전의 각 레코드 값을 이용하는 것으로, 클라이언트에서 데이터 변경을 해도 원래의 값을 유지하다가 최종 동기화 시점에 값을 비교하여 충돌을 감지한다.

Time Stamp 방식은 다운로드 시점에 각 레코드당 타임스탬프 필드만 추가하면 되지만, Old Value 방식은 각 레코드의 모든 필드에 변경 전후 값을 보관해야 한다. 따라서 충돌 방지를 위한 방식은 Old Value 방식이 Time Stamp 방식보다 저장 공간의 오버헤드가 크다.

기출문제
74회 응용 임베디드 DB (10점)

G · 데이터베이스 유형

72회 응용 최근 모바일기기 등과 같은 내장형(Embedded) DBMS에 대한 관심과 수요가 증가하고 있다. 기존의 DBMS와 비교하여 내장형 DBMS가 가져야 할 중요한 특징 세 가지를 설명하시오. (25점)

69회 응용 임베디드 데이터베이스(Embedded Database)와 실시간 데이터베이스(Real-Time Database) (25점)

G-9

XML 데이터베이스

XML은 인터넷상에서 데이터 교환을 목적으로 모든 문서 및 응용 프로그램에 대한 범용 마크업 정의 방법을 표준화한 메타 언어이다. 이러한 비정형 구조이며 가변길이인 XML 데이터를 저장·검색·관리하는 데이터베이스를 XML 데이터베이스라고 한다.

1 XML 데이터베이스

XML 데이터베이스는 관계형 데이터베이스 기술과 XML 기술을 융합한 XML 전용 데이터베이스로 고성능의 XML 저장 및 검색 기술을 제공한다.

  XML은 1998년 W3C의 정식 표준으로 제정되었으며, 재사용성 및 확장성이 뛰어나 전자거래, 전자민원서비스 등 많은 분야에서 쓰인다. 웹상의 많은 문서가 XML로 만들어져 데이터 교환 및 표현 수단으로 사용되면서 XML의 활용량이 증가했다.

  따라서 이렇게 생성된 방대한 XML 문서의 효율적인 저장과 효과적인 검색을 지원하기 위해 XML의 특징과 구조에 적합한 XML 지향적인 데이터베이스가 필요하게 되었다.

  XML 데이터베이스는 특정 언어나 OS, Hardware에 종속적이지 않은 플랫폼 독립성을 지원할 수 있어야 하며, 구조화된 XML의 데이터 표현과 트리 구조의 데이터 모델 표현이 가능해야 한다.

XML 데이터베이스
고성능의 XML 저장 및 검색 기술을 제공하는 XML 전용 데이터베이스

2 반구조화 데이터와 XML 데이터 모델

일반적인 관계형 데이터베이스에서 테이블은 컬럼으로 구성되어 있고 모든 레코드(튜플)들은 동일한 컬럼을 가지고 있는 구조화된 데이터라고 볼 수 있다. 이러한 데이터베이스 설계 시에는 개념적 스키마를 비즈니스 요구 사항과 일치화 시켜야 하고, 논리적, 물리적 스키마 설계 명세가 이를 적절히 반영하고 있는지 확인하는 것이 매우 중요하다. 그러나 인터넷에서 발생하고 유통되는 데이터들이 모두 명세화된 구조를 가지고 있을 수는 없다 어떤 데이터는 임시로 생성되었다가 없어지기도 하고, 동일 엔티티가 상황에 따라 서로 다른 속성Attribute를 필요로 하기도 한다. 즉 스키마를 사전에 정의할 수 없는 경우가 많다. 이런 유형의 데이터를 표현하기 위해서는 관계형 모델보다는 트리나 그래프 자료에 기초한 데이터 구조로 설계 한다. 이를 반구조화 데이터라고 한다.

그리고 모든 정보가 문서에 포함된 텍스트 문서나 HTML 기반의 웹페이지들은 이러한 비구조화 데이터이다. HTML은 문서 형식에 많은 태그Tag가 정의되어 있어야 하고, 각각의 태그는 일정한 의미를 가지고 웹브라우저에서 사용된다. XML은 문서를 작성하는 규칙을 기술하기 위한 일종의 메타언어meta-language이다. HTML의 태그들이 텍스트 데이터의 디스플레이에 초점을 맞춘 것이라면 XML의 태그는 문서에 있는 태그를 사용자가 정의하고 그것을 컴퓨터 프로그램이 처리할 수 있도록 해준다는 점에서 차이가 있다. XML 문서에는 Element(원소)와 Attribute(속성)이 있다. 원소는 시작 태그와 종료 태그로 둘러 싸여 기술 대상의 이름을 나타낸다. 예를 들면 <ClassName>Database</Classname>에서는 Classname이란 원소가 Database라는 값을 가지는 것이다. 원소는 태그 쌍 속에 또 다른 원소를 포함하여 하위 원소Subelement를 표현할 수도 있다. 그리고 각 원소의 시작 태그에는 그 원소의 특성을 attribute_name=value 형태로 표현할 수 있는데 원소의 특성을 Attribute라고 한다. 예를 들면

```
<Class grade="freshman" major="Computer Science">
<ClassName>Database</ClassName>
<professor>Lee</professor>
```

```
<time>10:00AM<time/>
</Class>
```

와 같은 태그가 있다고 하면 class라는 엘리먼트에 Classname, professor, time이라는 하위 엘리먼트가 있고 각각 Database, Lee, 10:00AM이라는 값을 가진다. 그리고 Class라는 엘리먼트는 grade와 major 라는 Attribute가 있으며 각각 freshman, Computer Science라는 값을 갖 는다. 엘리먼트와 하위 엘리먼트는 부모/자식의 계층 관계를 나타낸다. 일 반적으로 엘리먼트와 하위 엘리먼트를 포함할 수 있는 레벨은 제한이 없다.

XML문서는 다음과 같이 세 가지 유형으로 분류할 수 있다.

유형	설명	용도
데이터 중심 XML	구조화된 작은 데이터 아이템으로 구성 구조화된 데이터로부터 추출	웹상에서 교환 또는 디 스플레이
문서 중심 XML	대량의 텍스트로 구성되어 있고 문서 내에 구조화된 데이 터가 없음	신문, 책, 논문, 등의 데이터 전달
Hybrid XML	구조화된 부분과 비구조화된 데이터 혼재	다양한 데이터 전달

XML 문서 내 데이터의 해독과 정합성을 보장하기 위해서는 DTD나 XML 스키마 등을 사용한다.

3 DTD와 XML Schema

일반적으로 XML문서가 다음과 같은 조건을 만족하면 Well-formed-XML이 라 한다.

첫째, <?xml … ?>로 둘러싸여 있어야 하고, 버전 등을 포함한 선언으로 시작한다.

일반적인 선언의 형태는 다음과 같다.

```
<?xml version = "1.0" standalone = "yes" ?>
```

둘째, root tag가 모든 내부의 하위 태그들을 감싸고 있는 구조로 트리 구조가 되어야 한다.

그리고 이러한 Well-Formed-XML이 유효하기 위해서는 DTD_{Document} Type Definition가 존재해야 한다. DTD파일은 XML문서 내의 엘리먼트를 기술하는 규칙을 포함하고 있으며, XML문서 내에 존재하기도 하고 별도 파일(확장자 dtd)로 생성하기도 한다. dtd 파일의 예는 다음과 같다.

```
<!DOCTYPE BARS [
 <!ELEMENT BARS (BAR*)>
 <!ELEMENT BAR (NAME, BEER+)>
 <!ELEMENT NAME (#PCDATA)>
 <!ELEMENT BEER (NAME, PRICE)>
 <!ELEMENT PRICE (#PCDATA)>
]>
```

- BARS(BAR*): BARS 엘리먼트는 0개 이상의 BAR 엘리먼트를 포함한다.
- BAR(NAME, BEER+): 하나의 BAR는 하나의 Name 엘리먼트와 하나 이상의 BEER 엘리먼트를 포함한다.
- BEER(NAME, PRICE): BEAR는 하나의 name과 price를 갖는다.
- #PCDATA: 값이 텍스트임을 표시

XML문서의 구조를 기술하는 또 하나의 방법은 XML Schema가 있다. XML Schema는 기본 데이터 타입 지원, 데이터 검증 규칙과 같은 의미적 정보를 좀더 다양하게 제공할 수 있다. 즉, XML 문서의 구조(원소, 데이터 타입, 관계 타입, 범위, 값)를 명세하기 위한 데이터 정의 언어이다. XML Schema 문서는 기본적으로 XML문서와 동일한 구문 규칙을 사용한다. XML Schema 예제는 다음과 같다.

```
<? xml version = … ?>
<xs:schema xmlns:xs =
 "http://www.w3.org/2001/XMLschema">
 <xs:complexType name = "barType">
 <xs:sequence>
   <xs:element name = "NAME"
  type = "xs:string"
```

```
      minOccurs = "1" maxOccurs = "1" />
        <xs:element name = "BEER"
      type = "beerType"
      minOccurs = "0" maxOccurs ="unbounded" />
        </xs:sequence>
    </xs:complexType>
    </xs:schema>
```

- `xmlns:xs`

  그다음에 정의된 URL을 xs라는 name space로 사용하는 것으로 정의하
  는 내용

- `xs:element`

  name과 type의 두 가지 Attribute를 가진다. name은 정의할 엘리먼트
  태그의 이름이고, type은 그 태그가 가지는 값의 유형을 의미하며,
  xs:string과 같은 값을 가질 수 있다.

- `xs:complexType`

  여러 개의 하위 엘리먼트를 가지는 경우에 사용한다.

- `xs:sequence`

  complexType엘리먼트의 하위로 들어가며 minOccurs와 maxOccurs를
  attribute로 가지며 엘리먼트의 발생 숫자를 제한한다.
  XML Schema에서 Key를 정의할 수도 있는데 xs:elemente는 xs:key
  라는 하위 엘리먼트로 정의한다. 이것은 해당 엘리먼트의 모든 하위 엘리
  먼트 데이터가 유일함을 나타낸다.

```
<xs:element name = "BAR" … >
  . . .
  <xs:key name = "barKey">
  <xs:selector xpath = "BEER" />
  <xs:field xpath = "@name" />
  </xs:key>
  . . .
</xs:element>
```

이와 같은 XML Schema에서 BAR라는 엘리먼트에서 BEER의 name이라

는 attribute가 유일한 것임을 나타낸다.

4 XML 데이터 처리

XML 문서를 저장 하고 있는 시스템에 사용자가 원하는 데이터 질의를 처리하는 방법으로는 XPath, XQuery, XSLT가 있다.

4.1 XPath

XPath XML Path Language는 XML 문서를 구성하고 있는 엘리먼트, Attribute를 노드로 표현하고 XML 경로식을 이용하여 탐색하는 질의 언어이다. XPath 는 "/"와 태그를 이용하여 나타낸다.

```
<BARS>
  <BAR name = "JoesBar">
  <PRICE theBeer = "Bud">2.50</PRICE>
  <PRICE theBeer = "Miller">3.00</PRICE>
  </BAR> …
  <BEER name = "Bud" soldBy = "JoesBar
  SuesBar … "/> …
</BARS>
```

이와 같은 XML 문서가 있다고 할 때

- /BARS/BAR: 빨간색 네모 안의 엘리먼트를 의미한다.
- //Price: 문서 내의 모든 Price라는 엘리먼트를 추출한다.
- Wild card(*): Star(*) 표시는 모든 태그를 의미하며 /*/*/PRICE 는 세 번째 레벨의 모든 Price 엘리먼트를 가리킨다.
- Selection Condition: 특정 엘리먼트의 속성 값을 이용하여 추출할 때 속성 값을 [···]를 이용하여 나타낸다. 즉 /BARS/BAR/ PRICE[.<2.75] Price가 2.75 이하인 엘리먼트를 추출한다. 그리고 /BARS/BAR/ PRICE/[@theBeer = "Miller"]는 theBeer 속성의 값이 Miller인 엘리먼트를 추출한다.

4.2 XQuery

XQuery는 경로 중심의 XPath를 SQL과 유사한 형태로 확장하여 보다 강력한 질의 기능을 가진 Query 언어이다. XQuery의 질의 결과는 XML문서가 아니라 트리구조를 나타내는 노드들의 리스트가 된다. 일반적인 XQuery의 구문은 FLWR형태를 취하고 있다. 즉,

- One or more for and/or let clauses.
- Then an optional where clause.
- A return clause.

즉 하나 이상의 FOR 또는 LET 절, Where절(선택), 결과 제출을 위한 RETURN 절로 구성이 된다.

For 문은 Loop를 생성 시키고, Let은 로컬 쿼리에서 사용될 Definition을 정의한다. 그리고 Where 절은 추출 대상 데이터의 조건을 정의하며 조건에 부합하면 True, 그렇지 않으면 False를 반납한다. where절에서 True가 반납이 되면 Return 절에 결과물을 추가한다.

– For의 사용 예

```
for $beer in document("bars.xml")/BARS/BEER/@name
return
<BEERNAME> {$beer} </BEERNAME>
```

위 XQuery는 Bars.XML에 있는 모든 **Beer** 속성을 추출하고 그 결과는 다음과 같이 나타난다.

{ }는 속성의 값을 나타내는 표시이다. 위 XQuery의 결과는 다음과 같이 나타난다.

```
<BEERNAME>Bud</BEERNAME>
<BEERNAME>Miller</BEERNAME>….
```

– Let의 사용 예

```
let $d := document("bars.xml")
let $beers := $d/BARS/BEER/@name
```

```
return
    <BEERNAMES> {$beers} </BEERNAMES>
```

이와 같은 XQuery에서는

```
<BEERNAMES>Bud Miller ⋯</BEERNAMES>
```

의 결과를 볼 수 있다.

let은 for와는 달리 iteration을 발생 시키지 않는다.

4.3 XSLT

XML 문서를 처리하는 방법 중 Stylesheet와 같은 템플릿을 이용하는 방법이 있는데 이것을 XSLT eXtensible Stylesheet Language Transform이라 한다. XSLT는 XML문서를 HTML 페이지에서 보여지도록 변환하기 위해 고안되었다. XML 문서로부터 데이터를 추출하여 다른 문서로 변환하는 기능은 질의 언어와 유사하며 추출한 데이터는 텍스트 파일이나 HTML 웹페이지 등으로 변환할 수 있다. XSLT는 특별한 네임 스페이스 태그를 사용하는데 보통 "xsl:"로 표시된다.

다음 예를 참조하기 바란다.

```
<xsl:template match = "/">
  <TABLE><TR>
  <TH>bar</th><TH>beer</th>
  <TH>price</th></tr>
 <xsl:apply-templates select = "BARS" />
  </table>
</xsl:template>
```

이 예에서 xsl:template match는 노드를 선택한 XPath식을 포함한다. Table 태그는 결과물의 템플릿을 정의한다. select는 하위 엘리먼트 중 템플릿의 적용 대상이 되는 XPath 형태로 표현한다.

참고자료

DB 가이드넷(http://www.dbguide.net): 데이터베이스 관련 기술 동향

기출문제

74회 응용 XML DB와 관계형 DB, Native DB 방식의 특징 및 장단점 비교 (25점)

공간 데이터베이스

데이터베이스에 있는 데이터 항목이 공간을 점유하는 것일 때 이를 공간 데이터로 정의할 수 있다. GIS, 엔지니어링 정보 시스템, CAD/CAM 등의 분야에서 고유의 공간 데이터 타입으로 저장, 검색, 관리하는 데이터베이스를 공간 데이터베이스라고 한다.

1 공간 데이터 Spatial Data 개요

1.1 공간 데이터 등장

공간 데이터베이스는 문자나 숫자 등으로 표현되는 비공간 데이터와 공간 객체의 좌푯값 등으로 표현되는 공간 데이터의 집합을 다룬다.

얼마 전까지만 해도 DBMS는 은행, 보험과 같은 상업적 응용 프로그램에 적합한 DBMS와 주로 숫자를 다루는 과학·엔지니어링 응용분야에 적합한 DBMS로 구분했다.

그러나 최근 들어 이러한 경향은 급속도로 사라지고 GIS Geographic Information System, Engineering 정보 시스템, CAD/CAM, Image 데이터베이스와 같은 새로운 분야가 등장했다. 이 새로운 분야들의 특징은 공간 데이터를 이용한다는 것이다. 특히 공간데이터를 기반으로 GeoFencing 기술을 이용하여 새로운 마케팅 전략과 실내 측위 기술의 발달, Beacon을 이용한 서비스 개발 등으로 공간 데이터 처리에 대한 중요성이 날로 증가하는 실정이다.

1.2 공간 데이터 정의

데이터베이스에 있는 데이터 항목이 공간을 점유하는 것일 때 이를 공간 데이터로 정의한다.

이런 종류의 데이터는 도형적Geometric이며, 점Point, 선Lines, 직사각형Rectangles, 다각형Polygons, 표면Surface, 체적Volumes과 같은 정보들이다.

공간 데이터는 OpenGIS ConsortiumOGC에서 표준화를 주도하고 있으며, 전 세계 281여 개의 기업, 정부기관, 대학들이 참여하고 있다

2 OpenGIS 구조

다음은 OpenGIS에서 명세한 공간 데이터 객체의 기하학적 구조이다.

OpenGIS Geometry Architecture

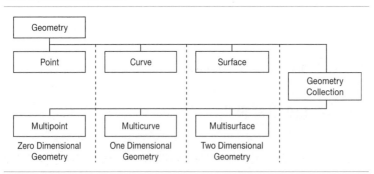

OpenGIS 명세에서는 공간 데이터를 차원에 따라 구분한다. 단일 객체와 다중 객체로 구분하고, 다중 객체는 Collection이라 불리는 단일 객체의 조합으로 표현하며 Collection으로 표현된 객체는 Multipoint, MultiCurve, MultiSurface로 나타낸다.

그림의 공간 데이터 모델은 공간 데이터베이스 시스템 내부에서 공간 객체 전략의 기준이 되며, 시스템과 응용 시스템 간의 자료 교환 기준이 되지만 모든 시스템이 이와 같은 구조를 따르지는 않는다.

OpenGIS 명세는 객체지향 개념에 따라 설계되어 OpenGIS 명세의 공간 객체 정보를 정확히 충족하려면 OODBMSObject-Oriented DataBase Management

System를 이용해야 한다. 공간 데이터 모델 자체가 객체지향 개념에 적합하기 때문에 공간 데이터베이스 구축 시 OODBMS를 활용하거나 ORDBMS 개념의 지원을 통해서 구축하려는 연구를 여러 DBMS 회사에서 수행 중이다.

3 공간 데이터 모델링

3.1 공간 데이터 모델링 개념

공간 데이터는 흔히 속성 또는 비공간적 데이터와 함께 사용되며, 연속적일 수도 있고 비연속적일 수도 있다.

공간 데이터가 비연속적Discrete인 경우에는 지금까지 관계형 DBMS를 이용하던 방식 그대로 모델링할 수 있다.

특히 점이나 한순간의 좌푯값은 투플의 추가 속성 중 하나로 처리할 수 있다. 반면 선Lines이나 면적Region, 시간 간격과 같은 것은 연속적Continuous 특성 때문에 속성 값을 하나의 점이나 한순간을 표시하는 값으로 나타내는 것이 불가능하다.

3.2 공간 데이터 모델에서 내부·외부·경계

OpenGIS에서는 다섯 가지 공간 관계 연산자의 구현을 위해 DE-91M 방법을 제시한다.

DE-91M 모델에서는 두 공간 데이터의 내부, 외부, 경계의 교집합 차원에 따라 개별 연산자들의 의미를 행렬로 정의하여 표시한다. DE-9IM Dimensionally Extended nine-Intersection Model은 두 2차원 공간 간 관계를 표현하는 토폴로지 표준 모델이다. 이 모델은 Egenhofer와 다른 사람들의 연구에 기초하여 Clementini와 다른 사람들에 의해 개발되었고 GIS와 공간 데이터베이스에서 질의를 위한 표준으로 사용되어 왔다.

공간 데이터 모델에서 데이터의 내부, 외부, 경계의 정의는 OpenGIS SQL Specification에서 구체적으로 밝히고 있다.

다음 그림은 구면다각형 ASpherical polygon A를 중심으로 OpenGIS 규칙에서 명시한 내부, 외부, 경계를 보여준다. 구면다각형 A를 중심으로 윤곽선 안쪽의 자기 자신을 내부Interior라고 정의하고, 구면다각형 A의 윤곽선은 경계Boundary라고 정의한다. 그리고 경계와 내부를 제외한 나머지 부분, 즉 자기 자신을 제외한 나머지 부분은 외부Exterior라고 정의한다.

Spherical polygon A

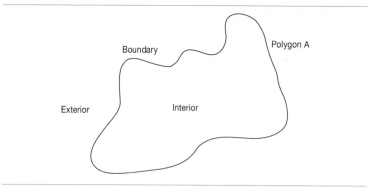

4 공간 질의

4.1 공간 질의 처리 단계

공간 데이터베이스 시스템에서 공간 질의 처리는 공간 질의를 만족하는 최소경계 사각형을 갖는 모든 객체들을 찾아 후보 객체를 선정하는 여과단계

다단계 공간 질의 처리

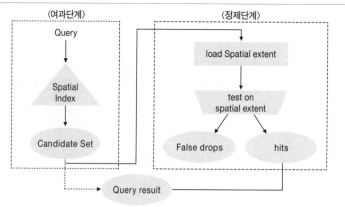

공간 인덱스에는 공간 기반 방법과 데이터 기반 방법의 인덱스가 있음
1) 공간 기반 인덱스
① Fixed Grid: 검색 공간을 동일한 크기로 분할하고 각 분할된 셀의 객체를 저장
② Grid File: 오버플로를 처리할 수 있는 공간 기반 인덱스
③ Quadtree: quaternary tree 사용
2) 데이터 기반 인덱스
① R-tree: MBR(Minimal Bounding Rectangle)을 사용
② R+-tree: R-tree에서 객체 간 중복을 줄이기 위해 개선
③ R*-tree: 객체 간 중복과 dead 공간을 줄이기 위해 R-tree를 개선

G • 데이터베이스 유형

와 여과단계에서 선택된 후보 객체들의 기하학적 데이터를 이용하여 실제 질의를 만족하는지를 확인하는 정제단계로 수행된다.

앞의 그림은 공간 질의 처리단계를 보여준다.

4.2 다중 공간 질의 처리

다중 공간 질의는 동시에 수행되는 2개 이상의 공간 영역 질의이다. 질의 처리시간의 대부분을 차지하는 디스크 입출력 비용을 줄이기 위해서 다중 디스크 구조에서 디클러스터링을 수행해도 질의 간 임의 탐색이 발생한다.

질의 간 임의 탐색은 영역 질의가 동시에 서로 다른 위치에서 수행될 때 질의를 처리하는 도중 발생하는 디스크 임의 탐색으로, 질의 처리시간이 증가하는 문제점이 있다.

이를 해결하기 위해 질의 간 위치 및 시간 관련성과 질의 처리 이력을 이용한 질의 스케줄링 기법을 도입하여, 중복되는 객체에 대한 디스크 입출력을 줄이고 디스크 캐시의 적중률을 높임으로써 질의 간 임의 탐색을 최소화해야 한다.

다중 공간 질의의 특징은 다음과 같다.

- 전체 질의 대상 영역 중 질의가 집중되는 지역이 발생할 수 있음. 다수의 사용자가 공통적으로 관심을 가지는 영역이 발생할 수 있음
- 질의들을 빠른 시간 안에 처리해야 함. 모든 질의는 응용의 특성상 적절한 처리 한계 시간 이내에 수행되어야 함
- 이전에 처리했던 정의들의 정보를 질의 처리 중에 유지할 수 있음. 질의 처리 도중에 지금까지 수행한 질의의 위치 정보 등을 알 수 있음

기출문제

111회 정보관리(4) 공간 인덱스 구조에서 MBR(Minimum Bounding Region)을 설명하고, R트리, R+트리, R* 트리를 비교하시오. (25점)

멀티미디어 데이터베이스

근래에 들어 그림, 사진, 영화, 음악 등을 컴퓨터에 저장하고 네트워크를 통해 전송할 수 있게 되면서, 멀티미디어는 정보 활용의 중요한 부분을 차지하게 되었고 사용량도 급속히 증가하고 있다. 이에 따라 데이터베이스 기술도 기존의 문자 위주에서 멀티미디어를 지원할 수 있게 발전했고, 대용량 멀티미디어 정보를 저장하고 사용자가 원하는 형태로 신속히 검색할 수 있게 되었다. 이처럼 대용량이고 복잡한 비정형 멀티미디어 자료를 효율적으로 관리·저장·검색하는 데이터베이스를 멀티미디어 데이터베이스라고 한다.

1 멀티미디어 데이터 개요

1.1 멀티미디어 정의

텍스트, 그래픽, 정지 화상, 음성, 동영상 등 하나 이상의 형태로 정보를 표현하기 위한 시스템을 멀티미디어로 정의한다.

멀티미디어는 오늘날 오락용, 광고, 교육 등에 광범위하게 사용된다. 미래에는 통합 전자제품, 디지털 TV, 복합 컴퓨터 등이 멀티미디어를 매체로 하여 사용자와 더 많은 상호작용을 할 것으로 예상된다.

1.2 멀티미디어 데이터 등장 배경

과거 사람들 간 커뮤니케이션을 향상하고 정보 교환을 활성화하기 위해 사용된 방법은 미디어의 제약사항 때문에 한계가 있었다. 컴퓨터를 범용으로 사용하기 전에 정보는 종이, 책과 같은 정적인 매체를 통했기에 수정이나

멀티미디어 발전 배경
① 압축 기술의 발달
　(JPEG, MPEG 등)
② 대용량 저장 매체 출현
　(CD, USB 등)
③ Network 고도화
　(대용량 정보의 송수신)

갱신이 어려웠다.

그러나 정보와 데이터를 관리하는 기능이 있는 컴퓨터가 도입되어 데이터를 다양한 형태로 표현함으로써 정적인 형태의 고전적 정보 전달매체가 허물어지기 시작했다.

초기 컴퓨터 시스템은 숫자와 문자만 취급할 수 있었으나 저장 매체, 그래픽과 비디오 어댑터, 주 메모리, 중앙연산처리장치가 발달하면서 사용자에게 친숙한 인터페이스를 구현할 수 있었다. 추가적으로 마우스, 스캐너, 레이저 프린터 같은 주변기기의 발전이 두드러지면서 복잡한 멀티미디어 정보의 비선형Nonlinear적인 도식을 효과적으로 할 수 있게 되었다.

1.3 멀티미디어 정보 시스템Multimedia Information System 요구 사항

멀티미디어 정보 시스템은 멀티미디어 정보를 관리하고 멀티미디어 표현을 쉽게 하며 저장과 검색을 쉽게 할 수 있도록 다양한 도구Tool를 제공한다.
- 멀티미디어 정보 시스템이 갖추어야 할 기본 요건은 다음과 같다.
  - 마그네틱 저장장치에서 광저장장치까지 다양한 멀티미디어 응용분야에 적합한 여러 종류의 저장장치가 있다. 각 저장장치가 갖는 특성에 관계없이 하나의 저장 관리자Storage Manager에 의해 일관성 있게 모델링되고 통합되어야 함
  - 멀티미디어 데이터는 전형적으로 대용량 저장장치를 필요로 하는데, 특수한 응용분야에서는 다계층 저장구조를 필요로 하는 경우도 있음. 응용분야의 요구에 따라 효과적으로 다계층 저장장치를 통합할 수 있는 기능이 있어야 함
  - 멀티미디어 데이터에 대한 실시간 검색 성능을 달성하기 위해 스케줄링과 리소스 알고리즘이 개발되어 환경에 적합한 성능을 제공할 수 있어야 함
  - 실시간 검색을 위한 멀티미디어 데이터는 대용량 저장장치를 효과적으로 사용해야 하고, 병렬처리를 할 수 있게 하여 성능을 향상할 수 있어야 함
  - 멀티미디어 데이터의 효율적인 검색을 위해서는 분산 시스템이 지원되어야 함

2 멀티미디어 데이터베이스 개념

2.1 멀티미디어 데이터베이스 정의

기존의 데이터베이스에 저장되어 있는 문자나 숫자 데이터뿐만 아니라 그래픽, 정지 화상, 동화상, 음성 등의 멀티미디어 데이터를 효율적으로 저장·검색할 수 있는 기능을 제공하는 데이터베이스이다.

또 대용량 멀티미디어 데이터의 저장·검색 기능과 데이터 간의 시간·공간 관계성을 표현할 수 있는 데이터베이스를 의미하기도 한다.

2.2 멀티미디어 데이터베이스 요구 사항

일반 텍스트, 수치 등의 데이터베이스와 달리 멀티미디어 베이스는 서로 다른 데이터 형태와 대용량의 데이터를 처리해야 하므로 다음과 같은 요구 사항을 만족해야 한다.

요구 사항	설명
이기종 질의 지원	• 서로 다른 형태의 다양한 데이터에 대한 질의 기능을 제공해야 함 • 이미지 데이터나 비디오 데이터, 관계형 데이터에 대해서도 질의가 가능해야 하며 그 결과를 함께 통합할 수 있어야 함
다양한 기반의 질의 지원	• 멀티미디어 내에 포함된 키워드나 속성에 의한 텍스트 기반 질의가 가능해야 함 • 멀티미디어 데이터 자체의 미디어 내용 기반 질의, 검색, 브라우징이 가능해야 함
결과 표출 다양성	• 질의 결과를 시청각적 매체를 통해 상연할 수 있어야 함 • 사용자도 원하는 상연 형태와 내용을 질의로 표현할 수 있어야 함
결과 품질 보장	• 요청된 멀티미디어 결과를 사용자에게 품질을 보장하며 전송할 수 있어야 함 • 전송 시 버퍼의 가용성과 대역폭 등을 고려해야 함

앞의 모든 요구 사항을 만족스럽게 제공하는 멀티미디어 데이터베이스는 현재까지 없는 것으로 파악된다.

따라서 현재는 관계형 데이터베이스나 객체지향형 데이터베이스상에 내용 기반 멀티미디어 검색 및 브라우징, 결과 상연을 위한 멀티미디어 엔진을 탑재한 형태의 멀티미디어 데이터의 저장, 질의, 상연, 전송 등을 지원하고 있다.

3 멀티미디어 데이터베이스 구조와 주요 구성 요소

3.1 멀티미디어 데이터베이스 구조

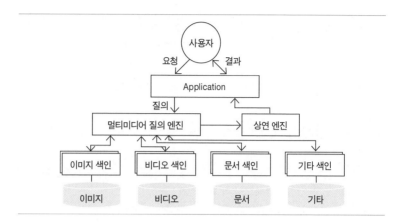

색인 정보 구성에 따라 세 가지 형태로 분류한 멀티미디어 데이터베이스
① 독립 구조: 이미지, 비디오, 문서 등 기타 각 타입의 미디어별 색인 구성
② 통합 색인: 미디어 타입과 상관없이 통합된 하나의 색인 구성
③ 복합 색인: 일부 미디어는 독립 구성, 일부 미디어는 통합 구성 등 복합된 형태의 색인 구성

이 그림은 가장 일반적인 형태의 멀티미디어 데이터베이스 구조로 각 미디어별로 독립적인 저장 및 색인 구조와 질의 처리 알고리즘을 사용하고 있다.

이러한 구조 외에도 색인을 통합하는 구조나 별도 색인과 통합 색인의 장점만을 취하는 복합 색인 구성의 시스템 구조도 있으나, 현실적으로 구현이 쉽지 않아 독립된 구조로 하는 것이 일반적이다.

3.2 멀티미디어 데이터베이스의 주요 구성 요소

구성 요소	설명	비고
질의 엔진	• 사용자의 요청에 따라 이미지, 비디오, 문서 등 다양한 데이터에 대한 질의가 가능한 엔진 • 키워드 질의를 넘어선 질의를 수행	속성질의, 내용 기반 질의, 구조질의
색인	• 질의에 대한 효과적인 처리를 위한 알고리즘 • 메타데이터를 활용하여 각 데이터별 색인을 수행	독립 색인, 통합 색인, 복합 색인
상연 엔진	• 사용자에게 결과를 연속적이고 유연하게 제공할 수 있는 엔진 • 일반적으로 멀티미디어 데이터는 관계형 데이터에 비해 방대한 용량이므로 이를 끊김 없이 연속적으로 제공하기 위한 구성 요소임	다중 사용자 고려가 필요

4 멀티미디어 데이터베이스의 특징 및 질의 처리

4.1 멀티미디어 데이터베이스와 일반 데이터베이스 비교

구분	멀티미디어 데이터베이스	일반 데이터베이스
데이터	비정형 멀티미디어 데이터	정형 데이터(RECORD)
장점	완벽한 멀티미디어 데이터 표현 가능	범용성, 유사 대용량 데이터
단점	회복, 동시성제어가 일반 DB에 비해 취약	복잡한 데이터 구현 곤란, 제한된 데이터 표현

4.2 멀티미디어 DB의 질의 종류

질의 종류	내용	예
속성 질의	속성 값에 부합하는 멀티미디어 요소 검색	문자
내용 기반 질의	멀티미디어 정보를 기술하는 특징에 부합하는 멀티미디어 요소 검색	문서 검색
구조 질의	멀티미디어 정보의 구조에 대한 조건으로 검색	CAD

5 멀티미디어 데이터베이스의 한계 및 발전 과제

5.1 멀티미디어 데이터베이스의 한계

다중 사용자에 대한 동시성제어가 전통적인 관계형 데이터베이스에 비해 취약하다. 또 고장회복에 대한 측면도 아직은 취약한 요소이다.

현재의 멀티미디어 데이터베이스 구조는 관계형 데이터베이스나 객체지향형 데이터베이스 시스템에 의해 모델링·저장되고 있으며, 단지 내용 기반 검색을 위한 멀티미디어 엔진이 멀티미디어 데이터베이스 시스템의 특성을 나타내는 수준이다.

5.2 멀티미디어 데이터베이스 발전을 위한 과제

- 복잡한 질의 방법 연구 필요: 지능형 검색에 대한 연구가 지속적으로 필요함
- 대용량 처리문제: 압축·복원 기술의 적극적인 활용이 요구됨

참고자료

DB 가이드넷(http://www.dbguide.net): 데이터베이스 관련 기술 동향

한국데이터베이스진흥원: 데이터베이스 산업 기술 동향

기출문제

74회 조직응용 멀티미디어 데이터베이스 시스템은 이미지 데이터의 인덱스 등을 구성한다. 이를 구축 시 피해야 할 사항을 제시하시오. (25점)

G-12

NoSQL 데이터베이스

3V(Volume, Velocity, Variety) 특성을 강조한 빅데이터의 등장으로 기존의 관계형 데이터베이스와는 다른 특성을 가진 NoSQL 데이터베이스들이 등장하게 되었다. 관계형 데이터베이스, 객체관계형 데이터베이스가 가용성과 일관성을 동시에 만족시키면서 높은 성능을 발휘하는 것이 데이터베이스의 목표였다면 NoSQL은 대용량 데이터의 실시간 처리를 위해 가용성과 일관성 중 하나만 만족시키면서 요구 사항을 만족시키는 형태로 발전하여 왔다

1 NoSQL 데이터베이스 개요

1.1 NoSQL 데이터베이스 개념

NoSQL은 No SQL 또는 Not Only SQL로 알려져 있다. 영국의 소프트웨어 개발자 요한 오스칼손Johan Oskarsson이 오픈소스 분산 데이터베이스 토론을 위한 모임 이름에서 만들었다고 한다. 마틴 파울러Martin Fowler는 NoSQL은 대용량 웹 서비스를 위해 만들어진 저장소로 관계형 데이터베이스를 지양하며, 대량의 분산된 데이터를 저장하고 조회하는 저장소, 스키마 없이 사용 가능하거나 다소 느슨한 스키마를 제공하는 저장소라고 했다. 따라서 NoSQL 데이터베이스는 빅 데이터를 처리하기 위한 분산 데이터 저장소의 통칭이라고 정의할 수 있다.

1.2 NoSQL의 CAP 이론

컴퓨터 과학 분야에서 분산 컴퓨터 시스템을 설명하는 데 쓰이는 이론으로 Consistency(일관성), Availability(가용성), Partition Tolerance(분할 허용성)을 동시에 지원하는 분산 컴퓨터 시스템은 없다고 정의한다. 이는 분산 컴퓨터 시스템에서 CAP 중에 두 가지를 지원하기 위해 한 가지를 희생해야 한다는 뜻이다. 이 이론은 전산학자 에릭 브루어Eric Brewer가 2000년에 가설을 제시하고, 세스 길버트Seth Gilbert와 낸시 린치Nancy Lynch가 2002년에 증명했다.

- Consistencey(일관성): 데이터베이스에 접속한 모든 client는 동일한 데이터에 접근 가능한 특성
- Availability(가용성): 모든 클라이언트는 데이터베이스에 접근하여 CRUD가 가능한 특성
- Partition Tolerance(분할 허용성): 분산 DB에서 물리적 네트워크 실패 시에도 동작이 가능한 특성

1.3 NoSQL 데이터베이스의 트랜잭션 특성

기존 RDBMS에서의 확장성 문제를 해결하고, 가용성과 일관성 중 하나만 만족해도 되는 특성으로 인해 NoSQL 데이터베이스에서 수행되는 트랜잭션은 RDBMS의 ACID 특성과는 다른 BASE 특성을 가진다.

- ACID 특성: Availability, Consistency, Isolation, Durability

- ACID 특성은 데이터의 정합성을 모든 시점에서 보장하여야 하므로 다중 트랜잭션 환경에서 이를 제어하기 위해서 트랜잭션의 Isolation Level을 정의하고 있고, 다양한 동시성제어 기법을 사용함
- BASE 특성: Basically Available, Soft State, Eventually consistent
- 데이터베이스의 수평적 확장을 용이하게 하고 가용성과 일관성 중 하나만 만족해도 되므로 트랜잭션이나 데이터베이스 구조가 유연함. BASE의 구체적 내용은 다음과 같음
  - Basically Available: 분산 시스템에서 제공하는 가용성으로 Optimistic Locking, 큐 등으로 구현됨. Optimistic Locking은 데이터 업데이트 시 충돌이 있으면 이를 해결하고, 없으면 업데이트하는 방식이며 큐는 FIFO 방식으로 트랜잭션 발생 순서대로 처리함. 참고로 ACID 특성을 가진 트랜잭션은 Pessimistic Locking을 지원하는데 이 방식은 업데이트 전에 Lock을 획득한 후, 작업을 수행하고, 작업 종료 시 Lock을 반환하는 방식으로 Lock을 획득하지 못하면 트랜잭션이 진행되지 않음
  - Soft State: 분산 데이터베이스의 각 노드의 상태가 노드 내부의 정보에 의해 결정되는 것이 아니라 외부에서 전송된 정보에 의해 결정되는 것이 특징임. 즉 분산된 노드 간에 발생하는 업데이트 트랜잭션은 데이터가 원격노드로부터 도착했을 때 갱신됨
  - Eventually Consistent: Soft State 특성으로 인해 데이터는 일정 기간 일관성이 결여된 상태로 유지됨. 그러나 데이터가 도착한 시점부터는 일관성 있는 데이터를 제공할 수 있음. 즉, 시스템에서 일시적으로 일관성에 위배된 데이터가 있더라도 일정 시간 후에는 일관성을 가진 데이터로 업데이트되는 성질을 Eventually Consistent라고 함

2 NoSQL 데이터베이스의 주요 모델과 NoSQL 모델링

2.1 NoSQL 데이터베이스의 주요 모델

NoSQL 데이터베이스는 저장 형태에 따라 Key-Value Oriented, Document

Oriented, Column Family, Graph model의 4가지가 있고 각 모델별 주요 내용은 다음과 같다.

구분	설명	솔루션 사례
Key Value	- 키와 값의 쌍으로 관리되는 가장 본적 모델 - 단순한 구조로 인해 Key에 대한 단위연산 속도가 빠르나 단일 키 구조만 지원하여 다중 연산은 불가 - 키 범위(Key Range) 처리나 값기준 검색이 필요한 서비스에는 부적절함	Amazon SimpleDB, AzureTableStorage, Chordless, Redis, Scalaris, BerkeleyDB, MemcacheDB, HamsterDB 등
Column Oriented	- 열(Column) 단위로 데이터 액세스 수행 - 지정된 열의 데이터에 대한 고속 검색 가능 - 컬럼은 컬럼명, 컬럼값, 타임스탬프로 구성, 컬럼의 집합은 Row, Row key로 각 Row를 식별함	Hadoop/HBase, Cassandra, Hypertable, Cloudera
Document Oriented	- Shemaless 구조로 JSON, XML문서 저장 - Document Id가 key가 되며 인덱스를 key 생성하여 대한 효율적인 연산이 가능함 - 쿼리 처리 시 데이터 Parsing overhead가 Key-Value 데이터 모델에 비해 큼	CouchDB, MongDB, Riak, Terrastore, OrientedDB, RavenDB
Graph Model	- 데이터 관계(노드, 관계, 속성) 정보를 저장 - 그래프 형식으로 데이터를 저장 및 표현 - 온톨로지 기반 시맨틱 웹, LOD 등을 이용한 연관 검색, 친구 추천 등에 활용 가능	Neo4J, Sones, InfoGrid, HyperGraphDB, AllegroGraph, Bigdata 등

　　NoSQL 데이터베이스는 대용량 데이터를 빠르게 저장하고, 접근성을 높이기 위해 Key-Value 기반의 단순한 구조를 지향하고 있으며, 이에 따라 모델링하는 절차도 기존 RDBMS와는 다른 특성을 가지게 된다.

2.2 NoSQL 데이터베이스의 모델링

NoSQL 모델링은 RDBMS처럼 도메인 분석과 요구 사항 수집 및 분석으로부터 시작한다. 도메인에 대한 이해를 바탕으로 이해 관계자의 요구 사항을 분석하여 쿼리 결과를 도출한다. 그리고 그에 맞춰 테이블을 디자인하게 된다. 그러므로 모델링 기법은 결과 화면을 빠르게 도출하기 위해 중복을 허용하며, 집계 테이블을 이용하거나 Application side join을 하기도 한다.
　　NoSQL의 주요 모델링 기법은 다음과 같다. *

---

* https://mapr.com/blog/data-modeling-guidelines-nosql-json-document-databases/

- 기본 모델링 기법
  - **비정규화**Denormalization: 쿼리의 단순화, 조인 제거를 위해 필요한 데이터를 하나의 테이블로 구성하는 기법으로 중복을 허용함
  - **군집화** Aggregates: Soft Schema, 또는 Shemaless로 표현되기도 하는 기법으로 하나의 record가 여러 가지 key를 연속하여 사용하여 하나의 key로 사용하는 것임. 예를 들면, user_id라는 키를 이메일 주소, 성명, 주소 등의 집합으로 구성할 수 있음. BitTable에서는 다양한 column Family를 구성하게 함으로써 군집화를 지원하고 있음
  - **Applicaition Side Join**: NoSQL은 조인이 필요한 경우는 기본적으로 비정규화나 군집화를 활용해 해결함. 그러나 불가피한 경우에는 엔티티에서 조인이 되는 속성을 분리하여 Application에서 조인하도록 하는 동적인 방식을 사용할 수 있음
- 일반적 모델링 기법

  기본적인 모델링 기법을 활용하여 다양한 NoSQL 데이터베이스 구현에 적용할 수 있음
  - **Atomic Aggregate**: Application-managed MVCC Multi Version Concurrency Control이라고 하며 트랜잭션 지원 시 사용되며, 변경 발생 시 원래 버전을 유지하고 새 버전으로 변경 수행하도록 Application을 구성하는 기법임
  - **Enumerable Keys**: 시계열 데이터, 순차적으로 생성되는 데이터를 처리하기 위한 데이터 모델
  - **Dimensionality Reduction**: 다차원의 데이터를 key-value 모델이나 일차원 데이터로 매핑하는 모델링 기법이다. 공간 데이터베이스에서 볼륨이 큰 인덱스 데이터를 2차원 또는 단순 값으로 매핑하여 처리 효율을 높이는 데 사용됨

  이 밖에도 인덱스 테이블, 복합 인덱스 등이 있으며, 계층 구조를 모델링하기 위한 Tree Aggregation, Adjacent lists, Nested Set 등이 있음

3 NoSQL 데이터베이스의 종류 및 적용 대상

3.1 NoSQL 데이터베이스의 종류

구분	Couch DB	Mongo DB	Cassandra
개발언어	Erlang	C++	Java
License	Apache	AGPL(Driver:Apache)	Apache
중요점	DB 일관성, 사용 편의성	SQL(Query, Index)	빅 데이터 구성에 최선
CAP	AP	CP	AP
적용	• 계산이 필요할 때, 종종 데이터 갱신이 필요할 때	• 동적인 질의 필요시 • 커다란 DB에서 좋은 수행 능력이 요구될 경우 • CouchDB를 필요로 하지만 너무 많은 쓰기가 이뤄질 경우	• 읽기보다 쓰기가 많을 경우 • 시스템 컴포넌트가 모두 자바로 이뤄져야 할 경우
예	• CRM, CMS 시스템, 마스터 복제를 통해 데이터 복제를 쉽고 가능하게 사용할 수 있는 서비스	• SQL 처리를 이용해야 하는 서비스	• 은행 서비스, 재무 관련 서비스

3.2 NoSQL 데이터베이스 적용 대상

Web2.0이 적용된 사이트에 쓰이며 SNS, 검색 및 지리정보 등 대용량의 느슨한 결함을 가진 엔티티 처리에 유용하다.

또 IT 컨버전스 서비스가 가능한 지역적으로 분산되어 있는 센싱 및 이벤트성의 대용량 처리를 하는 데 적합하다. 스마트 폰을 통한 모바일 기기의 사용에 따른 데이터 폭주 영역에도 대응이 가능하다.

기출문제

114회 정보관리 NoSQL 특징, 데이터 모델링 패턴 및 데이터 모델링 절차에 대하여 설명하시오. (25점)

102회 정보관리 대용량 데이터 처리를 위한 Sharding에 대하여 설명하시오. (10점)

93회 정보 관리 NOSQL과 CAP Theorem에 대하여 설명하시오. (10점)

DATABASE

WAF ┃ UTM ┃ Multi-Layer Switch / DDoS ┃
무선랜 보안 ┃ VPN ┃ 망분리 / VDI

F 기술적 보안: 애플리케이션 데이터베이스
보안 ┃ 웹 서비스 보안 ┃ OWASP ┃ 소프트웨
어 개발보안 ┃ DRM ┃ DOI ┃ UCI ┃ INDECS ┃
Digital Watermarking ┃ Digital Fingerprint-
ing / Forensic Marking ┃ CCL ┃ 소프트웨어
난독화

G 물리적 보안 및 융합 보안 생체인식 ┃ Smart
Surveillance ┃ 영상 보안 ┃ 인터넷전화(VoIP)
보안 ┃ ESM / SIEM ┃ Smart City & Home &
Factory 보안

H 해킹과 보안 해킹 공격 기술

삼성SDS 기술사회는 4차 산업혁명을 선도하고 임직원의 업무 역량을 강화하며 IT 비즈니스를 지원하기 위해 설립된 국가 공인 기술사들의 사내 연구 모임이다. 정보통신 기술사는 '국가기술자격법'에 따라 기술 분야에 관한 고도의 전문 지식과 실무 경험을 바탕으로 정보통신 분야 기술 업무를 수행할 수 있는 최상위 국가기술자격이다. 국내 ICT 분야 종사자 중 약 2300명(2018년 12월 기준)만이 정보통신 분야 기술사 자격을 가지고 있으며, 그중 150여 명이 삼성SDS 기술사회 회원으로 현직에서 활동하고 있을 정도로, 업계에서 가장 많은 기술사가 이곳에서 활동하고 있다. 삼성SDS 기술사회는 정보통신 분야의 최신 기술과 현장 경험을 지속적으로 체계화하기 위해 연구 및 지식 교류 활동을 꾸준히 해오고 있으며, 그 활동의 결실을 '핵심 정보통신기술 총서'로 엮고 있다. 이 책은 기술사 수험생 및 ICT 실무자의 필독서이자, 정보통신기술 전문가로서 자신의 역량을 향상시킬 수 있는 실전 지침서이다.

1권 컴퓨터 구조

오상은 컴퓨터시스템응용기술사 66회, 소프트웨어 기획 및 품질 관리

윤명수 정보관리기술사 96회, 보안 솔루션 구축 및 컨설팅

이대희 정보관리기술사 110회, 소프트웨어 아키텍트(KCSA-2)

2권 정보통신

김대훈 정보통신기술사 108회, 특급감리원, 광통신·IP백본망 설계 및 구축

김재곤 정보통신기술사 84회, 데이터센터·유무선통신망 설계 및 구축

양정호 정보관리기술사 74회, 정보통신기술사 81회, AI, 블록체인, 데이터센터·통신망 설계 및 구축

장기천 정보통신기술사 98회, 지능형 건축물 시스템 설계 및 시공

허경욱 컴퓨터시스템응용기술사 111회, 레드햇공인아키텍트(RHCA), 클라우드 컴퓨팅 설계 및 구축

3권 데이터베이스

김관식 정보관리기술사 80회, 전자계산학 학사, Database, 기업용 솔루션, IT 아키텍처

윤성민 정보관리기술사 90회, 수석감리원, ISE

임종범 컴퓨터시스템응용기술사 108회, 아키텍처 컨설팅, 설계 및 구축

이균홍 정보관리기술사 114회, 기업용 MIS Database 전문가, SDS 차세대 Database 시스템 구축 및 운영

4권 소프트웨어 공학

석도준 컴퓨터시스템응용기술사 113회, 수석감리원, 데이터 아키텍처, 데이터베이스 관리, IT 시스템 관리, IT 품질 관리, 유통·공공·모바일 업종 전문가

조남호 정보관리기술사 86회, 수석감리원, 삼성페이 서비스 및 B2B 모바일 상품 기획, DevOps, Tech HR, MES 개발·운영

박성훈 컴퓨터시스템응용기술사 107회, 정보관리기술사 110회, 소프트웨어 아키텍처, 저서 『자바 기반의 마이크로서비스 이해와 아키텍처 구축하기』

임두환 정보관리기술사 110회, 수석감리원, 솔루션 아키텍처, Agile Product

5권 ICT 융합 기술

문병선 정보관리기술사 78회, 국제기술사, 디지털헬스사업, 정밀의료 국가과제 수행

방성훈 정보관리기술사 62회, 국제기술사, MBA, 삼성전자 전사 SCM 구축, 삼성전자 ERP 구축 및 운영

배홍진 정보관리기술사 116회, 삼성전자 및 삼성디스플레이 HR SaaS 구축 및 확산

원영선 정보관리기술사 71회, 국제기술사, 삼성전자 반도체, 디스플레이 및 해외·대외 SaaS 기반 문서중앙화서비스 개발 및 구축

홍진파 컴퓨터시스템응용기술사 114회, 삼성

SDI GSCM 구축 및 운영

6권 기업정보시스템

곽동훈 정보관리기술사 111회, SAP ERP, 비즈니스 분석설계, 품질관리

김선득 정보관리기술사 110회, 수석감리원, 기획 및 관리

배성구 정보관리기술사 107회, 수석감리원, 금융IT분석설계 개선운영, 차세대 프로젝트

이채은 정보관리기술사 61회, 전자·제조 프로세스 컨설팅, ERP/SCM/B2B

정화교 정보관리기술사 104회, 정보시스템감리사, SCM 및 물류, ERM

7권 정보보안

강태섭 컴퓨터시스템응용기술사 81회, 정보보안기사, SW 테스트 수행 관리, 코드 품질 검증

박종락 컴퓨터시스템응용기술사 84회, 보안 컨설팅 및 보안 아키텍처 설계, 개인정보보호 관리체계 구축, 보안 솔루션 구축

조규백 정보통신기술사 72회, 빅데이터 기반 보안 플랫폼 구축, 보안 데이터 분석, 외부 위협 및 내부 정보 유출 SIEM 구축, 보안 솔루션 구축

조성호 컴퓨터시스템응용기술사 98회, 정보관리기술사 99회, 인공지능, 딥러닝, 컴퓨터비전 연구 개발

8권 알고리즘 통계

김종관 정보관리기술사 114회, 금융결제플랫폼 설계·구축, 자료구조 및 알고리즘

전소영 정보관리기술사 107회, 수석감리원, 데이터 레이크 아키텍처 설계·구축·운영 및 컨설팅

정지영 정보관리기술사 111회, 수석감리원, 디지털포렌식, 통계 및 비즈니스 서비스 분석

지난 판 지은이(가나다순)

전면2개정판(2014년) 강민수, 강성문, 구자혁, 김대석, 김세준, 김지경, 노구율, 문병선, 박종락, 박종일, 성인룡, 송효섭, 신희종, 안준용, 양정호, 유동근, 윤기철, 윤창호, 은석훈, 임성웅, 장기천, 장윤호, 정영일, 조규백, 조성호, 최경주, 최영준

전면개정판(2010년) 김세준, 김재곤, 나대균, 노구율, 박종일, 박찬순, 방동서, 변대범, 성인룡, 신소영, 안준용, 양정호, 오상은, 은석훈, 이낙선, 이채은, 임성웅, 임성현, 정유선, 조규백, 최경주

제4개정판(2007년) 강옥주, 김광혁, 김문정, 김용희, 김태천, 노구율, 문병선, 민선주, 박동영, 박상천, 박성춘, 박찬순, 박철진, 성인룡, 신소영, 신재훈, 양정호, 오상은, 우제택, 윤주영, 이덕호, 이동석, 이상호, 이영길, 이영우, 이채은, 장은미, 정동곤, 정삼용, 조규백, 조병선, 주현택

제3개정판(2005년) 강준호, 공태호, 김영신, 노구율, 박덕균, 박성춘, 박찬순, 방동서, 방성훈, 성인룡, 신소영, 신현철, 오영임, 우제택, 윤주영, 이경배, 이덕호, 이영길, 이창율, 이채은, 이치훈, 이현우, 정삼용, 정찬호, 조규백, 조병선, 최재영, 최정규

제2개정판(2003년) 권종진, 김용문, 김용수, 김일환, 박덕균, 박소연, 오영임, 우제택, 이영근, 이채은, 이현우, 정동곤, 정삼용, 정찬호, 주재욱, 최용은, 최정규

개정판(2000년) 곽종훈, 김일환, 박소연, 안승근, 오선주, 윤양희, 이경배, 이두형, 이현우, 최정규, 최진권, 황인수

초판(1999년) 권오승, 김용기, 김일환, 김진홍, 김홍근, 박진, 신재훈, 엄주용, 오선주, 이경배, 이민호, 이상철, 이춘근, 이치훈, 이현우, 이현, 장춘식, 한준철, 황인수

한울아카데미 2128

핵심 정보통신기술 총서 3
데이터베이스

지은이 삼성SDS 기술사회 ┃ **펴낸이** 김종수 ┃ **펴낸곳** 한울엠플러스(주) ┃ **편집** 최진희

초판 1쇄 발행 1999년 3월 5일 ┃ **전면개정판 1쇄 발행** 2010년 7월 5일
전면2개정판 1쇄 발행 2014년 12월 15일 ┃ **전면3개정판 1쇄 발행** 2019년 4월 8일

주소 10881 경기도 파주시 광인사길 153 한울시소빌딩 3층
전화 031-955-0655 ┃ **팩스** 031-955-0656 ┃ **홈페이지** www.hanulmplus.kr
등록번호 제406-2015-000143호

ⓒ 삼성SDS 기술사회, 2019.
Printed in Korea.

ISBN 978-89-460-7128-5 14560
ISBN 978-89-460-6589-5(세트)

* 책값은 겉표지에 표시되어 있습니다.